天下文化
BELIEVE IN READING

財經企管 BCB620A

Uber與Airbnb 憑什麼翻轉世界

史上最具顛覆性的科技匯流，
如何改變我們的生活、工作與商業

The Upstarts

How Uber, Airbnb, and the Killer Companies
of the New Silicon Valley
Are Changing the World

布萊德・史東 Brad Stone —— 著
李芳齡 —— 譯

各界讚譽

在Uber與Airbnb快速崛起，實現狂熱願景的同時，也造成巨大衝擊。本書提醒我們，科技創新從線上推向線下實體，可能徹底顛覆我們的商業、工作與生活。
——**《金融時報》**

今年最好的科技圖書之一。
——**《麻省理工科技評論》**

本書充分證明每誕生一家成功的科技公司，就有一大群被世人遺忘的競爭失敗者、惱怒的投資人、被驅逐的創辦人、未獲獎酬的早期員工，作者成功的為讀者提供新創事業的真實經驗。
——**《華盛頓郵報》**

史東描述矽谷自2008年以來的轉變，他以迷人的文筆探討有大好商機、但對被革命的產業而言未必是完美道德的事業構想，如何被具體實現，對創業者來說，光是這個層面，就十分實用有益。新創家們應該汲取史東的洞見：在這個達爾文式的爭鬥世界，贏家是那些徹底研究市場、從中找到正確切入角度的人。對於不認同它們打著「善加利用閒置資源」旗幟卻一路搞破壞的人，本書的故事可能會更激怒他們。如史東所言，這些新興的矽谷公司既代表「自大驕傲的科技精英」，也代表對既有產業的顛覆破壞。對你我來說，都具有啟示作用。
——**《科克斯書評》**

生動有趣的故事，但這不是結局，而是一段出色歷史的開端。
——**《華爾街日報》**

共享經濟下的兩大新創公司，如何變成價值990億美元的戰略？作者提供第一手內幕細節與深度解讀。對有志創業者和對新創家的成功故事感興趣的人，本書是極佳的入門書。

——**《彭博商業周刊》**

卡蘭尼克、切斯基這兩位性格截然不同的執行長，以獨特技巧、創新能力及強烈意志力，追求用全新概念顛覆兩個非常不同的產業。這個關於信任、科技創新、大量掠奪的故事，現今商界人士都不該錯過。

——**《Google總部大揭密》作者李維** (Steven Levy)

本書讀起來像是一部偵探小說。誰創造了數十億美元的財富？誰謀殺了傳統產業？Airbnb與Uber如何從事業構想，發展演進成不斷創新、創造財富、製造不安的機器？讀完之後，你將以全新眼光檢視你的公司與職業。

——**《不可思議的年代》作者雷默** (Joshua Cooper Ramo)

書中生動敘述新一代網路強權帶來的文化與經濟劇變，揭露Uber與Airbnb如何誕生與發展、過程中的贏家與輸家以及這些技術未來對世界的錯綜複雜影響。史東是一流的網路史記錄者，更是說故事的高手。

—— **暢銷書《鋼鐵人馬斯克》作者范思** (Ashlee Vance)

生動呈現最新科技發展的迷人面貌，也指出這些新技術引發的重大課題，對於生活與工作被徹底顛覆的人來說，正視此課題並不容易，這本書來得正是時候。

——**《後美國世界》作者札卡利亞** (Fareed Zakaria)

Uber 與 Airbnb
憑什麼翻轉世界

前言

搭上前所未有的科技大匯流

那是一個非凡的開始。

2009 年 1 月 19 日那週，近兩百萬人湧入華盛頓特區，慶祝歐巴馬總統就職大典。但並非人人都只是前來見證這歷史性的一刻。在大西洋岸凜冬下聚集的人群之中，有兩組來自舊金山的年輕新創家，他們不僅即將見證歷史，也即將創造歷史。

出租你的房間！

一個沒沒無聞、名叫 Airbedandbreakfast.com 網站的三位創辦人，在最後一刻決定參與盛會。他們是布萊恩．切斯基（Brian Chesky）、喬伊．傑比亞（Joe Gebbia）以及納生．布雷卡齊克（Nathan Blecharczyk）。

這三人說服了友人、串流影片網站 Justin.tv 的執行長賽柏（Michael Seibel）同行。這幾個全都是二十好幾的年輕人，沒人受邀觀禮，也沒有禦寒冬衣，他們甚至沒有仔細安排這一週的活動。但他們自認看到了一個機會。他們的公司成立一年以來經營得跌跌撞撞，沒什麼績效可言。現在，全世界的焦點集中在美國首都，他們想要利用這個機會。

他們在華盛頓特區找到一個廉價的臨時住處，那是靠近霍華大學，一棟三層樓房當中的一間通風良好的公寓。和當時經濟衰退期中的其他許多房子一樣，這間公寓的所有權人繳不出貸款，已經被銀行止贖了。

房間空蕩蕩，只有一張沙發床，三人把沙發床讓給賽柏。夜裡，三人只能擠在硬木地板的氣墊床上。屋主是等著被銀行逐出的承租人，住在公寓地下室，透過 AirBed & Breakfast 的網站，把空出的一樓、他自己的臥室、客廳，以及更衣室租出去。切斯基覺察到一個推銷機會，於是發了一封電子郵件給美國廣播公司的晨間新聞節目「早安美國」，說有人把更衣室也出租了。該節目的一名製作人立刻報導這個因美國總統就職大典應運而生的不尋常供宿現象。[1]

白天，這三名創辦人和賽柏在地鐵杜邦圓環站發送 AirBed & Breakfast 的廣告傳單，他們對裹著厚實冬衣的通勤者高喊：「出租你的房間！出租你的房間！」多數路人並不予理會。到了晚上，他們和在 AirBed & Breakfast 網站上出租的其他房東會面，參加他們能夠進場的慶祝就職大典派對；回到住處後，繼續回覆不滿的顧客寄來的電子郵件。

一位承租地下室臥室的女性顧客，帶著她的寵物吉娃娃，大老遠從亞利桑那州開車到華盛頓特區，她顯然對於這地區在這段期間的住宿供給吃緊情況不夠敏感。這星期，她轟炸式發信至 AirBed & Breakfast 的客服電郵信箱，抱怨連連：她很確定聞到大麻味；她放在冰箱裡的果汁被人拿走了；這房子沒有遵守「美國殘疾人法」的規定等。她還一度揚言要報警。三名公司創辦人此刻就住在她的樓上，竭盡所能安撫她，畢竟這是他們僅有的幾個顧客之一。

就職大典當天，一行人凌晨三點起床，打算在國家廣場搶個好視野的位置。他們步行了兩英里才抵達，途中在一間地鐵站商店前的攤子買了較暖和的外套、帽子和面罩。清晨四點，他們在開放給一般民眾的草坪區找到位置，和總統講台遙遙相望，隔了好幾座美式足球場的距離。

「我們在國家廣場上背靠背而坐，相互取暖。那是我此生經歷過最冷的一個早晨。當太陽出來時，所有人都歡呼起來。」切斯基說。當時，他是這家羽翼未豐公司的執行長；現在，他已是億萬富豪了。

沒計程車，跑三十分鐘

葛瑞・坎普（Garrett Camp）和崔維斯・卡蘭尼克（Travis Kalanick）也參加了那週的慶典，他們的體驗同樣糟透了。

他們的友人、創投家薩卡（Chris Sacca）是就職典禮委員會成員，說服他們前來參與盛會。出生於洛杉磯的卡蘭尼克，不久前把他的新創事業，賣給內容傳遞網路暨雲端服務供應商阿卡邁科技公司（Akamai Technologies），並捐了 2.5 萬美元給就職典禮委員會，和坎普一起分攤費用。

他們都是三十出頭的年紀，儘管當時全球經濟崩潰，兩人仍然滿心樂觀的看待科技將帶來的改變與影響。他們大致上對政治又愛又恨，但不想錯過這歷史性的一刻或是慶祝宴會。

他們同樣沒有事先為這場總統就職大典準備行頭。大典的幾天前，他們先飛到紐約，在一間雨果博斯（Hugo Boss）商店購買禮服，為了避免看起來像雙胞胎，卡蘭尼克挑了蝴蝶領結，坎普選擇標準領帶。

典禮前一晚，兩人想進入網媒《哈芬頓郵報》在新聞博物館內舉辦的慶祝宴會，卻陷在外頭大排長龍的隊伍裡。冷風刺骨，兩人只有一頂毛線帽，只好輪流戴，一次十分鐘，一邊瘋狂傳簡訊給宴會的主辦人之一，央求趕快來帶他們進場。

典禮當天，坎普和卡蘭尼克沒像 Airbnb 創辦人那樣早早起床，他們睡到很晚。卡蘭尼克在度假租房網站 VRBO，租了一間位於洛根圓環附近的漂亮房子。它距離國家廣場好幾哩，當時又無法立即叫到計程車，最終，兩人足足跑了三十分鐘才抵達。兩人進入觀禮台，和薩卡及他那群有權有勢的矽谷友人高高並坐時，他們身上的汗水已涼，冷得刺骨。

「那天末了，我絕對已經瀕臨失溫狀態，」卡蘭尼克回憶，「每個人的表情都像在問：『你怎麼了？』我則是一副『我凍僵了』的模樣。」坎普補充：「我是在加拿大長大的，已習慣嚴寒的天氣，但那天是我這輩子最冷的經歷之一。」

在這之前，坎普已在試圖引起卡蘭尼克對他的一個事業點子產生濃厚興趣；這點子是讓人們用手機就可一鍵叫車的服務。卡蘭尼克是有興趣，但並不十分熱切；他承認這構想不錯，但未必是個潛力很大的點子。不過，那天的經歷已具體證明，當時的確需要這種服務。坎普指出，在大城市，當無法取得其他交通工具時，能夠用手機召來一輛車，可能非常重要。

當群眾反覆喊著：「歐巴馬！歐巴馬！」全世界等待新的第一家庭成員上台時，坎普對卡蘭尼克說：「看到沒，我們真的需要這種服務。」

儘管當時只是構想中，還未真的創立這個新事業，坎普已經為這個不久將變得舉世聞名的服務，取名為 Uber。

四大發明，結合兩大趨勢

那已是八年前了。從那時到現在，發生了很多改變，不論是美國總統或是參加典禮的人。然而，這其中少有變化甚過當天坐在群眾裡、沒沒無聞的那兩組創業家為世界帶來的變化。

他們搭上前所未有的科技大匯流，從中得到了很多助力。

蘋果公司創辦人賈伯斯在歐巴馬就職的七個月前，推出了第一代 iPhone。兩個月後，賈伯斯宣布，iPhone 將可搭載其他公司開發的行動應用程式（簡稱 App）。其他重要的科技趨勢也在同一時間匯合：2004 年創立於哈佛大學學生宿舍裡的社交媒體臉書（Facebook），如野火蔓延般的普及，網際網路使用者紛紛建立起自己的線上身分；搜尋引擎巨人谷歌讓其他公司更容易把它的繪製地圖工具谷歌地圖（Google Map），納入自己開發的應用程式和網站中；電腦和手機愈來愈便宜，效能也愈來愈強大；寬頻網際網路的使用大增。

所有這些趨勢的匯流，形成電腦演算史上自網路瀏覽器問世以來最大的結構性變化。短短十年間，現代世界中的多數人開始有一大部分的生活是在線上運作，我們高度倚賴那個可以握在手上、塞入衣服口袋裡，由塑膠、玻璃和矽等材質打造出來的修長板子。

這個堪稱史上規模最大的科技匯流，雖不是 Uber 和 Airbnb 這兩個產業破壞王所創，但在那八年間，它們善用並得利於這股前所未有的科技巨浪，更甚於其他公司。這兩家公司都位於舊金山，總部僅僅相隔一哩，不論以營收、總估值或員工人數來算，都可躋身史上成長速度最快的新創公司之列。

在網際網路史的第三階段——創新從線上擴展至線下實體的後谷歌、後臉書時代，這兩家公司共同寫下最令人難忘的創業故事。

在擁有極少實質資產的情況下，Uber 與 Airbnb 達到矽谷新創公司的頂峰：Airbnb 堪稱是全球規模最大的旅館業者，但名下連一間旅館房間都沒有；Uber 是全球最大的汽車服務業者之一，但本身沒有專業司機，不擁有任何車輛（實驗性質的一支小規模無人駕駛車車隊除外）。他們是極致版本的二十一世紀網際網路事業，不僅帶來新機會，也對那些提供及使用其服務的人帶來嶄新且往往是未可知的風險。

一鍵搞定，萬物皆可租

舉世皆知，Uber 讓任何人皆可以很容易的召喚一部車子，用虛擬地圖追蹤該輛車目前行進到哪裡，然後，搭上這輛車。乘客叫車時，可以在 Uber App 上看到司機的可靠性評價（一至五顆星），並在搭乘後，對司機做出評價。付款方式是以 Uber App 綁定乘客的信用卡，車資直接從乘客的信用卡扣款，免去找零錢的麻煩或刷卡的時間浪費。

在科技重鎮矽谷，這種聰穎便利的無縫式交易廣受歡迎，乃至於推廣到餐點外送、包裹快遞、接送小孩等領域。

Airbnb 把海外旅遊體驗，延伸至有人打點的傳統旅館和市中心觀光區之外。它運用的概念很簡單：讓任何人可以把一張空出的沙發、未使用的臥室、空著未用的孝親房，或無人居住的第二間房屋短期出租給旅客。這概念未必新穎（VRBO、HomeAway、Counchsurfing、Craigslist 已率先採行），但 Airbnb 解決方案的洗練程度無可匹敵。它提供精心挑選的照片，以及房東和房客在先前交易中對彼此的評價，讓房東與房客在交易及會面之前有參考依據。

跟 Uber 一樣，透過 Airbnb 平台的交易，不使用現金。房客完成訂房後，Airbnb 從房客的信用卡扣款，等到房客入住 24 小時後，Airbnb 才會把扣除手續費後的款項匯給房東。

在那八年間，這兩家公司把品牌蝕刻於流行文化中，它們的名稱是名詞，有時也被當成動詞。

使用 Uber 與 Airbnb 服務的人有想要賺取外快的退休人士、尋求原真旅行體驗的千禧世代，也有不想擁有汽車等昂貴資產的年輕人。

Uber 已變成饒舌歌曲中的元素，歌手德瑞克（Drake）就將 Uber 寫進歌曲「Energy」中。Uber 也變成深夜獨白，脫口秀節目主持人金莫（Jimmy Kimmel）在節目上說：「大約四分之一的 Uber 司機年齡超過五十，許多司機年紀更大，我想，你可以把它想成是黛西小姐接送你了。」（譯註：在電影「溫馨接送情」中，高齡的黛西小姐是被接送者。）

Airbnb 曾經贏得歐巴馬總統的讚美。歐巴馬在 2016 年 3 月率團造訪古巴，是八十年來首位造訪古巴的美國總統。在古巴舉行的一場創業精神研討會，歐巴馬回應 Airbnb 執行長切斯基的提問時說：「我想趁此機會讚美切斯基，他是我們最傑出的年輕創業家之一，有創新點子，並且實現了它。」

Uber 與 Airbnb 的故事有許多不同，但也有一些重要的相似之處。它們的創辦人沒有用高尚之詞描述創業動機，不像谷歌（使命是匯整全球資訊，供大眾使用，使人人受惠），或是臉書（使命是使世界更開放且相互連結）。坎普、卡蘭尼克和他們的朋友想在舊金山搭乘更有格調的車子，而切斯基和他的夥伴想趁一場研討會在舊金山舉行的期間，設法賺點外快。

這兩家新創公司都對市場上存在已久的概念（汽車共乘和出租你的房子）賦予全新的改變。最後，透過科技的力量，在從未謀面的陌生人之間，建立高度開放性與互信。在 Uber 與 Airbnb 出現之前，那些犯罪新聞，以及媽媽提醒莫近陌生人的殷殷警告，使多數人遠離陌生人的私家車或未亮燈的房子。

共享經濟、隨選經濟、點擊經濟因 Airbnb 和 Uber 的崛起而壯大，但它們是在一個新的信任經濟（trust economy）下誕生的。在科技社會與經濟力量的推動下，一種新的信任機制出現了；儘管我們對大型機構漸漸失去信心，但透過科技的力量，卻可以讓值得信任的陌生人有效率的串連起來。在網路連結無所不在的時代，Airbnb 和 Uber 試圖以更有效率的營運模式，媒合不同人的供需，幫助我們以新的方式接洽並取得運輸與住宿等服務。

兩個工餘計畫變成價值千億美元的戰略

這兩家公司近乎同時誕生。Airbnb 頭一年的大部分時間只是一項工餘計畫（side project），單純只是幾位創辦人在「工作之餘」所做的事。當時許多人都認為太異想天開，一個理智的人怎麼會想睡陌生人的床？八年後，以募資評價計算，該公司值 310 億美元，高於全球任何一家連鎖旅館。至於那些當年在華盛頓特區睡硬木地板的創辦人呢？他們每人身價為 30 億美元，至少帳面上是如此。[2]

Uber 呢？就連創辦人也低估它的潛力。他們當年只是認為在舊金山這會是一項很實用的工具，因為這裡的計程車業根本無法應付這個繁榮的商業之都所需。但是，Uber 爆炸性的從舊金山快速擴展到紐約、洛杉磯、芝加哥、倫敦、巴黎以及北京等大城市。早期用戶向朋友極力推薦，促使更多人紛紛加入。隨著該公司陸續推出較便宜的服務類型，取代一般的個人市內接送出租車及共乘，許多人愈來愈倚賴它。2016 年底，以募資評價計算，Uber 估值 680 億美元，高於全球其他任何一家未上市新創公司。根據估計，卡蘭尼克和坎普的財富淨值均超過 60 億美元。（譯注：Alphabet 旗下事業 Waymo 跟 Uber 在自駕車開發上競爭激烈，潛在市值也直逼 Uber）

兩家公司創立至今，過程皆充滿爭議。

在許多城市，Uber 避開職業司機必須遵守的法規，包括職業司機必須接受嚴格的訓練課程、提交包括指紋在內的背景資料，以及取得政府核發的昂貴職業司機牌照等，因此，計程車司機與業者及立法者的激烈對抗，一直是抗爭焦點。

在柏林，計程車司機癱瘓德國高速公路。在巴黎，計程車司機封鎖奧利機場周邊道路。在米蘭，計程車司機毆打 Uber 司機。在孟買，Uber 員工遭到威脅恐嚇。

每個月都有新戰役爆發，有時是 Uber 本身斷然行動、不惜一切代價追求成長的心態導致，有時是計程車公司目睹生意被快速侵蝕而暴怒抗爭。Uber 也是數百件官司的被告，許多官司涉及了 Uber 司機的合法性。這些司機並不是 Uber 的員工，而是契約人，他們自己決定工作時間、接件載客與否，但不享有任何永久就業保障。

Airbnb 的爭議性也不遑多讓。在紐約、巴塞隆納、阿姆斯特丹、東京，以及其他許多城市，法律禁止非法旅館經營者，並限制人們每年可以把自家出租的夜數。Airbnb 在這些城市遭到許多指控和監管當局的調查。立法者、行動人士以及旅館業聯盟抨擊該公司，導致高度住屋需求的都市地區房荒問題惡化、住屋成本升高，卻規避了旅館營業稅。2016 年底，Airbnb 反過來控訴紐約市和其總部所在地的舊金山，指其立法威脅該公司及使用其服務的房東生計。Airbnb 指出，房東每次張貼供宿訊息時，都會遭到 1,000 美元的罰鍰，此舉違反這兩個城市的短期租房法規。

這兩家公司推出的新事業模式，也迫使地方政府對以往法規的適當性產生疑問。經營計程車生意必須購買計程車牌照，是二十世紀初期的發明，目的在於防止過多計程車導致市街壅塞，並向乘客確保計程車司機受過訓練與審查，且熟悉市區街道。土地分區使用管制法規和旅館與民宿相關法規，目的在於避免商業活動進入住宅社區，並確保旅館房間符合安全規定。Airbnb 和 Uber 以網際網路市集（例如 eBay）開創的自律工具取代：乘客對司機評分；房客對房東評分，房東也對房客評分。

某種程度上，Uber 和 Airbnb 代表了科技精英的過度傲慢。批評者提出種種指責，包括：破壞就業市場的基本法則、導致交通惡化、破壞社區安寧，以及把不受管束的資本主義帶進自由城市。其中一些責備或許過火，但其營運方式的確導致就連他們自己也未料想到的後果。

卡蘭尼克和切斯基這兩位年輕又有政治手腕的執行長，位居這大破壞、大混亂的核心。他們代表新類型的科技業執行長，個性外向、善於說故事，不畏強權或產業巨擘，而且政治手腕高明，能夠帶動顧客出面為他們奮戰，在急劇變遷的環境中定位自己的公司。他們不僅招募科技工程師，還號召司機、房東、政治說客以及立法者，加入他們的行列。他們的人格特質跟之前的科技公司創辦人完全不同，例如蓋茲（Bill Gates）、佩吉（Larry Page）、祖克柏（Mark Zuckerberg）在剛創業時，溝通技巧都很差又很內向，而且看不出領袖魅力。

在新創事業擴展成全球商業先鋒之前，卡蘭尼克、切斯基都是沒沒無聞，但兩人卻在過程中展現了無比的企圖心、膽識，還有不畏慘敗的可能。

這一切是如何發生的？他們如何有謀略的繞過嫻熟政治的長期在位者，在其他人挑戰失敗的領域中獲致成功，並在極短時間內建立起大公司？他們的成功中有多少成分是運氣？在現今的矽谷，生存與成功之道是什麼？

2014 年時，我覺得寫一本書探討這些疑問的時機已經成熟。但有個現實的問題：這些新創公司願意合作，協助我做如此深入的探究嗎？在多數的矽谷科技公司，高階主管的時間和形象受到強烈保護，而 Uber 和 Airbnb 已經進入這個神聖密室。想解答這個疑問，只能開口問了。

和兩大執行長交手

Airbnb遵守它的慇懃待客使命，立刻邀請我去討論這計畫。我在位於舊金山布蘭儂街（Brannon Street）888號該公司總部，和切斯基見面。這裡原是一間電池工廠，經過大舉改建。入口大廳高雅堂皇，是個五層樓高的開放式中庭，真是令人瞠目，給人很不寫實的感覺。其中一面向上延伸三層樓的牆面，是一大片各種植物構成的裝飾，這些植物需要時常照料。Airbnb占據幾個樓層，牆上張貼了許多激勵的話，每一間會議室都裝潢布置得像外國的出租民宿。

我和切斯基在名為「創辦人的窩」的會議室見面，裡面保留了前租戶、一間派報公司的木板鑲邊裝潢。一張東方風地毯上擺放了四張深棕色扶手皮革單人沙發，圍繞著一張圓形咖啡桌。在二十一世紀網際網路快速普及，城市風格多元創新又極度開放的舊金山，這間會議室給人跟時代格格不入的感覺。在對街，幾部起重機正在興建高價的公寓大樓。

切斯基身高約175公分，因固定健身，身材結實，說話速度很快，偶爾不經意的吐出激動之詞。談起Airbnb如何從最艱困的逆境中快速崛起的歷史，他說，在公司創立之初，「我感覺彷彿全世界都在和我們作對，人人都在嘲笑我們。」

這家新創公司歷經廣被潛在投資人拒絕、和歐洲的一個難纏競爭者纏鬥、一位惡劣的房客對租屋大搞破壞，導致公司遭受排山倒海而來的負面宣傳，「當時沒人相信我們。在這些艱難挑戰下，我們也曾感到局促不安，不知道該怎麼做。」切斯基告訴我。

較近期的困境，主要是來自監管當局和住屋行動人士，其中一些人想藉由詆毀一個顯著目標來獲取政治上的利益，其他人則是擔心 Airbnb 對住屋供給與價格造成的衝擊。不同於他的朋友卡蘭尼克，切斯基自認是同情對方的盟友，「我們想要讓這城市變得多采多姿，不想成為平價住屋運動的敵人，」他說，「我認為我們應該是站在理直氣壯的一方，我們讓許多使用者繼續保有房子，這是我們創立這家公司的目的之一。若當初不是因為我需要錢付房租，我們就不會創立這家公司了。」

至於我的寫書計畫，他很樂意提供協助。在接下來一年，我訪談切斯基與另外兩位創辦人，以及 Airbnb 的高階主管。該公司的公關人員也提供許多協助，但我也理解，他們會對結果感到緊張，他們懇求我在訪談前先提供打算詢問的問題，在訪談中更是戰戰兢兢的坐在一旁，拚命做著筆記。

接下來的大挑戰，是爭取好鬥的 Uber 執行長卡蘭尼克跟我合作。

眾所皆知，卡蘭尼克以逆向思考、好顛覆既有舊規著稱，對捍衛公司利益更是不遺餘力。他沒讓我失望。2015 年 3 月，我們在舊金山 Mystic 旅館的 Burritt Room + Tavern 餐廳（店名靈感源於一部黑色犯罪電影）碰面時，他這麼說：「我來跟你會面，是出於我對你工作的敬意。」接著他說：「但我在想，我才不要在此刻跟一本談論 Uber 的書合作呢！」

卡蘭尼克已經度過了風風雨雨的一年，媒體充斥著對 Uber 的負面報導，包括它對競爭者採取的戰術、對城市造成的不明確衝擊，以及和司機的緊張關係。歐巴馬的前競選經理、卡蘭尼克當時的媒體關係長普魯夫（David Plouffe）陪同他前來，臉上帶著困惑的微笑，一副等著看一名新聞工作者執行自殺任務的表情。

儘管開場並不怎麼妙，卡蘭尼克似乎願意傾聽，他問這合作的最大意義是什麼。

「若你希望人們擁抱一個大不同的未來，要他們放棄自己擁有車子，」我說，「你必須讓新聞工作者解釋和解密你的故事。若你想要改變城市的運作方式，你必須讓大家了解 Uber。」

這番話起不了作用。「你必須能夠激發我才行！」他說，「告訴我，這對我們有什麼好處！」他很直率，典型善於交易的人。這就是卡蘭尼克的風格。

喝著黑麥威士忌，吃著鐵板蒜蓉辣椒牛排，卡蘭尼克似乎被自己想像中的電影情節打動了，態度轉為軟化，「你應該用一場市議會會議做為開場，」他邊沉思邊說，「市議會的人坐在前頭，他們被誤導了，他們想的是，下次的競選捐款要來自何處。有位 Uber 的代表在場，但他基本上是孤軍奮戰，試圖向這群一竅不通的人，解釋一種他們不熟悉的奇怪技術。

「Uber 有一名說客，但這說客也為另一邊的傢伙工作。最後，還有計程車業的重量級人士在場，他們要市議會對過去撈到的好處做出回報。

「然後，你把鏡頭切換到在機場排班的計程車司機，他們全都排班了幾小時，用玩牌或做些其他事打發時間，等待載客的機會。在那裡，有個 Uber 的招募人員被許多計程車司機圍著，他向他們解釋這個新制度……，」卡蘭尼克回過神來，結束他的沉思，「總之，電影的開場應該這樣。」

晚餐結束，走到街上，他再次說：「你必須能夠激發我才行。」彷彿我剛剛花了兩小時，卻沒能成功鋪陳我的最佳論述似的。他和普魯夫步行回辦公室。

六個月過去了，儘管我一再懇求，也沒能獲得回音。後來，在我已經訪談了數十位監管當局、競爭者、Uber 的現任及前任員工之後，一名新上任的 Uber 公關主管設法說服卡蘭尼克跟我合作。我最終訪談了該公司為時尚短的歷史中，所有時期的二十多名主管。卡蘭尼克也特別撥冗幾小時接受我的專訪，並為我在《彭博商業週刊》擔任資深撰述的五年間，對他進行的幾次訪談做了補充。

這本書於焉誕生。它不僅提供商業內幕，企圖解讀 Uber 與 Airbnb 這兩家新創公司仍在繼續發展中的故事與未來挑戰，也是一部趨勢指引，試圖記述的是長達一世紀的科技社會孕育過程中的一個重要時刻，探討一個重要紀元——舊制式微，新領袖誕生，透過科技的力量，陌生人之間形成新的社會契約，城市的地誌改變，新貴漫遊地球的紀元。

第一部

工餘計畫

你在工作之餘所做的事，
可能決定你的未來。

Chapter 1

低谷憂苦期
把閒置資源變現金

每一個傑出的新創事業都是始於一項工餘計畫。
在一開始，它並不是任何人的優先要務，
只是工作之餘所做的事。
Airbnb 正是這樣開始的，
這項工餘計畫讓我們有錢付房租，
也為我們爭取到一些時間，
讓我們發展出更為宏大的好點子。

——**Airbnb 共同創辦人切斯基**

Airbedandbreakfast.com 的第一名房客，是剛從亞利桑那州立大學生物設計學院畢業的瑟夫（Amol Surve）[1]。他在 2007 年 10 月 16 日下午抵達租房處，差不多是歐巴馬就職總統大典這個歷史性盛會的十五個月前。Airbedandbreakfast.com 網站的共同建置者、二十六歲的傑比亞在門口迎接他，並且客氣的請他進屋內前先脫鞋。

傑比亞帶瑟夫參觀這間位於勞許街（Rausch Street）19 號之 C 的頂樓公寓。這是位於舊金山商業與住宅混雜的市場南街區鄰街的狹窄連排房屋，屋內寬敞，有三房兩衛，以及一間舒適的客廳；樓梯上去還有個俯瞰舊金山市區的頂樓露台，可以看到這個城市正在進行大改建。當時，建置這個網站的切斯基和傑比亞根本沒有料想到，接下來幾年，這間公寓會成為一種名為「共享經濟」的全球性社會運動和商業現象的原爆點。

瑟夫生長於印度孟買，前來舊金山參加國際工業設計協會每兩年舉辦一次的世界設計大會。那週舊金山市所有旅館的住房要不是被預訂一空，就是對瑟夫而言太貴。於是，他上網以 80 美元一晚，訂了這間公寓的氣墊床。瑟夫對這臨時租房沒抱太大期望。但抵達後，參觀了一下，感覺不錯。客廳有個書架，上頭排滿設計相關書籍，有張舒適的沙發，他們邀請他早晨自助享用廚房裡的早餐穀物及牛奶。一間小臥室裡，有張鋪了床單的氣墊床和毯子。房東非常貼心，傑比亞遞給他一個小袋子，裡頭除了一些小物品，還有一份住屋規則清單、Wi-Fi 密碼、一份舊金山市地圖，以及一些零錢供他施捨給這社區的遊民。

但頭天下午，最令瑟夫驚訝的還是在傑比亞的筆電上看到自己的相片。傑比亞和室友暨事業夥伴切斯基，正在為他們新創的住房共享服務事業準備簡報說明；打算在一場「設計師閒聊交流」活動中使用。這活動讓參加的設計師們用二十張投影片，展示新產品或新服務構想，每張投影片用二十秒鐘展示與說明。

他們把這項新服務事業的第一位房客瑟夫納入簡報說明中。他都還沒入住，就已經成為這兩位房東想要寫出的長篇故事的第一章，「感覺很奇怪，」瑟夫在多年後回憶時這麼說。

有個舒適的地方睡覺，瑟夫就很滿意了。但他沒料到，自己還會置身矽谷新創事業場景中。那個星期，他有很多時間坐在客廳的沙發上，和傑比亞及切斯基聊設計，檢視蘋果公司新推出的第一代 iPhone。瑟夫連賈伯斯的姓名都還未聽過，更別提 iPhone 這玩意兒了。他也從未聽過傑比亞和切斯基不時引述的賈伯斯勵志言，例如：「活著就是為了改變世界」。

瑟夫和另一位投宿勞許街的房客朱利克（Kat Jurick）一同參加了那場設計師交流。那週稍後，傑比亞帶他遊歷舊金山市。他們去了一些景點，例如著名的九曲花街倫巴街、舊金山渡輪大廈旁的農夫市集。在帶有寒意的秋天，喜愛用時髦衣物，如色彩繽紛的球鞋和新潮大眼鏡來展現其設計品味的傑比亞，誇張的戴著附了一對絨毛護耳的飛行員帽子。

世界設計大會結束後，瑟夫停留舊金山市的行程還有一天。他想去看看著名的史丹佛大學設計學院 d.school，切斯基也想去，便提議開車載瑟夫一同前往。在史丹佛大學，兩人去聽義大利設計師曼茲尼（Ezio Manzini）的一堂免費開放講課。他們坐在前排，課後向擔任該週世界設計大會主席，也是知名設計公司 IDEO 的共同創辦人莫格里吉（Bill Moggridge）自我介紹。

那場景想必頗為突兀：2012 年過世的莫格里吉，身高超過 195 公分，而有著曲棍球球員健壯身材的健身狂切斯基，比他矮了將近 20 公分。說話速度很快的切斯基，開始談到 AirBed & Breakfast。他說他們可以成為美國工業設計師協會的官方膳宿供應商。在這即席推銷中，他還介紹了 AirBed & Breakfast 的第一位房客瑟夫；就這樣，瑟夫再一次被納入這家新創公司的故事裡。他回憶，當時，莫格里吉點點頭，沒說什麼，露出懷疑的表情。

日後，切斯基說，在當時，AirBed & Breakfast 只是個好玩的工餘計畫。但瑟夫回憶，那天開車回市區的四十五分鐘車程中，他的這位新朋友熱烈地談著這個事業構想。切斯基在車上告訴他：「我們必須用這個概念來改變世界。」

不輕易接受失敗的切斯基

切斯基成長於紐約州東部斯克內特迪郡（Schenectady），一個沒人聽過、多數人在地圖上找不到的小鎮尼斯卡永納（Niskayuna）。他的家庭是殷實的中產階級，居住於有五間臥室的殖民時代房屋，有個大後院，養了一條狗。他的母親和父親分別是義大利和波蘭移民後裔，兩人都從事社會服務工作，非常溺愛切斯基和妹妹愛莉森；非工作時間，除了偶爾會違反工作規定，邀請他們提供諮商服務的個人及家庭來他們家，他們全心全意照料孩子。「我們沒有自己的生活，」切斯基那位開朗活潑的母親黛博拉說。父親羅伯補充：「有些人投資於事業，我們投資於孩子。」

切斯基從小就喜歡畫畫，經常造訪離尼斯卡永納鎮一小時車程的諾曼洛克威爾博物館（Norman Rockwell Museum）。他可以一連坐上幾小時，專注於繪畫，令父母很驚訝。他的老師把切斯基的畫風拿來和洛克威爾相比，並給予好評，還興奮的對他的父母預測他的未來：「你們的兒子將來一定會成名。」

切斯基也玩冰上曲棍球，他常想像自己是下一個格雷茨基（Wayne Gretzky）。他速度快，又敏捷，在該地區甚獲賞識。但兩度摔斷鎖骨後，他的高中校隊教練最終判斷，他不夠高、不夠壯，無法在冰上曲棍球界有光明前途。他的父母似乎也認同，「他太矮了，沒法成為明星，」黛博拉說。

但切斯基不願接受失敗，開始加強健身，練舉重，吃肌酸劑加蛋白，增強肌肉。

大學時，他加入健美比賽訓練營，參加全國健美比賽，在攝影機和觀眾面前展示油亮結實的肌肉。日後，對於網際網路上流傳的當年健美比賽相片，他害羞得說：「我當時還不知道網際網路可能造成的後果。」[2]

務實的理想主義者傑比亞

切斯基的朋友、Airbnb 共同創辦人傑比亞，出生於喬治亞州亞特蘭大市，是家中老么，父母都是自營業務員，代表美國南部各家獨立健康食品超市。傑比亞和姊姊常和父親一起上路前往阿拉巴馬州、田納西州、南卡羅來納州等地銷售水果及有機果汁，洽談後留下來幫店家貨架補貨。跟切斯基一樣，傑比亞成長過程也涉獵各種領域。他打網球、籃球，參加田徑運動，也學小提琴。他最終決定，只想跟偶像布魯貝克（Dave Brubeck）一樣彈爵士樂鋼琴。

高中的某個夏天，傑比亞去喬治亞州瓦爾多斯塔州立大學（Valdosta State Univerity）上藝術課後，決定將來要當個畫家。一位老師很欣賞他的畫作，告訴他：「你有天分哦。」建議他申請全美頂尖藝術學校羅德島設計學院。翌年夏天，傑比亞去羅德島設計學院上課，被普羅維登斯河（Providence River）河畔群集的宏偉法式及新殖民時代建築迷倒。2000 年，傑比亞正式進入羅德島設計學院就讀，比切斯基晚了一年。

他們在課堂上和學生活動中結識，兩人很合得來。切斯基帶領羅德島設計學院曲棍球校隊，而傑比亞則是負責籃球校隊。比起贏得比賽，帶領校隊更像是行銷挑戰。這些球隊沒那麼關心贏球，比賽只是這些年輕人喧鬧玩樂的藉口。

兩人都研讀工業設計，嚮往能設計出像 Eames 扶手躺椅那種經典作品，既有藝術價值又讓人負擔得起的。他們的教授說：

你們可以生活在有自己作品的世界裡；你們可以改變世界，重新設計這個世界。[3] 學校對學生灌輸務實的理想主義，有一次校外教學，系上老師帶學生搭巴士去參觀垃圾場，讓他們看看堆積如山的垃圾，以及徒勞無功的東西最後落腳何處。

有一年夏天，切斯基和傑比亞一起為吹風機製造商美康雅（Conair）執行一項計畫，以及一個被健美先生切斯基稱為「切斯基解決方案」的點子——使用 PalmPilots 等行動器材，加上身體感應裝置，來追蹤大家的健康狀況。這兩項計畫最終沒能成氣候，但長期一起腦力激盪，發想點子，進一步鞏固了兩人友誼，「對我而言，一切都很契合，我們一起做那計畫時，非常和樂，」一直想找個事業夥伴的傑比亞說：「我們的點子非常原創，跟別人的不同。」

2004 年，即將畢業的切斯基被同學推選為畢業典禮致詞人。從當年的演講錄影中可以看到，他在麥可傑克森的歌曲「比利珍」音樂中衝上臺，散發魅力與自信。他脫下學士服，現出白色運動外套和領帶，跳了幾個舞步，伸展肌肉。接下來十二分鐘的演講，讓聽眾哄堂大笑。「各位家長，我希望你們知道，投資於我們，勝過投資於任何股票，」他頗有先見之明的說：「的確，你們花了十四萬美元，讓我們可以用傑樂果凍（Jell-O）作畫，再把它捲在傻瓜黏土（Silly Putty）裡；但更重要的是，你們知道我們需要獲得靈感，在羅德島設計學院，我們獲得了非常多的靈感。」

畢業典禮後，切斯基返鄉前，傑比亞帶他去吃披薩，並對切斯基做了一個大膽預測：有一天，他們將一起創立一家公司，而且將會有人為這家公司寫一本書。「我看出他的天賦，他的點子總是能夠讓人興奮，」傑比亞說：「於是很自然的向他說出了這個想法。」

我想到一個賺錢的點子

畢業後，切斯基在家賦閒了幾個月。他隨後前往洛杉磯，和以前的同學一起住進好萊塢的一間公寓，離格勞曼中國戲院（Grauman's Chinese Theatre）幾個街區，附近到處是觀光客，以及為了索取小費說服人們拍照的布偶人。他的父母仍然非常溺愛孩子，向洛杉磯的一家汽車經銷商買了一部本田喜美，送到洛杉磯機場給他。

切斯基在實現大學時代的夢想，有一份實在的工作，年薪4 萬美元，在位於瑪麗娜戴爾灣（Marina del Rey）的工業設計顧問公司 3DID 擔任設計師，為美泰兒（Mattel）玩具、漢門吉他（Henman）、醫療器材、鞋類、狗狗玩具、手提包等產品做設計。「在學校時，做設計工作，尤其是工業設計，你只是夢想自己設計的東西能夠問世，」切斯基說。

但是，這第一份工作從未能符合他的期望。因為他每天上下班都得在極其壅塞的 I-405 公路上，花上九十分鐘通勤時間，而且，他做的多數設計案要不是從未能夠問世，就是問世後，產品最終進了垃圾掩埋場。

2006 年，切斯基的公司受邀參與高維爾（Simon Cowell）製作的實境電視節目「美國發明家」（American Inventor）。切斯基的團隊負責協助一對夫婦發想的無菌馬桶坐墊 Pureflush。這對夫婦和十幾位其他發明人競爭百萬美元的獎金。切斯基和 3DID 同事，協助他們把這項產品概念化，並打造出一個原型。

這一集節目在 2006 年 5 月 4 日播出，切斯基參與的部分大多被剪掉了。但你還是可以看到，在檢視產品設計時，這位未來的億萬富豪和同事安靜的坐在一旁。如今回顧，不難看出何以這個經驗可能更加促使切斯基年輕時的理想破滅。那對夫婦中的先生，是個脾氣暴烈的兼職魔術師，一看到 3DID 展示的馬桶坐墊原型，立刻大叫。

「這個實在太小了，那個顯然太大了！完了！這鬼扯淡沒指望了！」他在節目中大吼，設計師驚愕不已（當然，節目製作人很喜歡他製造出這種節目效果）。「你們來這裡可不是只做改進工作的，你們來這裡是為了要具體實現我們的夢想！」[4]

這瘋狂失常的批評令切斯基很受傷。當時的他非常執著於追隨極其成功的影片分享網站 YouTube 創辦人的故事。他花很多時間在這網站上，也觀看賈伯斯的簡報影片，以及電視影集「微軟英雄」（Pirates of Silicon Valley），那是個新東西可以徹底改變現實的世界。「我非常著迷於那些觀點，」切斯基說：「某人能夠打造一個東西，對世界帶來徹底改變。我遁入那個世界，透過想像而深切共鳴與嚮往。但在當時，我做的不是這樣的事，而是坐在暗暗的辦公室裡，設計擺在櫥櫃裡，或進入垃圾掩埋場的東西。」

到了 2007 年初，切斯基已經按捺不住。他和四名友人搬到西好萊塢的一間兩臥室公寓，縮減為公司工作的時數，把更多時間和心力投入在設計自己的家具。他從 Corvette Stingray 跑車的車蓋獲得靈感，設計了一張玻璃纖維材質的流線造型椅；還有一款分量控制盤，中央凸起部分只能擺放分量適中、約三盎司的肉。[5] 他迫切想要自行開創新東西，闖出名號，他半開玩笑似的考慮著成立一家叫布萊恩切斯基的設計公司。

但他仍然無法擺脫這一切全沒搞頭、欠缺創造性的念頭，認為這些無法產生他在羅德島設計學院、電視影集「微軟英雄」，或迪士尼（Walt Disney）自傳中看到的那種具有開創性而令他嚮往的生活。「據說，你可以改變你生活的世界，」他說：「但現實顯然不是如此。現實是，我只不過在設計東西。」

2007 年的某天，切斯基收到當時住在舊金山的傑比亞寄來的一個包裹，使鬱鬱寡歡的他心生逃脫現狀的念頭。

自羅德島設計學院畢業後，傑比亞的職場生活只比切斯基稍好一點。大一時，他偶然產生了一個自認頗為新奇的點子。在羅德島設計學院的馬拉松式畫作賞析課 Critiques 中，學生往往得在金屬長椅和硬邦邦的木凳上坐上好幾小時，椅凳上覆蓋了炭條粉末和畫漆。硬椅坐久了不舒服，學生伸伸腿、動動屁股時，褲子的臀部總免不了被炭粉和畫漆沾汙。為了解決這個麻煩，傑比亞設計出一種可攜式的彩色泡棉坐墊，一端開了一條長縫，當成手提把，並且掛上他為這項發明取名的 CritBuns 紙標籤。

畢業後，傑比亞用羅德島設計學院頒發的設計獎獎金，製造了八百張這種彩色坐墊，存放在他位於普羅維登斯市的公寓地下室。然後，他天真的開始向商店推銷這項產品，一張19.99美元。他推銷的第一家店是布朗大學書店。他穿著最好的西裝，熱烈的向一名商店採購員推銷，這採購員讓他講了一分鐘，然後說：「不，謝了。」接著轉身離去。第二家和第三家店的反應相同，「我四處碰壁，你可以說，這些拒絕甩了我一記耳光，」傑比亞後來告訴我。

終於，普羅維登斯市中心的一家精品店同意進貨四張。傑比亞奔回家，取了四張坐墊給這家店陳列。那天晚上，他把臉貼在那家精品店的玻璃櫥窗上，滿心讚美的凝視它們。

CritBuns未能從貨架上起飛熱賣，或改變世界（最後只賣出幾批貨），但傑比亞在履歷上多了一項不錯的紀錄，幫助他在舊金山的大型獨立出版商編年史圖書公司（Chronicle Books）獲得夢寐以求的實習工作。於是，他在2006年遷居舊金山，在這家出版公司擔任書籍和禮品包裝的設計工作。安定下來後，傑比亞寄給老友切斯基一個包裹，裡頭是一個CritBuns坐墊。

對切斯基而言，這個好笑的泡棉坐墊代表一個重要意義：傑比亞已創立一家公司，並擁有一項實際問世的產品！他的朋友已經產生了影響力。那年夏天，傑比亞生日時，切斯基來舊金山拜訪他，覺得這個城市很迷人。翌日早上，切斯基在沙發上醒來，看到傑比亞的室友，一個身材高瘦的程式設計師，正在筆電上飛快敲打鍵盤，撰寫程式。他覺得這裡的人都是玩真的，他們試圖弄出新東西來改變世界。

那年秋天，那高瘦的室友搬出勞許街的公寓，傑比亞必須儘快找到新室友，以補貼每月房租，他問切斯基是否想搬進來。

切斯基考慮只有週末才到舊金山，且仍然會繼續在洛杉磯生活，因他新近謀得兼職教書工作。他問傑比亞，能否以每月 500 美元租用客廳沙發，而不是支付更多的錢租下其中一間臥室。傑比亞斷然告訴他，若切斯基不租下整間臥室，他就得放棄這間公寓了。

9 月初的某天，切斯基終於下定決心。他想到他的偶像迪士尼在 1923 年冒了巨大風險，從堪薩斯市遷居好萊塢，從此改變人生；他也要試試看。

改變一生的一封信

當然，遷居勞許街，切斯基並未解決如何支付房租的困境。他仍然沒有一份像樣的全職工作，這兩個羅德島設計學院的畢業生，基本上是窮到無以為繼了。因此，幾星期後的 2007 年 9 月 22 日，世界設計大會即將在舊金山舉行，該市的旅館住房要不是被預訂一空，就是太昂貴，傑比亞於是發給切斯基一封後來改變他們人生的電子郵件：

主旨：分租公

布萊恩：

我想到一個賺點錢的法子，就是把我們的公寓變成一個給設計師的短期住房，另附上早餐，讓來這裡參加四天活動的年輕設計師有地方可住，再加上無線網路、一個小小的書桌空間，以及一份活力早餐。哈！

——喬伊

切斯基和傑比亞花了三天，使用部落格網站 WordPress 提供的免費工具，建置了第一個 Airbedandbreakfast.com 網站。這是一個基礎型的網站，用藍色及粉紅色草體字型展示服務名稱，簡短說明概念，內含幾條清楚規則。「AirBed & Breakfast 為研討會參加者提供平價住宿、社交網路工具，以及一份最新指南，」他們寫道：「設計師可以選擇以什麼價格和哪些設計師相會、同住，條件由你決定！」

這兩名創辦人用電子郵件把網站資訊發送至舊金山市的設計部落格。一些對這概念有點困惑不解的部落客為他們做了些宣傳，「若你已經動身前往這場設計研討會，但還未訂房，嗯，你可以考慮穿著你最心愛的睡衣來進行社交。」一名部落客寫道。[6]

日後，切斯基編織了一個故事，關於瑟夫和另外兩名房客在那場設計大會期間，投宿勞許街神話般但十分實用的公寓。故事中描述，三名房客離開後，這兩個共同創辦人不僅有錢付房租，也和這些房客建立了深切關係。

他們發覺，這個有趣點子是個更宏大規模事業的種子。但就和所有這類新創事業神話一樣，這個故事並不完全真確。這兩位共同創辦人需要錢付房租的迫切程度，其實不如他們想要找一個事業構想那般急切。他們想證明自己的潛力，實現羅德島設計學院教育許諾的前途。瑟夫及其他房客離去後，切斯基和傑比亞恢復日常生活，繼續在踏出大學校門後的世俗現實中尋找意義。

哈佛高材生布雷卡齊克

過程中，他們經常和那個高瘦、打字速度飛快的前室友布雷卡齊克見面。他是哈佛畢業的工程師，年僅二十五，卻已有多采多姿的創業史。幾年後，這段經驗將被證明大有助益。

布雷卡齊克雖搬離勞許街公寓，但仍然和傑比亞保持密切聯繫。他們過去合作過種種計畫，發現兩人各自的程式編寫和設計技能可以相得益彰。接下來幾個月，這三個年輕人經常聚在一起構思創立新公司的點子。他們最早的構想之一，是提供室友撮合服務，結合了臉書和分類廣告網站 Craigslist 的元素。但這構想發展了幾星期後，他們才發現，市面上已經存在一個這樣的網站 Roommates.com。

這三人雖然常碰面，布雷卡齊克到了 2008 年 1 月才聽聞 AirBed & Breakfast。當時，傑比亞和切斯基造訪他的新公寓，邀請他成為事業夥伴。多年後，三人在一次聯合受訪時，布雷卡齊克對著這兩位共同創辦人說：「你們當時很興奮的說，要告訴我一件事，但你們賣關子，神祕兮兮的。」

回溯那天，他們三人出去喝酒，切斯基和傑比亞述說著他們在設計大會期間出租房間的經驗，以及創業構想——讓大城市的人們在研討會和大型活動舉辦期間出租自己的家。他們敘述了一長串打算建立的特色，包括個人檔案，讓房東和房客相互評比。

當時正在進行一些其他計畫的布雷卡齊克洗耳恭聽，卻心存疑慮。這構想聽起來有很多的工作要做，而他是三人當中唯一擁有實際技能的人，想必得做大部分的工作。「他們當時想要說服我的理由令我心生疑慮，感覺這並不是個務實的事業，」布雷卡齊克在多年後受訪時說。

過了幾星期，他們在舊金山市中心新開的鹽屋餐館（Salt House）再度碰面。傑比亞和切斯基提出一個更審慎的事業計畫，他們有把握可以在幾週後，於德州奧斯汀舉行的西南偏南音樂節之前完成。

晚餐時，幾杯酒下肚後，布雷卡齊克衝動之下同意建立這個網站，然而這個事業仍然不是他的優先要務。

那個月稍後，布雷卡齊克對一個偶爾往來的親友群組發出電子郵件，報告他正在進行中各項主要計畫的進展。他在信中列出一個他構思的臉書廣告網絡，以及另一項社交網絡工具，可以讓群組成員看出同夥中有誰正在使用這個網路。在這封電子郵件的最末，他附帶提及正在做的幾項較不重要的計畫，其中包括一個名為 AirBedandBreakfast.com 的網站，「我認為這是個酷點子，但或許沒有大市場，」他在信末寫道。

切斯基和傑比亞也在這封信的收件人之列，「我們收到這封電子郵件，心想：『搞什麼鬼啊』！」切斯基回憶。傑比亞說，看到這封信，就像：「肚子挨了一拳。」

儘管如此，布雷卡齊克還是在西南偏南音樂節前一星期的 3 月 3 日，完成新版本網站的建置，並且使用一個新標語：「一個朋友，而不是一個接待櫃檯。」

這個全新的 AirBed & Breakfast 網站上沒有張貼任何實際的物業，切斯基盡他所能在 Craigslist 網站上尋找張貼租屋廣告的奧斯汀居民，發送電子郵件邀請他們來 AirBedandBreakfast.com 張貼訊息。最終，有兩筆訂房交易是透過這個網站完成。其中一筆，是切斯基的訂房，他的房東是越南裔、和女友同居於奧斯汀市河濱社區一間兩房公寓的德州大學建築工程系博士班學生黎進勇（Tiendung Le）。

切斯基在那裡的氣墊床上睡了兩晚，黎進勇和女友貼心的在他的枕頭上擺放了一顆薄荷糖，為他遞上一杯義式濃縮咖啡（他們還記得他當時一飲而盡），還為他準備了一碗越南米線。現在居住澳洲墨爾本的黎進勇回憶，切斯基那星期似乎心神不寧、緊張不安，經常一個人站在陽台上眺望市區，若有所思，彷彿那裡正在舉行的活動與他無關。「他心不在焉，似乎在想著其他事，」黎進勇告訴我。

停留奧斯汀市的第二天早上，切斯基計畫去研討會聽當時名氣一飛沖天的祖克柏演講。黎進勇載他前往，路上他們聊到年輕又成功的祖克柏。切斯基非常興奮有機會現場聽他的演說。〔這場祖克柏和部落客雷西（Sarah Lacy）的對談後來被批為非常失敗，參加者生氣的發推特文抨擊這場談話沒啥內容。〕

切斯基在車上感謝黎進勇的開放態度，願意嘗試這個公寓分享網站。黎進勇對這個評語感到訝異，多年後，他跟我說：「我並不認為自己的態度特別開放，我們是奧斯汀的學生，一直以來都是開放擁抱新東西。」

翌日，切斯基離開他投宿的這間公寓，決定續留奧斯汀，會見傑比亞以前的一名室友。這個前室友為影片網站 Justin.tv 工作，在希爾頓飯店有訂房。可能溝通有誤，切斯基沒找到他，入夜後，他已做了最壞打算要在飯店大廳睡一宿。

但這位朋友和他的同事，也就是人脈甚廣的創業家賽柏，最終找到了他，邀請他上去他們入住的華麗飯店套房，讓他在最後一刻免於窩在飯店大廳過夜。這場研討會雖未能招攬到什麼生意，卻也沒令他灰心喪志。切斯基感覺自己終於要開始改運了。切斯基後來回憶，當時夜深了，賽柏穿著內衣，電視播放著關於刺殺林肯總統的兇手布斯（John Wilkes Booth）的節目。他開始再度熱烈推銷 AirBed & Breakfast 的事業概念，賽柏帶著好奇心和些許的同情心聆聽著。賽柏後來成為這群創辦人的第一位導師，把他們引介給投資人，輔導他們如何研擬簡報投影片，並幫他們潤飾推銷話術。

「我認識可以在晚餐席上開一張兩萬美元支票給你的投資人，」賽柏對切斯基誇耀的說，接著告訴他關於天使投資人的種種，就是那些讓矽谷的新創科技公司得以起飛的融資提供者。切斯基說，當時他仍是科技業的菜鳥，一度以為賽柏說的是真的天使。[7]

沒有大浪，成不了大業

切斯基帶著滿腦子的網站改進點子返回舊金山。他沒有帶足夠的現金前往奧斯汀，在付錢給黎進勇時捉襟見肘；這使他想到，在租房服務中推出以信用卡交易的方式。

可是，布雷卡齊克突然宣布，他將搬回波士頓，和他正在就讀哈佛醫學院四年級的女友伊麗莎白同居。「我對 AirBed & Breakfast 感興趣，但對當時的我而言，那只是一項工餘計畫，而且是幾項工餘計畫當中的一項，」他後來說。

2008 年 4 月至 6 月間，Airbnb 這個才剛開始的事業幾乎沒什麼進展，近乎流產。然後，切斯基和傑比亞想到，總統候選人歐巴馬將在 8 月於丹佛市的民主黨總統候選人提名大會上，對八萬人發表演說。別名「一哩高城市」（Mile-High City）的丹佛市，並沒有足夠的旅館住房可容納這麼多人，而屆時舉世目光將聚焦於這場提名大會。

人在波士頓的布雷卡齊克體認到這個獨特機會，同意撥出時間，設計另一版本的網站。在第三個版本的網站上，這些創辦人致力於把訂租房間弄得如同向旅館訂房那般簡易。網站上有個搜尋方塊，詢問旅行者打算前往何處，還有一個大大的綠色「訂房」點選鍵，並且張貼房東及其房客的大照片。

那年春季的每個星期五，傑比亞和切斯基把新設計的網站原型展示給賽柏看。賽柏和 Justin.tv 共同創辦人簡彥豪（Justin Kan）觀察他們的進展、辨察問題後，提出改進建議（賽柏和簡彥豪回憶，他們早期設計的付款機制尤其糟糕）。賽柏和簡彥豪並未向這些年輕人收取費用，也沒得到這家羽翼未豐新創公司的股權，「在美國東岸，你捐錢給慈善組織，」賽柏說：「在西岸的新創界，若你想做出回饋，你就幫助年輕的新創家。在這個領域，建立這樣的業力很重要。」

Airbnb 的創辦人在 Justin.tv 觀摩到，一家扎實的科技新創公司是什麼模樣，像是有實體辦公室、員工，銀行裡有殷實的創投資本（Justin.tv 後來分支出一個遊戲賽事實況轉播服務平台 Twitch.tv，Amazon 在 2014 年以 9.7 億美元收購）。他們還去參加新創事業育成創投公司 Y Combinator 在史丹佛大學舉辦的一天課程「新創事業講堂」。那年演講人包括 Amazon 執行長貝佐斯（Jeff Bezos），以及投資家暨網路瀏覽器發明人安德森（Marc Andreessen）。但 Airbnb 創辦人印象最深刻的，是重量級創投業者紅杉資本的創投家麥卡杜（Greg McAdoo）所做的演講。而且，不久後，他們就和這位創投家熟識了。

麥卡杜在這場演講中闡釋，何以優秀的創業者必須具有一流衝浪手般的精確性：

若你想要創立一家很優異的公司，就必須搭乘上極佳的大浪潮。你必須能夠以不同於其他人的方式來觀察市場浪潮和技術浪潮，比別人更快看出浪潮即將來臨，知道如何讓自己就定位，做好準備，並挑選適合的衝浪板——換言之，組成適任的經營管理團隊，建立適切的基礎平台。只有這樣，你才能夠乘上大浪潮。最重要的是，若沒有很棒的大浪潮，就算是優秀的創業家，也無法建立優異的事業。[8]

那年夏初，賽柏終於實踐他的「大話」，為 Airbnb 創辦人引介七位天使投資人。切斯基寫信給這些投資人，自我介紹，推銷他們的公司，請求這些天使挹注 15 萬美元，幫助他們啟動這個事業。結果有五位投資人斷然拒絕，切斯基後來在線上公開這些回絕電子郵件，[9] 另外兩位投資人甚至懶得回信。「大多數投資人甚至不和我們會面，」切斯基說：「他們認為我們是瘋子。」

有幾位投資人雖和他們見了面，但結果同樣很糟。有一位投資人是谷歌的前高階主管，在帕羅奧圖市（Palo Alto）的一間咖啡館和傑比亞及切斯基見面。他點了一杯冰沙，開始聆聽這兩人推銷。過了一會兒，他就走出咖啡館了，那杯冰沙連碰都沒碰，傑比亞和切斯基坐在那裡，也不知道那位投資人會不會回來。

8 月初，切斯基和傑比亞受邀至 Justin.tv 的天使投資人閘門融資公司（Floodgate Fund）位於帕羅奧圖市的辦公室做簡報。儘管當時網站上每週只有十幾筆訂房交易，切斯基仍深具信心，因 AirBed & Breakfast 已引起甚具影響力的科技媒體 TechCrunch 的注意。[10] 切斯基本上打算捨投影片簡報說明模式，改採網站實況展示說明。但臨到展示說明時，他才驚恐的發現，TechCrunch 的報導文章引來激增的造訪量，導致網站當機，結果，他只能以閒聊的方式進行說明會。傑比亞則在一旁拚命聯絡布雷卡齊克。布雷卡齊克已經知道網站當機了，他內建了一個機制，每當網站當機時，就會自動發送一則「氣墊床漏氣」（AirbebDeflate）的簡訊通知他。但一切已太遲，切斯基這次的簡報徹底失敗，閘門融資公司拒絕投資。

這些投資人疑慮市場規模不夠大，擔心欠缺足夠的使用者，也對這家公司的創辦人本身心存懷疑，覺得他們看起來不像祖克柏和賈伯斯之類創造出矽谷神話的創新者。在投資人眼中，設計系學院出身者似乎風險較高，史丹佛大學電腦系的中輟生是更好的押注對象。而且，說實在的，這個事業點子本身似乎沒啥稀奇。

「我們當時犯了所有投資人都會犯的典型錯誤，」投資於推特的創投家威爾森（Fred Wilson）在日後寫道：「我們太聚焦於他們當時正在做的東西，不夠前瞻思考他們能夠做、將會做，後來也確實做到的一切。」[11]

2008 年矽谷人陷入焦慮不安。科技業雖然已經從幾年前的網路泡沫重創中重振，谷歌 2004 年公開上市的凱歌和臉書的初期成功令人振奮，但全球經濟動盪，房地產市場的嚴峻問題持續惡化，不出幾個月就將發生經濟崩潰。那年 10 月，紅杉資本發表一份被普稱為「美好年代安息矣」（R.I.P. Good Times）的報告，勸告新創公司大舉撙節支出，以降低風險、減輕負債。投資人對 Airbnb 沒信心，不僅如此，他們大體上對整體經濟感到憂心。

每當 Airbnb 似乎已經接近取得投資資金時，情況總是突然發生變化。洛杉磯的天使投資人克雷格（Paige Craig）是前美國海軍陸戰隊隊員，一直在餐飲旅館市場尋找投資機會。他在 2008 年夏天偶然發現 Airbnb，對這群創辦人的認真勤奮與敬業態度心生好感，打算投資 25 萬美元。雙方在公司估值上已經達成一致意見，甚至在秋初於舊金山共進晚餐，打算簽約。但翌日，切斯基拒絕簽署交易文件，後來也不願說明原因。但密切參與此次討論的某人說，那天晚餐過後，切斯基對克雷格有了新的看法，他覺得克雷格將會是個難相處的合夥人。[12] 在矽谷，有個廣為奉行的觀念：對的投資人能夠成為公司的助力，難相處的投資人將會導致無止境的問題。

多年後，克雷格從另一個投資人那裡聽說，Airbnb 的創辦人當時總結認為，他是個「瘋狂的海軍陸戰隊員」，因而退卻。我詢問克雷格有關當年錯失這個投資機會的事，他在回覆我的電子郵件中說：「我並沒有因此不高興，我能理解他們為何有這種想法。當時，在谷歌上搜尋我這個人，得到的資訊應該是明顯把我描繪成『笨錢』（dumb money）吧。這激勵我努力累積自己的經驗，建立一個對創辦人友善的品牌，努力贏得以後的交易。不過，那可真是昂貴的一課。」

對切斯基來說，回拒這筆資金肯定是個艱難抉擇。他說，當時他強烈感覺自己是個失敗者，這是他生平第一次有此感受。三位創辦人中，布雷卡齊克有進行中的工作計畫，傑比亞也有 CritBuns 和顧問工作，切斯基似乎什麼都沒有，只有那些先前的家具設計，以及強烈相信連結與分享的大浪潮正在集結能量，大家即將擁抱這個以網際網路助長互信和親近性為基礎的奇怪品牌。

Airbnb 若想起飛，就得起飛得夠快，切斯基已花光積蓄，他和傑比亞的負債愈來愈重。在相信能夠募集到資金之下，他們一直用信用卡借錢，已借到上限。切斯基把他所有刷爆的信用卡放進一個鞋盒裡，傑比亞則是把他刷爆的信用卡塞進原本用來蒐集棒球卡的集卡夾塑膠套裡。

切斯基知道，他們的境況很危險，「我每天早上醒來後，就開始忐忑不安，」他說：「一整天，我總是不斷告訴自己，一切都會否極泰來，然後，帶著好感覺上床睡覺。每天一早起床，又開始惶惶不安，就像電影『今天暫時停止』裡的主角，自問：『我怎麼會落到這步田地？我到底對自己做了什麼？』」

那年夏天，在丹佛市舉行的民主黨總統候選人提名大會活動，僅僅暫時舒緩了切斯基的焦慮。約有八十人使用了 Airbnb 的訂房服務，《美國新聞與世界報導》[13] 和《芝加哥太陽報》[14] 對這個網站做了相關報導。8 月時，每星期約有兩百名新房東加入這個網站；每晚 100 美元的訂房，Airbnb 收取約 12 美元的佣金。

但集會結束後，生意轉趨清淡，每星期的新訂房數目降低到 10 以下。切斯基再度每天一早醒來，望著天花板，憂心忡忡於自己未能發揮潛力。

矽谷的新創業者稱公司的這個孕育階段為「低谷憂苦期」（Trough of Sorrow）：新事業點子出爐的新奇性漸退，創辦人苦於啟動一個實際的事業。

傑比亞和切斯基歷經足以淹沒多數新創事業創辦人的深谷。他們以獨特方式來因應這低潮期，回溯他們的羅德島設計學院時代，汲取當時天馬行空搞創意的那一股勁。

靠早餐穀物，賺到第一桶金

總統大選辯論期間的某個晚上，他們在勞許街公寓的廚房談論著黯淡前景。然後，他們開始在製造與供應早餐穀物給房客的點子上動腦筋。他們想到，可以應景推出總統選舉這個主題的早餐穀物，一款可以取名為歐巴馬歐氏（Obama O's）——改變的早餐（譯註：呼應歐巴馬的競選口號『改變』），另一款取名為馬侃上校（Cap'n McCains）——十足的特立獨行者！（譯註：共和黨籍 John McCain 經常與黨內主流意見相左，媒體經常稱他為「特立獨行者」）。

「事情或許本來應該到此為止，」傑比亞回憶。但不知為何，陷入低谷憂苦期的他們就是不肯罷手。傑比亞打電話給家樂氏（Kellogg's）和通用磨坊（General Mills），興致勃勃的述說這個應景早餐穀物的概念，對方員工掛斷電話。他又聯絡當地的早餐穀物配銷商，同樣沒人感興趣。

最終，他們決定自己生產。傑比亞在舊金山灣另一邊的柏克萊，找到一名擁有一間印刷廠的羅德島設計學院校友，並說服這名校友印出一千個早餐穀物包裝盒，代價是讓他獲得銷售收入的一部分。這些包裝盒上打廣告說是限量版，背後有好玩的遊戲，加上 AirBed & Breakfast 的資訊。

傑比亞和切斯基前往當地一個低所得社區裡的超市，買了數十盒早餐穀物（圓圈形狀的 Honey Nut Cheerios 用來裝在 Obama O's 盒中，方塊形狀的 Fiber One Honey Squares 用來裝進 Cap'n McCains 盒裡），並在收銀員疑惑不解的表情下結了帳。回到家，他們在廚房裡動手組裝早餐穀物盒，把原包裝盒裡內袋裝的早餐穀物裝到新盒子裡，過程中，在使用熱熔膠槍時還燙傷了手。

「在外人眼中，這一切真的好笑到了極點，」傑比亞回憶。有一天，他們收到一名房東的電子郵件，此人是專業押韻詞曲作家，他提議為 AirBed & Breakfast 網站做一首歌，這首歌至今仍在 YouTube 上：

嗯，這裡有一種你應該要知道的早餐穀片。每個人都在討論歐巴馬歐氏，只要吃一口就會了解。因為每一個人都在高唱：是的，我們可以。[15]

意外投入的工餘計畫，帶來新機會

他們的合作夥伴對這招早餐穀物策略不以為然。當他們告知布雷卡齊克時，「納生不相信這招管用，」傑比亞回憶。賽柏則是怒不可遏，「那是我首次對他們真的感到憂心，」他說。

但是，這個怪招奏效了。

這些創辦人再次展現吸引人們注意的本領，在總統競選新聞高峰期，他們把這些應景主題的早餐穀物郵寄給他們能想到的每一個媒體。意識到這是一個結合許多元素的東西，許多記者打電話給他們；早餐穀物訂單湧入，才三天光景，Obama O's就銷售一空。

這筆營運收入讓這些創辦人得以支付那位印刷商校友，以及償還大部分的信用卡債務，但並沒有促使他們的新事業馬上成功，或帶來任何顯著營收。事實上，他們仍然無法收支平衡，並且開始吃那些沒賣出去的 Cap'n McCains 早餐穀物維生。但這個意外投入的工餘計畫，已經展現他們的創意思考能力和把事做成的毅力，而這最終將引領他們走向他們等待已久的大突破。

幾星期之後，切斯基決定，他們三人應該申請著名的 Y Combinator 開辦的新創事業講堂。因為凡是申請通過的新創公司，Y Combinator 都會提供 17,000 美元的資金，以換取 7% 股權，而且在為期三個月的密集課程期間，這些新創事業的創辦人可以結識許多創業導師和科技業傑出人士。

這是最後一搏，但切斯基實際上錯過申請截止日一天，使得此課程的校友（後來的執行長）賽柏必須去請求主辦人接受他們的延遲申請。主辦單位後來接受了，但三位創辦人必須接受面試，布雷卡齊克趕忙飛到舊金山，夜宿勞許街的客廳沙發，三人集合，做最後的演練。

「若當時沒申請上，我們現在就不可能存在了，」傑比亞說：「這事業就做不下去了。」

前往面試前，傑比亞抓了幾盒早餐穀物，布雷卡齊克攔住他，「不，不，不，別帶早餐穀物，」他說。傑比亞假裝順從，卻偷偷把兩盒塞進提包裡。

在山景市，Y Combinator 總部進行的面試彌漫著懷疑和不友善的氣氛。這三人說明住家分享概念時，Y Combinator 的共同創辦人葛拉罕（Paul Graham）問道：「有人真的會這麼做嗎？為什麼？他們腦袋有毛病啊？」當時四十四歲的葛拉罕事後承認，他不懂怎麼會有人這麼做，「我不想睡別人家的沙發，也不想讓任何人睡我家沙發，」他說。

但是，在他們轉身要離去時，傑比亞從提包裡拿出兩盒早餐穀物，交給葛拉罕。一旁的布雷卡齊克很驚愕，葛拉罕則是一臉困惑。他們開始述說過去一年的種種經歷，從設計大會時萌生的事業靈感、西南偏南音樂節時的慘澹生意、民主黨總統候選人提名大會時生意稍有起色，到這個異想天開的早餐穀物策略。「哇，你們就像打不死的蟑螂，」葛拉罕說。[16]

葛拉罕用「蟑螂」一詞形容禁得起任何挑戰、殺不死的新創事業，這是他對新創事業的最高讚美之詞。幾星期後，就在 Airbnb 創辦人得知他們可以進入 Y Combinator 育成計畫，也到華盛頓特區參加歐巴馬的歷史性就職大典之後，他們抵達 Y Combinator 總部。葛拉罕正在和紅杉資本的一位創投家交談，就是那個一年前對新創事業應該搭乘上大浪潮發表演說的麥卡杜。

麥卡杜和葛拉罕正在談論優異創業者應該具備的最重要特質：心理韌性（mental toughness），也就是能夠克服通常伴隨新東西而來的各種意外阻礙與逆境。麥卡杜及其紅杉資本的合夥人發現，這種卓越的恆毅力是他們截至目前投資最成功的公司，如谷歌和 PayPal 的創辦人所具備的最重要特質。

儘管當時全球正籠罩在愈來愈惡化的經濟風暴下，麥卡杜仍然在物色新的投資機會。他問葛拉罕：「這一班新創公司當中，誰的心理韌性最強？」

「這個很容易回答，」葛拉罕一邊回答，一邊用手指向教室一隅、正埋首於筆電的兩位設計師和一位工程師，「毫無疑問，就是那邊的那幾個傢伙，」他說。

Chapter 2

讓乘車體驗升級

滿足被忽視的需求

一打開那個叫車 App，就能立即體驗未來生活。
一按下那個奇特按鍵，
一輛車就會出現，這真的超酷的。

——Uber 共同創辦人卡蘭尼克[1]

要不是詹姆斯龐德（James Bond），這整件事可能不會發生。

2008 年中，約莫切斯基和傑比亞正在建置最早版本的 AirBed & Breakfast 網站時，加拿大籍創業家坎普剛以 7,500 萬美元的價格把他創立的第一家公司、網站推薦引擎 StumbleUpon 賣給 eBay。他隨後過著寬裕的日子，享受舊金山的夜生活，賦閒於南方公園（South Park）時髦社區的公寓住家時，偶然間看到克雷格（Daniel Craig）主演的第一部龐德電影「007 首部曲：皇家夜總會」。

坎普喜愛這部電影，但促發他思考的是片中的某個東西。在影片進行到第三十分鐘時，龐德在巴哈馬正開著銀色福特 Mondeo，追蹤勁敵勒契夫（Le Chiffre）。龐德邊開車，邊瞄他的索尼易利信手機。這是大剌剌的置入性行銷，以今天的水準來看，這支手機似乎過時得可笑；但在當時，龐德在這支手機螢幕上看的畫面，令坎普大為驚奇：Mondeo 的圖標在一幅地圖上移動，朝向他的目的地海洋俱樂部前進。

坎普出生於加拿大卡加利市，母親是室內設計師，父親原本是會計師，後來自學成為建築師暨承包商。1980 年代，坎普一家人經常換屋搬家：他的父親蓋房子，母親做室內裝潢與布置，一家人進住幾年後，賣掉房子，又重新開始，自蓋新屋，設計、裝潢。

坎普童年時期從事各種運動，學電子吉他，愛發問。直到十四歲時，家裡才購置電視，但一家人常看電影。他還記得看完「回到未來」第一集，他不停追著父親問核融合的原理。

坎普的好奇心最終落在個人電腦技客世界。一位叔叔送給這家人一台早期款的麥金塔電腦，從軟式磁碟片和滑鼠點擊式冒險遊戲開始，坎普連寒凍的冬天也長時間坐在電腦前，玩早期的電腦繪圖，撰寫基礎程式。

到了坎普高中畢業時，他的父母已經近乎完美的打造出一棟三層樓住家，包含地下室的一間辦公室和一間電腦房。「那時已經沒有什麼理由需要再蓋新屋、換新家了，」坎普回憶。

坎普就讀附近的卡加利大學，為了省錢而住在家裡。接下來幾年，都這樣度過，只有其中一年前往蒙特婁市的北電網路公司（Nortel Networks）當實習生。他在 2001 年取得學士學位，繼續留在該校攻讀碩士。滿二十二歲時，他離開了安逸窩，搬進校園的一間公寓，和同學同住。

透過一位童年友人的介紹，坎普結識了重要事業夥伴史密斯（Geoff Smith）；兩人後來一起創立 StumbleUpon 網站，讓使用者可以在無需使用谷歌引擎搜尋下，分享及發現有趣的東西。坎普著迷於協作資訊系統（collaborative information systems）和語意網（semantic web）。當時，他很少外出社交，大部分時間都投入於撰寫碩士論文和打理這家新創公司，鑽研電腦科學領域中艱澀主題的學術論文。

2005 年，坎普完成碩士學位，StumbleUpon 也開始顯現大好前景。他和史密斯在那年遇到一名天使投資人，這位投資人說服他們搬遷至舊金山，以利募集資金。他們在美國註冊成立公司，接下來一年間，StumbleUpon 的用戶數從 50 萬成長到 200 萬。

當時，第一次網路泡沫破滅的創傷漸消，機會的氛圍再度瀰漫矽谷，收購 StumbleUpon 的提案開始湧入。2007 年 5 月，eBay 以 7,500 萬美元買下 StumbleUpon，使它成為 Web 2.0 時代早期成功的網路公司之一。在這波創新革命潮流中，Flickr 和臉書之類的公司，成功從網路使用者之間的社交連結挖掘到大商機。[2] 對坎普而言，這在當時的矽谷而言已經算是一大成功了。以任何合理的標準來看，確實是這樣；但他締造的下一個成功，將大大推翻這個標準。

StumbleUpon 賣給 eBay 後，坎普繼續留在這家公司。他現在是年輕、富有的單身漢，比以往更常出門從事社交活動，也因此接觸到舊金山市效率不彰的計程車業。

樂於挑戰權威的坎普

數十年來，舊金山市一直刻意把計程車牌照發放數量限制在 1,500 張左右。牌照價格並不貴，但不能轉售；牌照持有人只要每年上路時數達到最低規定，就能一直持有牌照。因此，通常只有當既有牌照計程車司機辭世時，才會有新牌照核發，申請人往往得等候多年。於是，荒謬的故事屢聞不鮮，例如有人等候一張計程車牌照三十年，拿到後不久就辭世。

這制度確保計程車公司縱使在不景氣時，仍有一定的乘客量，也確保全職計程車司機能夠賺到可以維生的收入。然而，乘客對計程車的需求遠遠超過供給，而舊金山市的計程車服務是公認的糟糕。你想在濱海的市郊社區或是週末夜的市中心攔下一輛計程車，簡直比登天還難。想叫一部計程車去機場，是一場令人提心弔膽的賭博，很容易叫不到車而錯過班機。（縱使你已打電話預約，也不能保證計程車一定會如約出現，司機可能臨時決定載路邊攔車的乘客而放你鴿子。）

計程車公司和司機堅決限制競爭，因此，任何試圖改善境況之舉終究是徒勞無功。多年來，每當市長或該市參事委員會試圖增加計程車牌照核發數量，憤怒的計程車司機總是群集於市議會或是包圍市政廳，導致混亂的場面。

StumbleUpon 賣給 eBay 後，坎普花大錢買了一輛紅色賓士 C-Class 跑車，但多數時間，車子閒置於車庫。在卡加利時，他很少開車，因為他的父母不想花錢買汽車保險。讀大學時，他偏好使用大眾運輸工具。「在舊金山市開車的壓力太大了，」他說：「我不想把車停在路邊，不想讓人撬鎖或破窗而入。交通上，在這裡開車，大大不易。」

所以，舊金山市極度不便的計程車服務，對坎普的新生活型態造成嚴重的障礙。因為無法可靠的在路邊攔計程車，他開始把計程車派遣電話號碼加入手機快速撥號鍵，但即便如此，情況還是很糟。「我打電話叫車，甚至到路邊等候，但計程車就是遲遲不來，只能眼睜睜看著兩、三輛計程車經過，」他說：「我再打電話過去，他們甚至不記得我叫了車。我記得我經常因此而遲到。我已提早二十分鐘做好出門準備，最終還是遲到了三十分鐘。」

這個位於海灣的耀眼城市很誘人，但坎普沒有可靠的交通方法來回應它的召喚。由於經常苦惱於該市計程車的奇差效率，加上坎普向來樂於挑戰權威，他開始嘗試一種解決方法：需要計程車時，打電話給所有計程車公司，哪一輛計程車先到，就搭乘那一輛。

想當然耳，計程車公司不喜歡他這招伎倆，坎普相信，他的手機號碼被舊金山市的計程車公司列入黑名單，雖然他無法確認這點。「後來，他們不再接我的電話，」他說：「我被舊金山市的整個計程車系統給封殺了。」

和你約會，交通很困難

後來，坎普交了一個女朋友。

StumbleUpon 被 eBay 收購了幾個月之後，坎普在臉書上注意到，他和美麗聰慧的電視節目製作人麥克羅斯基（Melody McCloskey）在社交網路上有個共同的朋友——部落客馬立克（Om Malik）。於是，坎普在臉書上發送了一則訊息給她，問她是否願意見個面。

現為線上美容健康服務中介公司 StyleSeat 創辦人暨執行長的麥克羅斯基回憶，收到坎普的這則訊息，雖然有點戒心，但仍然同意和他喝個咖啡。坎普提議在週五晚上八點於一間餐廳碰面，麥克羅斯基則認為週二傍晚六點喝咖啡比較合適。於是，坎普提議折衷，約在週四晚上七點，並在最後一刻把會面地點改在一間酒吧。

麥克羅斯基打算只待四十五分鐘，結果，他們共處到凌晨兩點，「我意外的和這個人有了一次瘋狂的約會，」她多年後回憶：「我想，我第二天並沒有去上班。」

坎普跟許多高科技創業者一樣，是個奇特古怪的人。麥克羅斯基注意到，他不太關心吸引他人注意的表面事物。例如他偶爾才剪頭髮，總是長到肩膀才去修剪。他還喜歡自己設計 T 恤標誌，展現個人特色，像是奈克方塊（Necker cube），不同視覺角度會產生不同解讀的圖像。他有時會穿著這種衣服去高級餐廳，「我不知道他哪來那些東西，」麥克羅斯基說：「我對它們不怎麼恭維。」

坎普不喜歡帶現金，常常一回到家，就不經意的把一疊鈔票塞進鏡台抽屜，然後鈔票就一直留在那裡。雖然當時坎普是個科技新貴，而麥克羅斯基則是在有線電視新聞台時事電視台（Current TV）製作節目勉強餬口，「我們出去約會時，都是我付錢，」她說。

他們的關係也面臨新的交通障礙。麥克羅斯基住在太平洋高地（Pacific Heights），和坎普的住處相距好幾英里，在任何地方會面都是個麻煩，坎普又常希望兩人晚上可以找個地方相聚。

「和你約會，交通很困難，」麥克羅斯基有次告訴坎普：「我負擔不起隨意在這城市任何地方和你會面，我跟不上你的生活型態。」

為了解決這些日益嚴重的交通困難，坎普開始嘗試舊金山市的「吉普賽計程車」（gypsy cab）。這些無照營業的黑色轎車，會接近路邊貌似需要計程車的人，向他們閃車前燈，藉此招攬乘客。但是舊金山人，尤其是女性，通常不搭乘這種無照營業的車子；主要是擔心人身安全，或是沒有跳表會導致車資不明確的問題。但坎普發現，多數的吉普賽計程車很乾淨，司機大多很友善。這些司機面臨的最大問題，是填補沒載客時的閒置時間；這種時候，他們往往在飯店外等候。於是，坎普開始蒐集這種市內接送出租車司機的電話號碼，「我的手機一度存有多達十到十五個全舊金山最好的黑頭車司機電話，」他說。

接著，他進一步試驗他的叫車方法。在需要車子的幾小時前，他傳送簡訊給他喜愛的一位司機，請司機在約定的時間到達某間餐廳或酒吧接他。甚至有個晚上，他為自己和一群朋友整晚租下一輛市內接送出租車，這是花 1,000 美元換來的放縱與放鬆。畢竟，在深夜行駛於城市之間，送每個人回家，是件相當痛苦的事。

此時，龐德電影「007 首部曲：皇家夜總會」的未來主義影像，浮現坎普腦海。

一個很 Uber 的乘車體驗

突然間，坎普開始著迷一個新念頭。他經常和麥克羅斯基談到一種隨選（on-demand）召車服務，以及乘客可以在手機上透過地圖追蹤車輛的點子。那年的某個時刻，坎普在他用來草記公司與品牌新點子和標語的摩詩金筆記本上寫下「Über」這個字，其中他在U這字母上加了曲音符號。「這發音不就是Yoober嗎？」她問。

「管他的，這看起來很酷，」坎普說。

麥克羅斯基回憶，坎普「想要一個形容卓越的字」，他不停地思考這個字，它的發音，以及意義。「一杯超級咖啡（uber coffee）是什麼呢？」他喝了一杯咖啡後，會隨興的說：「就是指很棒的東西！很了不起的意思！」

坎普說，他考慮過把這項新服務取名ÜberCab或BestCab，最後決定用UberCab，把曲音符號拿掉（他在2008年8月註冊網域名稱UberCab.com）。麥克羅斯基喜愛坎普無止境的思考各種新點子，但她對這個新點子不是很有信心，「沒錯，這裡的計程車是很糟糕，」她說：「但你搭一次計程車，也不過就八分鐘而已，這件事有那麼重要嗎？」

但坎普很確定他想要這樣的服務，也知道蘋果公司在2008年夏天推出的iPhone及其新的應用程式商店（App Store）最終將會實現「007首部曲：皇家夜總會」中的未來主義版本。屆時，你不僅能在手機的地圖上追蹤某物體的所在地，而且因為最舊款的手機上有加速儀，你也可以看出車輛是否在移動。這意謂iPhone可以當成計程車跳表，讓乘客按照搭乘的分鐘數或里程數付費。

多年來，他和許多朋友討論這個點子。作家暨投資人費里斯（Tim Ferriss）最早在舊金山教會區的一間酒吧，和坎普討論當時尚未取名的Uber，覺得這是一個很棒的點子，但後來一忙就把這件事給忘了。一、兩個月後，費里斯接到坎普的電話，再度談起Uber時，他很驚訝的發現，「坎普已經非常深入研究這種市內接送黑頭車服務的缺點，以及黑頭車和計程車閒置時的利用率損失，」他說：「很顯然，他大概是最早檢視這個領域前1%的市場分析師之一。」

坎普腦袋裡正在把Uber的概念具體化。乘客和司機的手機上都可以下載安裝一種應用程式，乘客可以把信用卡建檔，用以支付車資，不必麻煩的攜帶現金。「我天天都在想新點子，」坎普說：「所有這些點子不斷的建立、累積起來。」

他原先的構想是購買一批車子，讓朋友使用這個應用程式，藉此分享使用這些車子。但坎普說，那只是一個起始點。在當時，他就已經考慮用這種制度來協調調度黑頭車、省油的豐田Prius車款，甚至有照的正規計程車。

「我總是認為，這可以成為一種更有效率的計程車制度，尤其是在舊金山市，」坎普說。但他當時不確定這制度在該市以外是否可行。他思忖，只要能夠在一百個城市推行這種制度，規模就足以讓一家公司一年創造上億美元的服務費。

到了那年秋季，坎普有更多空閒時間投入Uber的事業構想，因為他和麥克羅斯基分手了。但兩人仍然維持朋友關係。他也不必經常進StumbleUpon。他回憶，當時，週末他喝咖啡、上網，深入研究交通運輸業，晚上則和朋友享受夜生活。

2008年11月17日，坎普在加州把UberCab註冊為有限責任公司。不久，在渴望做一些基本的市場研究下，他寫電子郵件詢問費里斯能否協助他，並在信中包含一個兩人都能進入的維基百科線上文件連結。多年後，坎普大聲讀出他當時在維基百科上列出的一百個疑問當中的一些：

相似的服務（需要五小時的研究）：目前市面上是否存在任何一個點選就能取得的隨選叫車服務？這種隨選叫車服務的市場規模有多大？

後勤與可行性（需要十小時的研究）：從加州公用事業委員會取得轎車接送乘客服務牌照，需要多久時間？在美國前十大城市中叫一輛計程車，平均花多少分鐘可以上車（平均數和中位數）？有多少家計程車公司提供保證接送服務？

計程車業動態（需要五小時的研究）：派車軟體必須具備哪些重要功能？派車流程有多少比率可被自動化？

在這封發給費里斯的電子郵件最後，坎普寫道：「我的目標是在 12 月 1 日之前決定做或不做。若做的話，在明年 1 月時要有五輛車子。」

坎普不記得當時從費里斯那裡獲得多少協助，但他決定勇往直前。12 月時，在前往巴黎參加著名的科技業年會 LeWeb 途中，他停留紐約市，和卡加利大學研究所時的同學暨朋友薩拉札（Oscar Salazar）見面。

薩拉札是個訓練有素的工程師，來自墨西哥科利馬市；父親是農業技術專家（在農場上工作的技術員），母親是幼稚園老師。他二十出頭時就嚮往當個創業者，曾在家鄉把 Wi-Fi 天線架在電線杆和屋頂上，建立一個無線網狀網路；但從未申請許可，最後被市政府當局關閉。由於渴望生活在更支持創新的環境，薩拉札前往加拿大取得電機工程碩士學位，繼而在法國取得博士學位，然後遷居紐約。這期間，他一直和坎普保持聯繫。那年 12 月，他們在曼哈頓下城的一家熟食店重聚，坎普向薩拉札推銷 UberCab，並請他領導這個叫車系統原型的發展。

「我有個構想。在舊金山召計程車很難，我想購買五部賓士，」坎普邊說邊拿出他的手機，向薩拉札展示一張賓士 S550 的照片，那是一款高檔雙門車，售價約 10 萬美元。坎普告訴薩拉札：「我打算和一些朋友一起買這些車，我們將共用司機，分攤停車成本。」他又展示 iPhone 螢幕上的圖樣，顯示汽車如何在地圖上移動，乘客如何看到一輛市內接送出租車正向他們駛來。

薩拉札在墨西哥、加拿大及法國也體驗過攔計程車的麻煩。他回憶當時和坎普簽約時，這麼告訴坎普：「我不知道這會不會是一家億萬公司，但這絕對是個價值億萬的點子。」由於薩拉札在美國使用的是學生簽證，不能收取現金工作，因此獲得這家新創公司的股權做為酬勞，他的持股現在價值數億美元。

「這遠遠超過我應得的酬勞，也遠遠超過任何人類應得的酬勞，」2015 年，在紐約市的一間咖啡館吃早餐時，薩拉札這麼告訴我。

就這樣，UberCab 正式開始發展了。坎普飛往巴黎參加

LeWeb 研討會，在那裡，他和麥克羅斯基及一位親近友人暨創業家卡蘭尼克會面。

習慣險中求勝的卡蘭尼克

每家公司都會創造自己的神話。這是個實用的工具，可用來向員工及全世界傳達公司的價值觀，或用來形塑公司歷史，並且肯定最重要的公司開創者無可取代的貢獻。

Uber 的官方故事始於巴黎。坎普和卡蘭尼克在 LeWeb 研討會後的某個晚上，一起來到艾菲爾鐵塔，俯瞰這個別名「光之城」（City of Light）的城市。他們決定挑戰根深柢固的計程車業，覺得這個產業更關心的是封阻競爭，而非服務顧客。

「實際上，我們是在 2008 年的 LeWeb 研討會想出這個點子，」卡蘭尼克在五年後的同一個研討會上這麼說，並且指出，在巴黎召計程車時遭遇的困難，激發了他們的這個構想。「回到舊金山，我們創造了一個在當時對我們而言很簡單、容易的方法，按一個按鍵，就能取得搭載服務，我們想要的是高級的服務。」[3]

跟所有神話一樣，這並非實情。「這個故事經常被扭曲，整個關於 LeWeb 的說法，根本是不實陳述，」坎普嘆息說：「我倒是沒關係，只要方向正確就好。」

在此之前，坎普曾和卡蘭尼克討論過 Uber 的構想，就像他也和其他朋友提過一樣。他們兩人都熱中於創立公司，解決技術性問題、創造新詞，以及發掘字語的潛力。坎普反覆思考「uber」這個字的涵義與發音；卡蘭尼克則是愛說他先前的創業經驗「運氣很背」。卡蘭尼克為他的舊金山公寓取了個綽號「腦力激盪房」（Jam Pad），一些創業家經常聚集於此，思考與討論新創事業點子。這裡就像是創業者的藏身處，一群志同道合熱中創業的人聚集在此，辯論關於建立網路事業的各種複雜事情。

在當時，卡蘭尼克對坎普以手機 App 叫車共享車輛的事業點子，雖有熱情，但對參與這個事業並不是非常感興趣。他剛把前一個串流影片新創事業 Red Swoosh，賣給更大規模的競爭對手阿卡邁科技公司，正處於他後來稱為「熄火期」（burnout phase）的時期。他遊歷歐洲、泰國、阿根廷、巴西等地，思考各種事業選擇。「崔維斯認為這個事業點子很有趣，但他才剛離開阿卡邁科技，到處旅遊，樂於當個天使投資人，還不打算重回創業圈，」坎普說。

在巴黎停留期間，他們住在卡蘭尼克在 VRBO 找到的一間豪華公寓。坎普在那星期不停的談到 Uber，但卡蘭尼克當時已有自己的創業點子；若以後續發生的種種事情來看，這個構想，還滿巧合諷刺的。卡蘭尼克當時構想創立一家經營全球豪華民宿的網路事業，房東與房客可透過網際網路出租房間與租房，商務差旅常客可以直接在線上完成租房與付款。他自己的住家綽號「Jam Pad」，就是由此衍生，他還把這個事業構想取名為「Pad Pass」。

「那是一種介於家和旅館之間的體驗，我想把這兩者結合起來，」卡蘭尼克後來告訴我。坎普也記得：「崔維斯想出了和Airbnb一樣的事業構想，而Uber則是我的點子。」

麥克羅斯基回憶，卡蘭尼克當時得出跟Airbnb創辦人相同的結論：網際網路可以讓旅行者找到適度又便宜的短期住處，也提供更豐富有趣的旅行體驗。「卡蘭尼克不滿意VRBO，」她說：「它的付款服務很糟糕，而且無法像旅館那樣立即訂房。你必須透過電子郵件，來回接洽。他想解決所有這些問題。」

但是，在巴黎的那個星期，他們討論的重心愈來愈聚焦在Uber，而非Pad Pass。坎普認為，起始這個事業的最佳方式，是先購置高檔的賓士車，但卡蘭尼克強烈反對。他認為，自己買車和擁有車子並不明智，直接讓有車的駕駛人下載安裝行動應用程式，才是更有效率的做法。

麥克羅斯基回憶，有一晚，他們在巴黎的一家高級餐廳用餐，他們激烈辯論經營隨選叫車網絡的最佳方法。這餐廳很高雅，供應昂貴的酒品，流瀉著輕音樂，顧客都是法國的風流雅士。但那晚，他們的桌布上擺滿了紙張，整個晚餐時間，坎普和卡蘭尼克都忙著在紙上估算固定成本和車輛最大利用率等各種數字。

「離開餐廳時，整張桌布上布滿計算的草稿，絕對不是『我們去吃晚餐，談生活』那回事。」麥克羅斯基說。這就是卡蘭尼克的生活，透過分析數字解決問題，這就是他和人往來的風格。麥克羅斯基記得，他們離開餐廳時，她心想：「巴黎人一定認為美國人是地球上最瘋狂的人。」

在巴黎的另一個晚上，一行人去香榭大道喝酒，再吃一頓高級深夜晚餐，享用美酒和鵝肝醬。凌晨兩點，一晚狂飲後，大家都醉了，他們在街上攔了一部計程車。

顯然，他們說話的聲音太高亢喧鬧。返家途中，計程車司機開始怒罵他們。麥克羅斯基坐在後座中間，身高約 180 公分的她，必須把高跟鞋架在兩個前座椅中間的手靠墊上。司機用法語咒罵他們，揚言若他們不安靜下來、麥克羅斯基不把腳移開的話，就要把他們趕下車。麥克羅斯基會法語，她翻譯司機的話。卡蘭尼克聽了很生氣，提議大家下車。

這經驗似乎加深了他們的決心，「這絕對點燃了一把火，」麥克羅斯基說：「遇上感覺不公的狀況，比任何時候都更容易激怒卡蘭尼克。他無法忍受，在過了美好的一夜後，卻坐進充滿尿騷味的計程車，還被司機罵，這是任何人都不該忍受的待遇。」

那個壞脾氣的巴黎計程車司機，可能已經在全球交通運輸史上，留下一個不可磨滅的印記。

回到舊金山後，卡蘭尼克已經準備更投入 UberCab 事業，至少當個顧問，而坎普也打算聽他的。邁入 2009 年的頭幾個星期，在前往華盛頓特區見證歐巴馬總統就職大典之後，坎普打電話給卡蘭尼克。他準備租下位於舊金山霍桑街住家附近一座修車廠的停車位，用來停放他決定購買的一批賓士車。

卡蘭尼克最後一次提出反對忠告：「傻啊，老弟，千萬別這麼做！」

坎普最終投降，也結束兩人對新事業是否擁車的辯論。他沒有簽下停車場租約，也沒有購買車輛。放棄購買十幾部豪華賓士，坎普和卡蘭尼克改向市內接送出租車的擁有人與駕駛人推銷 UberCab 應用程式。

幾年後，卡蘭尼克有次接受我訪談時，誇耀的說：「坎普引進高級，我帶來效率。我們不擁車、不聘雇司機，我們和擁車的公司及個人合作。這個模式很簡潔，按個按鍵就獲得載乘服務，就是這樣。」

進行第一個原型測試

儘管初始創意泉湧，Uber 在 2009 年的孕育過程相當緩慢，該公司的創辦人仍然把它視為是一項工餘計畫，他們仍然被其他事務纏身。那年 4 月，在 StumbleUpon 網站流量減少和其前途的爭論不休中，eBay 把它分支出去，成為一個獨立事業。這家新獨立的公司獲得來自坎普和一群投資人的資本挹注，坎普再度擔任執行長。[4] 另一方面，卡蘭尼克繼續到處旅行，投資新創公司，擔任舊金山其他創業者的顧問。

不過，Uber 的三位墨西哥籍網站開發員是全職員工。在紐約的薩拉札聽了坎普述說的構想後，開始設計網站服務機制。他把設計第一套 Uber 派車系統（媒合乘客與最近車輛的電腦演算系統）的工作，轉包給住在墨西哥科利馬市、工作賣力的朋友烏里韋（Jose Uribe）和他當時的女友（現在的太太）羅德里格斯（Zulma Rodriguez）。

這對情侶都是工程師，總是全心全力投入於承接的案子。在烏里韋父母位於科利馬市的家中，兩人在烏里韋的童年臥室裡從早工作到晚。薩拉札曾經請他們協助過種種計畫，包括一個以簡訊提醒病患吃藥時間的系統工具。現在，薩拉札有新工作給他們。起初，烏里韋要求支付現金，薩拉札說服他也接受股權以代替現金酬勞；如今，這一筆股權已價值數百萬美元了。「我儘量不去想這些，」烏里韋在接受訪談時說：「我不想受此影響。」

從 2009 年 2 月到 6 月，烏里韋和羅德里格斯幾乎只專注於設計 Uber 系統。他們在紙上草擬派車演算法，在電話上和在紐約的薩拉札討論後，再開始用 PHP、JavaScript 及 jQuery 等開放源碼電腦語言撰寫程式。Uber 現在仍有一些服務是當時構思和編寫的程式，例如費率計算方式是每公里費率加上每分鐘費率。烏里韋回憶，當時面臨的最大挑戰是：「如何找到最靠近乘客的車輛，以及如何讓系統運作最適化，使整個流程順暢。」

在第一個版本的 Uber 服務中，乘客叫車時，可以用簡訊把其所在位置的地址發送到一個名為「簡碼」（short code）的特殊電話號碼。Uber 的派車軟體系統會找到附近的司機，把這簡訊轉傳給這司機。這種最早版本的簡訊式派車系統運作得並不理想，部分是因為若乘客輸入的所在位置地址有誤，司機就無法找到他們。這些工程師也建立了另一種選擇，透過 UberCab 網站叫車，但該公司很快就廢棄這種叫車方式，因為很少人會一邊在街上找計程車，一邊上網。

他們也為 Uber 服務開發 iPhone 版本。坎普寄了一本 2009 年 2 月號的《連線》雜誌給薩拉札，裡頭有篇封面故事〈探索 GPS 革命〉，內容包含一些開發位置感知應用程式（location-aware apps）的公司簡介。上面寫著，這類應用程式：「提供隱藏性資訊，讓用戶可用從未想像過的方式來和世界連結與互動。」[5] 坎普建議薩拉札打電話給其中一家公司，尋求協助。

薩拉札最後選擇應用程式開發公司 iNap。這家公司開發的應用程式，讓火車乘客可以設定 iPhone 鬧鐘在哪個地理位置叫醒他們。薩拉札寫信給這項應用程式服務的開發者——荷蘭籍使用者介面設計師普林斯（Jelle Prins），並雇用他及他的夥伴克魯佛斯（Joris Kluivers），開發第一個版本的 iPhone 版 Uber 應用程式。

到了那年秋天，已經有個可行的原型了。9 月時，坎普和卡蘭尼克參加創投家霍尼克（David Hornik）在夏威夷舉辦的非公開年度研討會 Lobby。他們在活動期間開始低調的向創業家及投資人推銷 Uber 的事業概念。

卡蘭尼克對這個事業愈來愈感興趣，每星期投入幾小時。約莫此時，坎普透過電子郵件向卡蘭尼克介紹薩拉札，「葛瑞向我介紹崔維斯時，說他是這家公司的顧問，」薩拉札回憶：「崔維斯不想完全涉入這個事業，但葛瑞試圖說服他。葛瑞知道，崔維斯是這個事業的理想夥伴。」

幾星期後，坎普及卡蘭尼克在紐約東村區和薩拉札會面，首度實際試用工程師開發的 UberCab 應用程式。他們隨機雇了幾位黑頭車司機（這些司機大概不知道他們正在創造歷史），提供他們裝載 UberCab 應用程式的 iPhone 手機，把他們及他們的車子派到曼哈頓下城區。坎普等人嘗試在各地點，使用智慧型手機召車。

這套應用程式問題很多，幾乎無法運作。事後，一名司機在歸還 iPhone 手機時告訴坎普：「唉，真難用。」

坎普一行人對試營結果雖然不滿意，但對整個概念還是感到興奮。他們去蘇活區王子街吃披薩，討論需要修改的部分。現在，這個手機叫車的概念已經化為具體服務了，等到系統可以順暢運作，就能在手機地圖上看到車子向他們駛來；就像坎普最早想像的、如同電影「007 首部曲：皇家夜總會」中，詹姆斯龐德在手機上看到的畫面。回到加州幾星期後，坎普及卡蘭尼克和帕羅奧圖市行動應用顧問公司 Mob.ly 的創辦人會面，把 iPhone 版應用程式的發展工作改交給他們。

雇用二十七歲的執行長

2010 年初，卡蘭尼克和坎普達成協議：他們都想用 Uber，但兩人都不想領導這家公司。坎普是個投資人，喜愛發想點子，更何況當時他忙著重整 StumbleUpon 的業務。而卡蘭尼克仍然珍惜自由自在的生活，為許多新創事業提供顧問服務；若要他全心全意投入一個新事業，那非得是個大事業不可，而這個

UberCab 只是一個豪華轎車載客公司，一種服務市內較富有乘客的新時尚。

2010 年 1 月 5 日，卡蘭尼克以推特特有的一百四十字限定簡訊服務發文：

為行動定位服務事業尋求創業產品經理 / 事業發展高手，啟動前期階段，事業涉及大資產，以及很多人。有什麼建議嗎？

橫跨半個美國，在芝加哥市的二十七歲奇異員工葛雷夫斯（Ryan Graves），發出了網際網路史上最賺錢的一則推特文：@KonaTbone heres a tip. email me :〕 graves.ryan〔at〕gmail.com.

葛雷夫斯不是矽谷類型的人，是個高個兒，陽光性格，一頭近乎完美的頭髮，「貌似 1950 年代香菸廣告的明星，」一位投資人這麼形容他。

生長於加州聖地牙哥的葛雷夫斯，有個典型的美國童年。父親是個電台廣告業務員，母親是家庭主婦，並且主持一個婦女查經班。葛雷夫斯在 2006 年自俄亥俄州的邁阿密大學取得經濟學士學位，原本對科技領域並不感興趣，但他對於任何令他著迷的主題，似乎都有無止境的熱愛，總是有辦法變成那個領域的專家，截至當時為止，包括歐式足球、飛蠅釣、摩托車、衝浪。現在，他迷上賺錢且充滿活力的網際網路經濟，想在這領域找個工作。

葛雷夫斯在奇異集團接受管理人員培訓方案的同時，也在定位應用程式網路公司 Foursquare 完成事業發展方面的實習訓練。他嘗試開發自己的社交應用程式，但不成功。雖然嚴格來說，他正在接受奇異集團的領導幹部培訓方案，但他待在那裡的時間並不多，「你可以早上十點進去，下午四點離開，沒人會知道，」他說：「我在奇異投入很少時間，但得到很高的名次。」

卡蘭尼克對葛雷夫斯的推特訊息有足夠興趣，願意和他會面。葛雷夫斯從奇異在紐約州克羅頓維爾（Crontonville）的領導幹部培訓班蹺課，開了一小時的車到紐約市，在蘇活區的一間咖啡館和卡蘭尼克見面。他們談了兩個多小時，卡蘭尼克向葛雷夫斯展示 Uber 的 iPhone 版應用程式原型。

葛雷夫斯很入迷，這是個讓他領導及運作新創事業的機會，這個職務也可以讓他和一些人脈豐沛的矽谷創業家共事，很可能讓他得以轉進更大的公司。再者，「我不認為當時有其他人和我競爭這份工作，」他說。

兩週後，葛雷夫斯遷居舊金山，他的妻子是名教師，仍然續留芝加哥，直到那個學年結束。他準備了簡報投影片，勾勒將如何發展這個共乘服務事業。經過卡蘭尼克的修改編輯後，兩人一起向坎普說明。

葛雷夫斯再次試用這套應用程式，這回是在舊金山市。在這裡，已經有一些司機試用過 Uber 服務的測試版。「根本就不能用，」葛雷夫斯回憶。當時，由 AT&T 獨家提供 iPhone 版的無線網路連結，但無線網路覆蓋範圍很糟糕，Uber 使用 GPS 的應用程式，很快就耗盡 iPhone 的電池電力，「這行不通，」葛雷夫斯回憶他當時這麼告訴卡蘭尼克與坎普：「你們之前告訴我，已經可以運作了。」

Uber 當時還沒有辦公室。葛雷夫斯在旅館和市內的咖啡館及餐館裡工作，並開始結識其他的創業家。他最早會面的創業家之一是切斯基，兩人在市場南街區的洛可餐廳（Rocco's）見面。葛雷夫斯想諮詢他的意見，看看該如何和坎普及卡蘭尼克談判薪酬。「我記得他當時稍微推銷了一個類似 Airbnb 的汽車共享服務事業，」切斯基回憶：「聽起來很酷，但市場有多大呢？」

坎普的研究所同學惠藍（Conrad Whelan）告訴坎普，他即將從卡加利大學畢業。坎普邀請他加入 Uber 擔任工程師，並在一家酒吧把他介紹給葛雷夫斯。

這下，Uber 有兩名員工了，他們需要一個辦公室。葛雷夫斯之前已在推特上結識線上旅行新創公司 Zozi 的創辦人。位於舊金山地標泛美金字塔（Transamerica Pyramid）對街的 Zozi 辦公室，正好有間沒人使用的有窗小會議室，Uber 人員便使用這間位在二樓的會議室辦公，兩人共用一張靠窗的正方形辦公桌。

公司希望那年夏天向大眾推出 Uber 服務。惠藍、在紐約的薩拉札、在科利馬市的烏里韋夫婦，以及在帕羅奧圖市的 Mob.ly 團隊通力合作，在應用程式中加入更多特色，例如讓用戶及司機註冊使用服務。另一方面，執行長葛雷夫斯和顧問卡蘭尼克現在每星期大約投入二十小時於 UberCab 事業，打陌生電話和親自拜訪舊金山市的市內接送出租車車行，向業主推銷 Uber 服務。「就是傳統的電話推銷，」卡蘭尼克後來這麼說。[6]「基本上，我打的推銷電話，有三分之一都還沒開始進入主題，就被對方掛斷了；還有三分之一是聽了約一分半鐘，就把電話掛斷。剩下的三分之一，基本上的反應就是，哦，聽起來有趣，」卡蘭尼克說。

5 月時，Mob.ly 被酷朋（Groupon）收購，宣布將終止目前進行中的計畫。這對剛起步的 UberCab 來說，簡直是晴天霹靂，在葛雷夫斯的乞求下，Mob.ly 同意幫助他們完成較為穩定版本的應用程式。2010 年 6 月的第一個星期，UberCab 的應用程式在蘋果公司的 iOS 應用程式商店上架。一年半前，浮現在坎普腦海的一個事業構想，現在已悄悄的在舊金山正式推出，就在智慧型手機革命開始提高動能之際。

募集種子資金

現在，這家公司需要豐厚資本了。

接下來的發展，將決定數百名矽谷金主的事業投資績效。他們不知道，自己即將做出職涯中最重要的一個決策。

很奇妙的是，那些最傑出、最聰慧的矽谷金主，大都沒看上 UberCab，也沒有在種子輪投資 Airbnb。他們不願投資 UberCab 的原因，有的是因為葛雷夫斯欠缺足夠經驗，而兩位創辦人對這個新創事業的投入程度又顯然不足；也有的是因為他們認為這個事業概念只是在為嬌寵有錢的都市人服務。還有一些金主，因為曾投資卡蘭尼克先前的事業，和好鬥的他有過紛爭而惱怒不堪，不想再跟他交手了；也有金主拒絕投資，是因為他們知道，這家公司將衝撞城市和州的交通法規，日後必然會陷入敵對紛爭。

還有些拒絕投資的金主，在這家公司締造大成功後，堅稱當年 UberCab 發出的電子郵件被過濾到垃圾郵箱裡，或是辯稱他們當時去度假了。也有一些金主，誠實的以扼腕口氣談論當年確實錯失了這個機會。

其實，這些金主當年拒絕投資，還有一個原因是，當時的 Uber 看起來一點也不像它後來的模樣。這是新創事業投資的殘酷現實：金主在為他們看不到的未來下賭注。在當時，Uber 已經在 iOS 應用程式商店上架兩星期了，葛雷夫斯和卡蘭尼克已經成功招募到大約十名舊金山市內接送出租車司機加入服務行列。Uber 服務在一個週末媒合十件搭載，其中多數乘客大概是 Uber 的自家員工、創辦人及友人。該公司當時向投資人推銷時，只有依據一個統計數字：下載應用程式並註冊這項服務的人當中，有半數實際嘗試使用過載乘服務。

但坎普和卡蘭尼克人脈甚廣，倒也不必像 Airbnb 草創時那樣向金主卑躬屈膝，就在一年前，沒什麼人脈的 Airbnb 創辦人在尋求資本時，吃了不少苦頭。坎普和卡蘭尼克的人脈豐沛，他們第一個尋求資金的對象，是友人拉維肯（Naval Ravikant）。

拉維肯在 2010 年 4 月，創辦了一個美國證管會認證的投資人電子郵件網絡平台 AngelList；卡蘭尼克一直在和拉維肯討論，希望能夠成為 AngelList 的合夥人。拉維肯向卡蘭尼克提議，利用 AngelList 的服務來接洽投資人。

2010 年 6 月 17 日，他們發出一封電郵給 AngelList 列名的 165 位投資人。電郵上說：「UberCab 是每個人的私人司機，透過 iPhone 和簡訊的隨選叫車方式，解決計程車供應不足問題。」這封電郵還說，坎普是這家公司創辦人暨投資人；卡蘭尼克是總顧問，並將是種子輪募資的投資人；葛雷夫斯是執行長，在此電郵中聲明，他在定位應用程式網路公司 Foursquare 完成了事業發展方面的訓練。「我們是否應該為您做一場簡報說明會呢？」這封信最後詢問投資人。

拉維肯說，結果 165 名投資人中，有 150 人未回應，還有一位投資人在收到電郵後，要求退出這份名單。

就連那些以近乎來者不拒聞名、採行「噴灑後祈禱」（spray and pray）種子資金投資模式的投資人，也拒絕投資 UberCab。矽谷教父級的超級天使投資人康威（Ron Conway），曾精準投資谷歌、臉書和推特三巨頭，就連他也決定不投資 UberCab。他在寫給一位投資夥伴的電郵中，審慎明智的說：「這家公司看起來將在每個城市引發爭議。」

後來創辦新創事業育成公司 500 Startups 的麥克盧爾（Dave McClure）也說，他對葛雷夫斯了解不夠，因此無法投資這家新創公司。

一年後才會搭上 Uber 飛衝火箭的創投家、基準資本公司（Benchmark Capital）的合夥人葛利（Bill Gurley），當時密切觀察計程車市場。他在 7 月初時邀請卡蘭尼克和葛雷夫斯，到舊金山海斯谷區（Hayes Valley）的艾碧斯餐廳（Absinthe）晚餐。但基準資本公司通常不會在創業種子資金集資階段投資。因此，葛利無法說服他的合夥人在這麼早期投資這家新創事業。

但是，也有決定投資的人。

費城創投業者首輪資本公司（First Round Capital），提供種子資金 60 萬美元給 UberCab。該公司合夥人海耶斯（Rob Hayes）曾經投資 StumbleUpon，看到坎普發送的關於 UberCab 的推特訊息後，寫電郵給坎普：「我會投資，但 UberCab 是什麼？」

坎普派葛雷夫斯趕赴首輪資本公司位於舊金山的辦公室，做推銷簡報。該公司合夥人全體無異議通過，決定投資 Uber。7 月 4 日那個週末，海耶斯花太多時間在這筆交易上，以致激怒家人。「我當時是下注在葛雷夫斯和坎普，」海耶斯說：「我在 Uber 舉行第一次董事會會議時，才見到卡蘭尼克。」

另外，還有十幾個種子資金投資人。愛穿繡花牛仔襯衫的前谷歌主管薩卡，此前不久對推特下了大賭注。他在舊金山和卡蘭尼克、坎普、麥克羅斯基及薩拉札一行人，共進晚餐時，聽到他們提及 Uber 這個新創事業。

薩拉札回憶，他當時被告知：「有個投資人，是個瘋狂的傢伙，我們將和他共進晚餐。千萬別提到有關 Uber 的任何事，只要提一下這個名稱就好，不必讓他知道我們在做什麼。」

晚餐間，他們刻意不經意提及 Uber，薩卡果然馬上上鉤。他熟知坎普和卡蘭尼克，覺得這兩人湊在一起，必定可以搞出特別的東西，當場就開了一張 30 萬美元的支票。「這樁投資，我真是做得太對了，」薩卡回憶。

其他下注的投資人也是發自類似衝動。蓮花公司（Lotus）共同創辦人、Louts 1-2-3 及 Lotus Notes 的開發者卡波（Mitch Kapor）曾經投資播客公司 Odeo。這個播客平台營運失敗，卡波撤資後不久，Odeo 發展出後來很成功且獨立分支出去的推特公司，卡波對他的撤資決策很懊惱。卡波也是 StumbleUpon 的投資人，現在聽聞 Uber，他告訴坎普：「我要加入，你若不讓我入股，我會殺了你。」

部落客卡拉卡尼斯（Jason Calacanis）創辦了好幾家網媒新創公司，他也是卡蘭尼克的朋友。他邀請卡蘭尼克在他於舊金山舉辦的開放天使論壇（Open Angel Forum）上，對一群投資人推銷 Uber。結果，卡蘭尼克爭取到有好幾個金主願意投資，其中包括卡拉卡尼斯。接下來多年，卡拉卡尼斯屢次在播客、部落格，以及問答網站 Quora 上，談到當年的這個投資決策。

矽谷之神：運氣

雖然這些早期投資人可能想把當年投資 Uber 的決策，描繪成高明的直覺，但實際上，他們應該向矽谷之神：運氣，鞠躬致謝。

「投資 Uber，其實心裡有些疑慮，」當時擔任線上鞋業零售公司 Zappos 營運長的林君叡回憶。他對 Uber 是否能夠在他居住的拉斯維加斯營運，有高度疑慮，「但我想，那些對此事業概念抱持高度熱情的創辦人會好好經營這家公司。」他在舊金山試用過 Uber 服務後，決定投資；心想，寧願押錯寶，也別錯過。

科羅拉多州新創事業育成公司 Techstars 的共同創辦人柯罕（David Cohen），在一個機緣下獲得投資 Uber 的機會。那年夏天，葛雷夫斯得飛回芝加哥，和妻子莫莉一起把家當運送至舊金山。在開車回舊金山途中，他不停打電話推銷 UberCab，莫莉說她聽那些推銷詞聽到都能倒背如流了。在經過科羅拉多州博德市時，葛雷夫斯約了柯罕見面。柯罕聽了他的解說之後，覺得很心動，投資了 5 萬美元。「運氣是因素之一，」柯罕後來在一篇部落格文章中，談到這筆投資時這麼說。[7]

儘管運氣成分居多，一些 Uber 的最早期投資人最終必須接受一個事實，他們原本可以更幸運。AngelList 的創辦人拉維肯原打算投資 10 萬美元，但為了避免外界覺得他對 AngelList 上的特定交易偏心，遲遲未開口。

但是，當拉維肯終於開口打算投資時，葛雷夫斯告訴他，這輪的資金需求已經全額到位了。拉維肯乞求讓他入股，最終才獲得首肯，但只投資了 25,000 美元。雖然如此，這筆投資仍然是他至今做過的最佳投資，目前價值超過一億美元。「我不會對此耿耿於懷，」拉維肯說：「我早已認知到，在矽谷，機緣太重要了。你必須接受這個事實，要不然，在這個城市，你絕對沒法一夜好眠。」

你們這些傢伙將會賺很多錢

現在，Uber 在銀行裡有了 130 萬美元現金，估值 530 萬美元，還有一間小而擁擠的辦公室，以及一個充滿程式錯誤的產品，看起來終於像個真正的新創公司了。Uber 的創辦人和投資人把這訊息告知他們在舊金山有影響力的富有友人，訊息開始散播。科技媒體 TechCrunch 在 7 月 5 日刊登第一篇有關這個應用程式的報導，標題是：「UberCab 免除叫車服務的麻煩」。

「當然，方便是需要付出代價的，」這篇文章的作者拉奧（Leena Rao）指出：「你支付的費率可能是計程車費率的 1.5 到 2 倍（但比傳統的豪華轎車叫車服務價格低兩倍），但你將獲得更好的服務，有舒適的黑色轎車，以及一個隨選解決方案。」[8]

現在，擁有了在背後和緩推進的助力，葛雷夫斯開始建立團隊。麥基倫（Ryan McKillen）是他新聘的員工之一。他比葛雷夫斯早一年進入俄亥俄州牛津市的邁阿密大學，兩人有幾個共同的朋友。那年稍早，葛雷夫斯的妻子還未遷居舊金山之前，兩人經常混在一起。後來，麥基倫因原來任職的會計新創公司內部出了問題而離開，葛雷夫斯便雇用他。（這兩人的名字都是萊恩，因此，Uber 的同事直接稱呼他們的姓，這做法在 Uber 持續至今。）

進辦公室的頭一天，麥基倫注意到，桌上堆了一堆原封不動的程式設計書籍和一本破舊的西班牙語—英語字典（Uber 的工程師嘗試翻譯烏里韋撰寫的一些程式設計說明）。麥基倫詢問惠藍，為何桌上有這麼一本字典，麥基倫後來津津樂道回憶當時惠藍的回答：「噢，萊恩，因為程式是用西班牙文撰寫的，歡迎來到 Uber。」

蓋特（Austin Geidt）進入 Uber 的機遇更加令人難以置信。她生長於舊金山北方的加州馬林郡（Marin），在就讀加州大學柏克萊分校期間，染上海洛因毒癮。當她終於戒除毒癮，從大學畢業時，蓋特漫無目標，生活不穩定，迫切想找份工作。她應徵米爾谷市（Mill Valley）畢特咖啡館的咖啡師工作被拒後，偶然看到卡拉卡尼斯談論 Uber 的推特文。她看了幾個連結文，主動發了一封電郵給葛雷夫斯，因此進入 Uber 擔任行銷實習生。

蓋特記述，她當時為了適應這份工作，曾十分掙扎。上班頭一天下午，公司全員前往卡蘭尼克的公寓，進行了好幾個小時的腦力激盪，討論公司的未來及其品牌涵義。在那持續整個傍晚的討論中，蓋特注意到，在屋裡踱步的卡蘭尼克才是主導人物。蓋特說，她當時的壓力極大，「我有點難以招架，」她回憶：「我有嚴重的冒牌貨症候群，我什麼事都還沒做。」

接下來幾個月，她很確信自己將被解雇。她在公司的職務角色定義不明，公司曾經一度要求她去舊金山市區發 UberCab 宣傳單，就連寫封電子郵件這麼簡單的工作，她也會慌張得求助於兄姊。葛雷夫斯回憶，有一次，在走上二樓辦公室的樓梯間，蓋特含淚尋求他諮詢輔導。但葛雷夫斯沒有解雇她，而是給她時間適應。後來，在解雇第一位司機營運部門經理後，他讓蓋特接掌這個職務。蓋特後來成為 Uber 發展早期最重要的主管之一。

2010 年秋，舊金山市開始注意到 Uber。這項服務口耳傳播速度極快：一個使用者從一輛市內接送出租車下來，走進一間酒吧，他的在座朋友紛紛詢問有關這項新服務的一切。

禮車和市內接送出租車的司機也很感興趣，紛紛前往 Uber 辦公室洽詢。惠藍回憶，他觀看葛雷夫斯向一名司機說明 Uber 服務，訓練他如何使用 Uber 應用程式。結束後，那名司機笑著說：「你們這些傢伙將會賺很多錢。」惠藍當下打消了重返科學研究領域的含糊計畫。

Uber 漸漸變得特別，贏得好口碑，甚至引起一些當地名人的注意。奎里（Sofiane Quali）是來自阿爾及利亞的移民，那年秋天抵達舊金山。他會五種語言，具有石油工程師背景。但他發現，適應和融入一個新國家最容易的途徑，是從開車做起。一家市內接送出租車車行老闆對這個新問世的 Uber 應用程式很好奇，他派給奎里一部 2003 年份的白色林肯轎車，讓他去試用這服務。很快的，早期的 Uber 乘客開始發推特文，談論這部車的迷人外表，還給它取了個綽號「獨角獸」（unicorn）。

「我聽到人們談論 Uber，全都是好口碑。我知道，它將宏圖大展，」奎里說。他後來和 Uber 的早期乘客卡蘭尼克、坎普、蓋特、切斯基等人變得很熟。

還有其他人也注意到 Uber 引起的騷動。那年秋天，舊金山市計程車司機和計程車行老闆的抱怨，開始湧入市政府和州政府管理當局。他們申訴一個沒有營業牌照的新競爭者，主張它不合法，當局應該勒令它歇業。於是， Uber 服務推出四個月後的 2010 年 10 月 20 日，葛雷夫斯、卡蘭尼克及坎普正在和首輪資本公司舉行董事會會議，四名政府執法官員走進 UberCab 的小辦公室。

兩名官員來自負責監管禮車及市內接送出租車服務業的加州公用事業委員會，另兩名官員來自負責監管計程車業的舊金山市交通局。這些穿著便服的官員出示識別證，其中一名官員手舉一張夾紙板上的禁制令函，以及一張面帶微笑的葛雷夫斯大頭照，他向整間辦公室揮舞那張照片，問道：「你們認識這個男人嗎？」

Chapter **3**

戰略失敗的先行者

從 SeamlessWeb 到 Zimride

顧客已經把需求說得很清楚了，
但有些人就是不願傾聽，
那些選擇傾聽的人，贏得了顧客信任，
墨守成規的人則失去了生意。

——**Taxi Magic 創辦人迪帕斯奎爾**（Thomas DePasquale）

SeamlessWeb：時機過早

在 UberCab 推出載乘服務媒介平台，Airbed & Breakfast 推出沙發與臥室出租仲介服務平台的多年前，紐約市一位名叫芬格（Jason Finger）的年輕律師，有天晚上坐在辦公室思考，決心要解決訂購外送晚餐的惱人問題。

那是 1999 年，正值第一波網路公司榮景高潮。芬格剛踏出法學院，在歐蘇利文葛雷夫與卡拉貝爾律師事務所（O'Sullivan, Grave, and Karabell）工作。不知什麼原因，芬格每天傍晚會自動自發的做一件事：在事務所裡蒐集加夜班的其他資淺同事的晚餐外送訂單。打電話一一訂餐，處理付款事宜，安排所有提著塑膠袋裝晚餐的外送員在同一時間出現於大廳，你可以想像這事務有多繁瑣。

因此，芬格和一位朋友決心想出解決辦法。他們建立一個餐點訂購網站，為律師事務所及投資銀行的人提供服務，他們為這網站取名為 SeamlessWeb。

SeamlessWeb 在 2000 年 4 月開始營運，正好撞上網路公司泡沫破滅。芬格募集到的資金不到 50 萬美元，與後來的新創公司集資水準相比，真是少得可憐。但這項服務快速受到幾家有名有勢的律師事務所及投資銀行員工的歡迎。SeamlessWeb 和曼哈頓的數百家餐廳合作，讓公司客戶及其員工可以在這網站上瀏覽菜單及下訂單，由公司支付餐點費用，並協調餐廳外送餐點。

SeamlessWeb 總部位於曼哈頓城中區 38 街和第六大道交叉

路口轉角。它的事業快速成長，餐廳高興生意增加，企業客戶樂得減輕每月費用申報的繁瑣。

今天，美國、亞洲和歐洲的科技中樞城市充斥著隨選服務新創事業，SeamlessWeb 可說是這個領域的先行者。芬格率先看出，網際網路不僅讓大家可以在新數位世界裡相互連結與互通資訊，也可以在實體世界裡有效率的移動實物。他了解到，在餐點外送服務領域可以做到，其他領域也可以。因此，他開始構思其他商機。

芬格把這種網路訂餐外送服務稱為「無縫整合式餐點」（Seamless Meals）。他還想出另一個點子，稱為「無縫整合式運輸」（Seamless Wheels），就是建立一種方法讓預約與使用市內接送出租車更加容易，這跟讓一般大眾容易訂購外送餐點的事業概念是一樣的。

芬格在 2003 年註冊 URL 網址 SeamlessWheels.com，並在接下來幾年開始向杜威路博（Dewey and LeBoeuf）、懷特凱斯（White and Case），以及德普（Debevoise and Plimpton）之類的著名律師事務所推出這項叫車服務。

芬格接觸的投資人全都對 SeamlessWheels 這個事業存疑。「我洽談的每個機構投資人都認為，黑頭車服務是個利基事業，顧客只限在紐約市，尤其是銀行人員，黑頭車服務和企業顧客有長期關係，在消費者市場沒有商機，」芬格說。

一家律師事務所的交通庶務協調員曾經提醒芬格要小心，因為謠傳有俄羅斯黑幫涉入紐約市的黑頭車服務市場。據說，要是惹到義大利黑手黨，他們只會殺了你；但若惹上俄羅斯黑幫，他們會殺了你的全家人，留你獨活。但芬格對這些警告不以為意。

有一天，他進辦公室後，聽到一則語音信箱留言，留話的男子沒有表明身分，也沒留下回覆電話號碼。那則留言早已被刪除，但芬格和也任職於 SeamlessWeb 的妻子史黛芬妮當時一起聽了這留言，兩人都記得這留言內容：

我們知道你一直在向紐約市區的大企業推銷一種叫車服務，我們認為這可不是個好主意。你有個這麼美好的家庭，為何不多花時間和你那漂亮的小女兒相處？你已經有這麼好的餐點外送訂購事業，為何要擴展到其他領域？

那個留言，「打了我一巴掌。」芬格說，他懷疑留言者是當地長年服務銀行業及律師事務所的市內接送出租車公司之一，這些車行可不樂見一個線上中介者搶他們的生意。史黛芬妮回憶，她當時被這留言嚇壞了。「光是想到有人從公司跟蹤我們到家，就已經讓我心驚膽戰到不行，」她說。

這留言使芬格首次思考，是否值得去做這項叫車服務事業。撇開潛在威脅不談，Seamless Wheels 事業也可能損及訂餐外送服務事業。要是一部預訂的車子沒能準時到機場接送某個銀行高級主管，Seamless 品牌將會受到傷害，當時還不是智慧型手機普及時代，協調路上司機以確保客戶獲得順暢接送服務的方法並不多。況且，投資人對這個叫車服務事業概念並不感興趣。

Seamless Wheels 持續為既有的律師事務所客戶服務了幾年，但在收到那則恐嚇威脅的留言後，芬格大致上放棄進一步發展這事業。另一方面，餐點外送仲介事業持續成長，不僅服務企業客戶，也擴張到服務一般人。餐點服務公司愛瑪客（Aramark）於 2006 年收購 SeamlessWeb 後，促使芬格專注於這個正快速成長擴展至紐約市以外地區的餐點外送仲介業務，最終，芬格關閉了 Seamless Wheels。

不過，這個故事最後還是有個圓滿的結局。芬格募集到足夠的私募基金，在 2011 年把 SeamlessWeb 從愛瑪客獨立分支出去，並給它取了個更簡短的名稱 Seamless。兩年之後，這家公司和另一家剛成立、規模較小的競爭者 Grubhub 合併，合併後使用 Grubhub 這個名稱，如今這家公司已是美國首屈一指的餐點訂購外送網站。

然而，在 Uber 的成長初期，芬格仍對市內接送出租車市場念念不忘，對 Uber 又羨慕又有點嫉妒。但現在，他了解到，Seamless Wheels 推出得過早，在智慧型手機和簡訊服務普及時代到來之前，是不可能成功的。「回顧我的人生，我當然有所遺憾，」他說：「但叫車服務事業不在我的遺憾之列。或許，因為那是個有龐大潛力的機會，所以我認為它有前景。但從時機點來看很可惜，很多事情在當時似乎都沒有到位。」

Taxi Magic：因固執而選錯邊

Seamless Wheels 雖短命，但它例示了一個無庸置疑的事實：在企業界，預訂計程車，用那些小紙頭收據來申報交通費用，實在是繁瑣、費時的苦差事；另一方面也顯示這是個可以用科技來解決的問題。其他人也注意到了這個問題，2007 年，維吉尼亞州的富有企業家迪帕斯奎爾（Tom DePasquale）決定要解決這個問題。

他創立的公司是 Taxi Magic。就如同谷歌之前的搜尋引擎 Alta Vista，臉書之前的社交媒體巨擘 Myspace，Taxi Magic 是 Uber 問世前最著名的先驅，是第一家掌握機會並耗資改革計程車產業的公司。

迪帕斯奎爾在 1990 年代末期創立一家名為 Quttask 的公司，提供線上工具 Cliqbook，讓工作者在網路上管理他們的飛行訂位等事宜。最知名的商務差旅與費用管理軟體開發商之一肯克科技公司（Concur Technologies）在 2006 年收購 Outtask。迪帕斯奎爾成為肯克的執行副總裁，也是該公司的大股東，因此處於關鍵位置而能看到這個類似的商機——占商務差旅市場 10% 的出租車事業。翌年，他和長期合作夥伴帕提（Sanders Partee），以及一名年輕的俄羅斯裔工程師艾里森（George Arison），共同創立一家公司，名為 RideCharge。

RideCharge 為黑莓機、行動視窗（Windows Mobile）、Palm 等智慧型手機開發這個類似的應用程式，讓乘客可以在手機上輸入計程車車資跳表的號碼，由信用卡自動支付車資。這麼一來，計程車司機就不必再做累傷手指關節的苦差事，使用那種原始的手動式信用卡刷卡機，把卡放在複寫紙上，用力來回喀噹壓刷。RideCharge 的辦公室位於維吉尼亞州亞歷山大市（Alexandria），靠近伍德羅威爾森橋（Woodrow Wilson Bridge）橋墩。

2008 年 6 月，iPhone 3G 問世的同時，蘋果應用程式商店開張。RideCharge 推出一款 iPhone 應用程式，名為 Taxi Magic，不久，這家新創公司也改名為 Taxi Magic。這款應用程式大受歡迎，每天有數萬下載人次，用戶可以在居住的城市使用此應用程式呼叫計程車，然後用手機付費。

但 Taxi Magic 實際上並未顯著顛覆計程車產業，它是在該產業現有的技術與制度下運作，致力於把 Taxi Magic 應用程式和當時被計程車車行廣為使用的軟體如 Mobile Knowledge、DDS Wireless 等整合在一起。但也因為這樣，該公司無法像後來的 Uber 那樣，在即時地圖上呈現移動中的計程車圖標。這是因為派車軟體系統中的位置資料不夠準確。Taxi Magic 應用程式使用簡訊形式的提醒頁面來更新資訊，例如司機姓名、估計這部計程車離乘客等候地點還有多遠等。

2008 年間，在 UberCab 於舊金山市推出的兩年前，Taxi Magic 快速擴展至二十五個城市。肯克科技公司是 Taxi Magic 的主要投資人之一，該公司向其企業客戶推銷這項新服務。TechCrunch 在 2008 年 12 月撰寫一篇文章，對這項服務給予好評：「這套應用程式是一種使用 iPhone 按鍵點選的隨選計程車服務。」[1]

Taxi Magic 沒有採取直接招攬司機註冊加入的做法。艾里森和他的團隊前往各大城市，向計程車車行老闆推銷這項服務，艾里森也因此變得很熟悉計程車產業。「那真是令人抓狂的過程，」他說：「在西雅圖，計程車公司甚至不知道數據機是什麼，不知道是否有數據機；若有，也不知道數據機擺放在哪裡。」

除了科技知識落後，計程車業還有其他問題。司機和車行老闆經常為了薪資及其他雇傭問題吵架。在每個城市，車行之間為了市場占有率而戰，大家都不怎麼關心乘客，因為車行和乘客間只是短暫的關係（乘客站在路邊攔計程車時，所有車行都處於平等地位）。服務糟並不會受到懲罰，司機只要支付車行 100 至 200 美元，每天把車開出十二小時，車行老闆就開心了。縱使司機一邊像瘋子般的開車，一邊用手機和朋友講電話，車行老闆也不在意。

整個制度糟糕得無可救藥。當乘客使用 Taxi Magic 應用程式叫車時，既有的派車系統指派的不是最靠近乘客等候地點的計程車，而是在該地區等候乘客最久的司機。服務的提供也毫無可靠性可言，乘客使用 Taxi Magic 叫車後，司機在前往接送途中，若是看到路邊有個帶著行李箱、可能要去機場的商務人士，為了賺更高的車資，這名司機可能連切三線道，搶載這名乘客，把那名 Taxi Magic 乘客拋諸腦後，任其枯等。

計程車車行不願對這些問題做出任何改變。「沒有技術可以解決這個事實，計程車公司和司機不願意對他們的經營方式做出最根本的變革，」迪帕斯奎爾說。

接下來發生的事，令他頗有遺憾。2009 年夏天，Taxi Magic 成為矽谷投資人、知名創投業者基準資本公司（Benchmark Capital）的合夥人葛利不斷追求的投資對象。身高 200 公分的葛利，是餐廳訂位網站 OpenTable 的初始投資人之一。他一直在尋找能夠在老舊過時的地上交通業，注入簡化與效率的類似汽車接送服務事業。

艾里森憶述，幾個星期之間，葛利多次坐在 Taxi Magic 的維吉尼亞州辦公室裡檢視報表，和帕提討論計程車業，並且和迪帕斯奎爾商討投資條件。

最終，葛利口頭提議投資 800 萬美元，而這將使 Taxi Magic 的估值達到 3,200 萬美元。這是大好機會，可爭取到網際網路領域最前瞻思維的投資人之一加入，但 Taxi Magic 的董事會主席暨實質執行長（儘管當時並未正式掛上這頭銜）迪帕斯奎爾最後婉拒了。

部分原因是理念歧見。葛利相信 Taxi Magic 有潛力，但並不認為它提供了對的產品。他主張，必須快速從由地方政府訂定費率的傳統計程車市場，轉移至管制較少的黑頭車和禮車服務市場。他們甚至談到了新服務的名稱，例如 Limo Magic。

但迪帕斯奎爾認為，變革必須來自計程車業本身。此外，他過去創立並賣掉公司的成功史令他引以為傲；現在，若讓來自西岸的創投家入股 Taxi Magic，將來他在董事會中是否仍然能夠握有重要影響力，令他不無疑慮。在當時，拒絕葛利的入股提議，令迪帕斯奎爾引以為傲。艾里森說，迪帕斯奎爾當時這麼告訴 Taxi Magic 的高階主管：「你們將是對基準資本公司說『不』的公司！」

多年後，精明的葛利說，當年他離開 Taxi Magic 時，對迪帕斯奎爾留下好印象。他說，他雖然提議投資 Taxi Magic，但這家公司高度倚賴計程車車行及車行的老舊派車軟體，而且肯克科技公司持有 20% 至 30% 的 Taxi Magic 股權，這些都令他不甚滿意。「若迪帕斯奎爾願意接掌執行長，我當時會更努力嘗試入股，」葛利說。（迪帕斯奎爾在幾年後才接掌執行長。）

葛利後來成為 Uber 最具影響力的投資人。以 Uber 日後的巨大成功來看，迪帕斯奎爾當時的抉擇並不明智，他自己也知道這點。「我們當年或許可以、也應該和他（葛利）成交的。」他跟我這麼說。

但迪帕斯奎爾也為他決定維持在計程車產業內經營的決策提出辯護。「我們當時打賭管制環境不會改變，」他說：「這打賭有其背後理由，在一些城市，計程車營業牌照價值好幾百萬美元，幾乎每個城市都有執行計程車法規的警察。」

這是欠缺想像力的結果。他未能想像這個新創事業竟能違反存在了一世紀的法規，並且得逞。「規則改變了，」迪帕斯奎爾說：「你可以對媒體提出什麼說詞的規則，以及募集資金的規則，這些全都改變了，Uber 遵循的規則手冊非常不同於我被教導的規則手冊。」

迪帕斯奎爾現在五十幾歲了，職涯的成功使他成為一個富豪。我試圖聯絡他，想請他憶述他當年的這個明顯錯誤決策，但嘗試了幾個月都沒能成功。後來，他終於打電話給我。那時 Taxi Magic 已經因為在市場上不敵 Uber，於 2014 年改名為 Curb，並以低價賣給計程車車資支付系統供應商惠爾訊科技公司（Verifone）了。

「還有很多其他錯誤的經營決策，但相較於下注在仍然拒絕變革的產業而賭錯邊，那些錯誤決策算是輕微的了，」他告訴我。「這個產業連最微小的變革都不願意做，身為董事會主席暨創辦人的我，當時應該要有更深入的了解才對，現在跟你談我從每個角度檢視後的心得，當然是浪費時間。但等到我認知到那些事實時，已經遲了，與其嘗試把船調轉回頭，不如重新來過。」

「任何人的責怪都沒有我對自己的責怪來得深切，」他說：「在計程車產業，人人都失敗。車行老闆失敗，司機失敗。乘客已經說得很清楚了，有些人選擇傾聽，有些人不傾聽，我也是其中的失敗者，我承認這個事實。」

「我並不難過，」迪帕斯奎爾滔滔不絕：「我在這個產業賺了很多錢，你要怎麼寫都行，只要記得描繪這點就行了，我不感到難過。Uber 下了冒險賭注，獲得難以置信的報酬。要輸，就輸給有史以來最成功的公司，像是有葛利參與的公司，輸給這些很優秀的人是很光榮的。」

Cabulous：太謙恭守禮

在所有嘗試和 Uber 競爭、為地上交通業帶來革命的公司當中，最令人意想不到的一家公司，來自美國電子產品零售連鎖店業者百思買（Best Buy）。2008 年，在 Seamless Wheels 關門後、Taxi Magic 開張之時，百思買在內部成立了一個新事業構想育成中心，鼓勵全美各地員工主動分享自己的創業夢想。若某個員工的點子被公司選中，就可以離開原本任職的商店，前往洛杉磯的布雷亞公園公寓（Park La Brea Apartments）生活和工作兩個月。百思買樂觀的稱此內部創業方案為 UpStart。

但是，和許多這類流行的企業內部創業行動一樣，UpStart 只持續了一年，未能產生拯救公司的創業；不過，倒是出現了一個有趣的點子。那年春天，百思買旗下專門到府組裝及維修電子產品的事業部門技客隊（Geek Squad），有個位於洛杉磯的技術員賈西亞（Daniel Garcia）建議，應該讓顧客有個方法可以在線上地圖看到正朝向他們住家的技客隊車子目前所在位置。公司方面邀請賈西亞加入 UpStart 方案，發展這個構想，並指派兩名實習生當他的助理。

這計畫為期九個星期。但過程中，賈西亞及同事察覺，這個點子並不那麼有看頭，UpStart 方案創始人、IBM 老兵華沛（John Wolpert）建議他們把這技術應用於計程車業，讓一般人可以在線上地圖追蹤計程車的位置。後來，其中一名實習生、畢業於南加大的法蘭奇瑞屈（Tal Flanchraych），談到一款像

Scrabble 拼字遊戲般的新應用程式 Scrabulous，並據此聯想出一個名稱：Cabulous。

接下來幾星期，他們著手開發 Cabulous。華沛認知到這個應用程式的潛力，便要求上司把這計畫從百思買分支獨立出去。百思買的高階主管當時正疲於應付巨大的經濟危機，樂得放手，甚至不願持有股權。

華沛在舊金山的新創事業育成中心中樞實驗室（Pivotal Labs）設立 Cabulous，雇用一名應用程式開發者，開始為智慧型手機開發一套應用程式。他也開始培養司機。舊金山市規模最大的黃色計程車車行（Yellow Cab），和一家老式派車系統公司簽有十年期技術合作合約。另一計程車車行 Luxor 使用 Taxi Magic。但另兩家計程車公司 DeSoto 和 SF Green Cab 讓 Cabulous 直接向旗下司機推銷。華沛回憶，他當時花很多時間坐在計程車前座，以便了解這個行業，並因此愛上該市那些頭髮斑白的計程車司機。他們大多等候多年才取得計程車營業牌照，為的是謀得一份穩定收入。「有太多很棒的傢伙，老哈利薛平（Harry Chapin）仍然在開計程車，都是正直的老好人，」華沛說。〔譯註：已故美國民謠歌手 Harry Chapin 創作演唱的「計程車」（Taxi）和「續集」（Sequel）這兩首歌曲紅極一時，前者內容描述潦倒的計程車司機哈利，載到當時已成為知名女演員的舊情人，後者描述哈利成為知名歌手後，搭計程車造訪那位已經息影的舊情人。〕

華沛構想推出一種能夠幫助計程車司機的應用程式服務，

使傳統的計程車業務更有效率，幫助計程車司機增加收入。但這正是他的致命錯誤。若說 Seamless Wheels 敗在時機不對，Taxi Magic 敗在固執，那麼 Cabulous 可說是敗在太謙恭守禮。

2016 年初的一個雨天，華沛坐在我舊金山的辦公室裡。他凝視窗外，看著行經的 Uber 車，徐緩開口：「我試圖當個好人，當時的我非常信奉雙贏理念，但我錯了。自那以後，我學到了很多關於談判的事。」

Cabulous 應用程式在 2009 年秋天於蘋果應用程式上架，比 UberCab 早了半年以上，而且提供的一些功能就是後來使 Uber 成功的幾個特色。

不同於 Taxi Magic，Cabulous 在線上地圖呈現計程車影像，乘客可以電子方式召車，或是撥打車行的派車電話，也可以指名召喚他們喜愛的司機。這套應用程式也有一些鈴聲和笛聲，用戶開啟應用程式時，將會聽到車門開啟聲、關閉聲，以及噴射引擎啟動的聲音，這些都是很瑣碎的設計，但多年後，華沛播放這些聲音時，面露微笑。

不同於 Uber 的是，Cabulous 沒有自動付費機制；乘客仍然必須按照跳表，自行付款給司機。此外，Cabulous 起初並未提供 iPhone 手機給計程車司機。某天下午，華沛在舊金山市波克街（Polk Street）的鮑伯甜甜圈店（Bob's Donuts），贈送甜甜圈及咖啡給計程車司機，順便私下對他們進行調查，並得出結論：有相當高比率的計程車司機已經有 iPhone 手機了。但他不知道的是，許多司機的 iPhone 是所謂的越獄機（jail-broken），亦即做了更動，好讓他們可以不受限於 AT&T 當時不牢靠的無線網路。在那些越獄機上，Cabulous 應用程式的性能很差，或是完全無法使用。

最大的問題是，Cabulous 未能掌控司機的供給或其費率，使用此應用程式的計程車數量成長速度跟不上需求的成長速度。因此，在週末夜，當計程車司機生意正好，街上有許多人招攔計程車時，「司機根本就不開啟應用程式。星期五的晚上，Cabulous 應用程式的地圖上，可能沒半輛計程車，」隨著公司遷居舊金山的法蘭奇瑞屈說。

華沛起初自掏腰包經營這家公司。2009 年末，他著手對外募集資本；舊金山灣區的三組天使投資人同意挹注資金，總計不到 100 萬美元。這是另一個錯誤，這些資金並不夠，華沛在集資方面太過慎重，「我們就像是提刀打槍戰，」他這麼形容。

不久，一個黃金機會上門。但 Cabulous 跟 Taxi Magic 一樣，沒能把握這機會。那通電話進來時，華沛已經完成第一輪集資；接起電話後，華沛起初沒能認出電話那頭一口德州腔的人是誰。不久前被 Taxi Magic 婉拒入股而悵然若失的創投家葛利，仍然在尋找推動地上交通革命的新創事業投資機會；聽聞 Cabulous 正在募集資金，打電話詢問華沛，這輪募資還剩下多少資金缺口。

接到這通電話，華沛很意外，他誠實告訴葛利，這輪集資基本上已經滿了。他向葛利提了一個小數目，葛利說這數字太小，不足以引起基準資本公司的興趣。但葛利仍然在電話上免費提供建議：先專注於特定社區，別急著在整個舊金山市推出服務。

多年後，華沛思忖，他當時或許應該接受葛利的入股；但那麼做的話，就必須拋棄原本已經談妥的投資人。換言之，他必須鐵石心腸的以可能對公司最有利的結果優先，並且為此而違背先前的個人承諾。

「我是個童子軍，必須守信，」他說。

當 UberCab 在 2010 年 6 月於舊金山市推出其黑頭車服務時，Cabulous 是它最相近的競爭對手。法蘭奇瑞屈記得，那年春天，他在 Craigslist 網站上看到 Uber 的一則徵才廣告，標題是「UberCab 高級工程師：在一家很酷的行動定位新創公司幹基礎活兒」，宣稱 Uber 正在尋找工程師協助打造一套「和 Cabulous 相似」的地上交通應用程式。

Uber 的首任執行長葛雷夫斯也和華沛接觸。他們在舊金山內河碼頭區（Embarcadero）的迪蘭西街餐廳（Delancey Street Restaurant）碰面喝咖啡。華沛很友善，但他不認同 Uber 的方法，「我們並不認為市場上已有一大群禮車司機坐在停車場和機場，等候派車公司派車，」他說。

華沛和葛雷夫斯相談愉快，直到卡蘭尼克現身餐廳，單刀直入的問華沛：「你打算進軍禮車市場嗎？」華沛說他不會。華沛認為這不是個好主意，因為他知道，若 Cabulous 開始幫助受到較鬆管制的禮車加入競爭行列，使用 Cabulous 服務的掛牌計程車司機將會很火大。他們全都知道華沛住在哪裡，因為他一向在他位於球場附近的公寓住家，親自回答司機的技術疑難雜症。他讓葛雷夫斯及卡蘭尼克放心：「我們的賭注已經下定了，」這兩人不久便離去了。

接下來幾個月，Cabulous 小心翼翼的和 Taxi Magic 周旋，研擬擴張計畫，設法爭取計程車車行加入。不久，UberCab 推出更簡便的應用程式和高級黑頭車體驗，開始累積成長動能，贏得好評和創投資金，最終擊潰這兩家公司。

華沛聽聞舊金山市官員對 UberCab 發出第一張禁制令，還出示葛雷夫斯的大頭照時，他認為這是合理之舉。管制有其道理，計程車費率必須嚴格限制。那些富有的老太太才搭得起計程車去超市。他知道，車資較高的黑頭車受到的管制較鬆，但根據法規，黑頭車不能任意在路上攬客，乘客必須事先預訂，這就限制了它們和掛牌計程車競爭的能力。

華沛認為，UberCab 以新科技打破了這種區分。它讓乘客可以不需事先預訂，隨時透過電子設備叫車，就如同在街上攔計程車一般。

令他更加看不慣的是，Uber 使用 iPhone 做為計算車資的計程車跳表。計程車跳表向來由城市的度量衡檢定所檢定與嚴格監管，以保護消費者免受價格欺詐。打從首次於餐廳會面相談後，華沛和葛雷夫斯一直保持友好，也一起出席過都會交通運輸管理局舉辦的一些會議。某天，兩人在電話上針對這個主題起了爭論，「嘿，那我們就全盤不理會數十年來的所有法規，這樣做真的好嗎？」華沛對葛雷夫斯喊道。

「我想，我們沒什麼好談的了，」葛雷夫斯說，接著掛斷電話。兩人從此再沒交談。

Uber 開始興隆後，華沛在 2011 年離開 Cabulous，把這場仗交給一位更有經驗的執行長。幾年後，這家公司改名為 Flywheel，這個品牌名稱開始掛在舊金山 DeSoto Cab 車行旗下的計程車車身，這是兩家公司簽約共同行銷的做法之一。[2] 現在，每當看到這情景，華沛就不禁感慨，「我雖沒有因此致富，卻改變了這個城市的面貌，這讓我很開心，」他說。

他承認，和掛牌計程車司機及計程車行合作，或許是個錯誤。他們被管制束縛，能力不足以反擊 Uber 帶來的破壞性創新威脅。「這就好比看著鯊魚吞食海豹，」他說：「我們生活在強盜大亨的年代。只要有足夠的錢，能打電話有效關說，就能漠視任何現行法規，並用此做公關，然後，你就能勝出。」

華沛現在重回 IBM。我們結束談話，我送他走出我的辦公室時，他有著和迪帕斯奎爾相同的擔憂——擔心自己沒能把握一個大好機會的過往失敗被公開。「拜託，別壞了我的職業生涯，」他說。

Couchsurfing：受害於理想主義

壞決策與不完美的技術導致無疾而終的情形，並非僅僅發生於 Uber 之前的汽車服務新創事業上。

在 Airbnb 崛起的五年前，一家名為 Couchsurfing 的民宿線上服務平台既受歡迎，也受到關注。導致 Couchsurfing 後來失敗的因素，不是時機不對、太過固執或是謙恭守禮，而是偏向理想主義，這在割喉競爭的商界，同樣是致命缺點。

Couchsurfing 的事業靈感，來自新英格蘭州一文不名的年輕程式設計師芬頓（Casey Fenton）。芬頓的願景幾乎跟切斯基和傑比亞後來闡明的願景相同，這從 Couchsurfing 的使命聲明就可看出：「連結你我，增加感動。」就連品牌名稱，Airbnb 和 Couchsurfing 都很相似，兩者都隱含不太舒適的睡一晚，翌日早上醒來可能腰痠背痛之類的經驗。

不同於切斯基，芬頓的父母很早就離異。成長過程中，他經常來回於父母分別在新罕布什爾州和緬因州的住家。他是家裡五個孩子中的老大，家境清寒，他盡其所能早早離家自立，高中畢業後，就決心見識外面的世界，過有趣的人生。

就讀大學的 1990 年代末期，芬頓購買廉價機票，飛往世界各地，靠著好心的當地人留宿。在開羅旅行時，因緣際會和一名計程車司機一起爬上一座古金字塔。在冰島，他找到冰島大學的學生通訊錄，發了上千封電子郵件，厚著臉皮詢問有沒有人願意提供沙發讓他睡覺，因為他付不起當地一晚 100 美元的青年旅館。

在那些旅程中，芬頓獲得了神奇美好的體驗。他很想和全世界分享這種體驗，於是在 1990 年代末期，註冊網址 Couchsurfing.com，接著花幾年諮詢有關新創事業的知識。期間，他在阿拉斯加州政界工作，直到準備推出這網站。他的事業夥伴是畢業於哈佛、熱愛旅行，曾經雇用芬頓撰寫程式的創業者霍夫（Daniel Hoffer），以及他們的另外兩名友人。

Couchsurfing 在 2004 年開張，吸引愛旅行、對累積財富不那麼感興趣，但卻對於分享財富更感興趣的年輕人。跟多年後的 Airbnb 一樣，Couchsurfing 讓房東和房客在網站上撰寫及張貼他們的個人檔案，並在每次住宿後，對彼此做出評價。在當時，人們還沒有臉書個人檔案可用，Couchsurfing 設計出一個巧妙機制來確認用戶身分：它要求用戶提供信用卡，然後寄一張內含認證碼的明信片到信用卡帳單地址給用戶；用戶在此網站上輸入認證碼，就可獲得認證。該公司對服務收取 25 美元的費用，有好幾年，這是該公司的唯一收入來源。

芬頓為這家公司注入種種浪漫主張。他不是把這網站推銷為仲介住宿的市場平台，而是更熱情的把它定位成可讓旅行者和陌生人相會、獲得新奇體驗的園地。為了實踐他的主張，芬頓在新罕布什爾州把這家公司註冊為非營利組織。多年後，在舊金山的植物有機餐館（The Plant Café Organic），芬頓喝著有機扁豆湯，向我承認，他當年太天真純直，「因為不了解商業世界，才會這麼做，」他說。

因為是非營利事業的身分，Couchsurfing 沒有員工，也沒有實體辦公室。但是它有數百名志工周遊世界各地，使用這個網站，借睡彼此的沙發。四名共同創辦人在各自的住家工作，芬頓和霍夫曾在帕羅奧圖市住了幾個月。有時，這個社群中最活躍的成員在泰國、紐西蘭、哥斯大黎加等地聚集，住上幾個月，然後齊力改進網站。

到了 2008 年，這家公司已有幾十名支薪員工和兩千多名志工，位居不同時區，且經常移動。毫不意外，這個網站破舊過時，難以使用。不久後，AirBed & Breakfast 問世了。

Couchsurfing 接獲新罕布什爾州當局通知，它的註冊身分不合規定，必須更改它的免稅身分。對於接下來該如何做，四名共同創辦人無法達成共識。此時，霍夫已從哈佛商學院畢業，在矽谷的資安公司賽門鐵克擔任產品經理。他遊說其他共同創辦人把 Couchsurfing 改為營利事業，開始向房客收費，以創造一些實質收入。

芬頓堅決反對，認為房東和房客進行金錢交易將會稀釋住宿體驗的純淨度。他展開漫長而耗費心力的行動，把在新罕布什爾州的非營利事業身分改變為聯邦 501（c）（3）的免稅非營利組織。

「人生苦短，我想做點有意義的事，」當時在某次接受訪談時，芬頓解釋他的理念：「金錢似乎可以來得容易。若只想專注於賺錢，也行。但我想做一些我覺得更有趣的事。」[3]

霍夫當時已經懷疑，Airbnb 將對 Couchsurfing 構成威脅。2008 年，尚未進入 Y Combinator 育成計畫前，切斯基和傑比亞仍然在舊金山四處闖蕩，到處諮詢意見之際，海軍陸戰隊出身的創投家克雷格介紹他們認識霍夫。某天晚上，三人在舊金山教會區碰面吃披薩。

切斯基和傑比亞詢問霍夫很多關於 Couchsurfing 的問題，以及如何成功的和同住一屋簷下的陌生人建立信任感。那天晚餐氣氛友好，但霍夫意識到麻煩臨頭，「他們顯然很有想法，看起來挺聰穎的，我強烈感受到他們的威脅，」霍夫說。

切斯基後來告訴我，他並不覺得 Couchsurfing 高明。「我做過夠多的產品設計發展工作，因而領悟一個道理；就算有五十家公司設計與製造椅子，也沒關係，誰製造出最棒的椅子，誰就是贏家。」切斯基說，Couchsurfing 就像一把業餘玩家打造出來的椅子，設計混亂；沒有慇懃待客感，也沒有付款機制。「在我看來，他們的東西和我們的完全不同，」他說，拿這兩種相較，「就好比在說所有家具都相同。」

那天晚餐後，霍夫打電話給芬頓及其他共同創辦人，乞求他們放棄非營利身分，但遭到拒絕，他們已經厭倦一再為這個話題爭論。

多年後，霍夫只能以非常實際的「若……，會……」來省思。當時，切斯基和傑比亞想要霍夫當他們的導師暨合作者，若霍夫當時接受這關係，將會讓他插足一個巨大的機會。「我把對凱西、其他共同創辦人，以及 Couchsurfing 社群的忠誠擺在優先，」霍夫在他目前任職的創投公司的會議室裡徐緩的說：「所以，那是……我的選擇，讓我付出大概十億美元代價的一個選擇。」

Couchsurfing 接下來的故事並不美好。霍夫在 2010 年取代芬頓，成為 Couchsurfing 的執行長。美國國稅局否決該公司的 501（c）（3）資格申請，理由很簡單，這是個普通常識：這家公司為用戶節省旅行住宿費用，但未必促進文化交流，或讓世界變得更美好。

於是，突然間，Couchsurfing 必須募集資金，以支應轉變成營利事業的費用和欠繳稅款。該公司從基準資本公司為首的一群投資人那裡，募集到 760 萬美元。基準資本公司認為，這是在突然流行起來的民宿出租服務領域，和 Airbnb 競爭的機會。

基準資本公司負責這樁交易的合夥人是前臉書主管柯勒（Matt Cohler）。想必他已經認知到他下了一個糟糕的賭注。在轉換成營利事業身分的程序完成後，柯勒解雇霍夫、芬頓、大多數員工，以及全部志工。Couchsurfing 的狂熱用戶在許多線上布告欄發出猛烈抨擊，這個網站的人氣被 Airbnb 壓倒，Couchsurfing 的新執行長做不滿兩年就下台了。

Zimride：大願景，但執行力不足

這篇創業落敗者的故事，剩下一家公司：Zimride。

就如同 eBay 讓人們可以兜售閣樓上不再使用的東西，老風格的 Craigslist 讓人們賣老舊的車子、用過的蒲團，甚至用餘暇時間做奇怪的工作，Zimride 的創辦人發現，相同原理也可以應用於長途旅行的汽車空位。Zimride 從未能攫取主流注目，但該公司在後來的矽谷與全球新貴混戰中扮演了重要角色。

故事開始於葛林（Logan Green）。這個年輕內向的軟體工程師，成長於 1990 年代交通混亂的洛杉磯。高中時，葛林獲得為

著名的電玩創業家布希內爾（Nolan Bushnell）打工機會，布希內爾是雅達利電腦公司（Atari）創辦人，也是蘋果公司共同創辦人賈伯斯最早的老闆之一。葛林就讀位於聖塔莫尼卡（Santa Monica）的嬉皮型新路高中（New Roads High School），經常開著那輛破舊的1989年Volvo 740，穿梭交通壅塞的市區，前往布希內爾位於普拉亞灣區（Playa del Rey）的遊戲公司uWink。

這段路只有六英里，但有時竟得花超過半小時。「我只記得，當時看到人人塞在車陣裡的那種感覺，」多年後，他告訴我：「數千人朝相同方向，每輛車裡只有一個人，我心想，要是一輛車多載兩人，路上的車輛數目就可以減半了。」

葛林對南加州的交通憎惡到極點。因此，上了加州大學聖塔芭芭拉分校後，他就把那輛破Volvo留在家，搭公共運輸工具通學。「我想逼自己，試試使用公共交通工具到處走是什麼樣子，」他說。2002年，大二時，他聽聞美國東岸的會員制共享租車服務Zipcar，讓會員可以隨時取用租車，租用時數則依個人所需，會員本身不必擁車。

在爭取Zipcar來聖塔芭芭拉營運未果後，葛林在學校開辦共享汽車方案，由加州大學聖塔芭芭拉分校購買一批豐田Prius。葛林設計一種制度，讓學生可以在網站上預訂使用這些車子，並用特殊的無線電識別卡加上取車密碼來開啟車門。[4]他花了兩年在這計畫上，共計有幾千名學生開始使用這服務。

但是，放假時，葛林從學校返回洛杉磯的家，以及探望女友（後來成為妻子）伊娃，幾乎總像是冒險之旅。在長途巴士上，他有時會遇見剛出獄的人，拎著用垃圾袋裝的衣物。他也試過 Craigslist，在「車輛共乘」（ridesharing）一詞還未廣為流行之前，這個網站上已提供車輛共乘管道。雖然大致上，葛林的長途車輛共乘體驗不錯，但他從未感到完全的放鬆，和陌生人共乘一輛車，總是令人緊張不安。

這些試驗使葛林成為聖塔芭芭拉大眾運輸委員會最年輕的成員，充分了解公車系統的經濟性與政治糾葛有多糟糕。民眾搭一趟公車的成本，有七成由市政府補貼，服務品質低劣，當局試圖提高車資和營業稅，但經常因民意反對而受阻。

2005 年夏天，葛林和他高中最要好的朋友范霍恩（Matt Van Horn）決定去海外旅行。他們打算去古巴，這在當時的美國是非法的。范霍恩的母親很擔心，便以支付部分機票費用為餌，勸誘兒子改去非洲。

葛林和范霍恩在非洲旅行了一個月，遊歷南非、納米比亞、波札那、辛巴威。這趟旅行可說是命中注定啟發創業念頭之旅，因為這兩個年輕人被他們在維多利亞瀑布鎮（Victoria Falls）目睹的景象驚呆了。辛巴威極為貧窮，擁車者甚少，大家擠乘無牌照計程車司機開的小巴。「整個系統並沒有組織得很好，但非常有效率，」范霍恩回憶：「每部車的座位都坐滿了，每個乘客付點汽油錢，這樣，車子才有上路的經濟價值。」

2005 年秋，葛林大四時，開始在腦海裡把種種體驗與見識拼湊起來：Craigslist 上的車輛共乘管道；維多利亞瀑布鎮的擁擠小巴；難以駕馭的大眾運輸系統缺失。他開始構思他取名為

「Zimrides」（Zimbabwe rides 的縮寫）的事業概念，構想使用網際網路來填滿每輛車子的空座。

這在當時看來是個理想時機。那年，新興的社交網路臉書開始讓其他網路公司得以推出包含建有會員個人檔案的服務。這是 Couchsurfing 之類服務欠缺的元素，若是一般人可以看到潛在乘客的真實姓名、照片及社交連結，就會更放心讓陌生人共享他們的車子。2006 年 12 月，Zimride 推出的第一套應用程式 Carpool，讓大學學生可以在臉書上貼文指出他們打算前往何處，並尋求前往相同方向的人提供搭載。

在美國東岸，一名新近從康乃爾大學畢業的年輕人季默（John Zimmer）看到這套應用程式，相當認同這個理念。季默在康乃爾大學讀的是旅館管理，他知道一家旅館要賺錢，關鍵要素是高住房率和優異的服務，而交通運輸業的現況就是欠缺這兩要素，「把大眾運輸系統和計程車想像成旅館，那些就是你不想入住的旅館，」季默後來告訴我：「所以，它們是失靈的事業。Zimride 的 Carpool 應用程式令季默（他的姓氏 Zimmer 恰巧和 Zimride 這個公司名稱很相似）非常心動。他找了個朋友介紹他和葛林認識，他們隨後決定橫跨東西岸合作。

這兩人以兼差方式，和已經前往亞利桑那州讀法學院的范霍恩，以及另一名程式開發員共同合作這項計畫，因此，這基本上是他們的工餘計畫。他們在康乃爾大學推出這套應用程式，很快就受到學生的歡迎與使用。他們也發現，其他地方也有人使用此應用程式，例如威斯康辛大學拉克羅斯分校。放假時，有大批學生前往附近城市，例如相距兩小時車程的麥迪遜（Madison），以及相距四小時車程的芝加哥。後來，這些創辦人開始直接向學校推銷這項服務：大學可以每年支付幾千美元，獲得專門版本的應用程式。

在獲得了些許成長動能後，葛林和季默嘗試在矽谷募集資金，但沒人願意接見他們。後來，葛林意外地收到一位天使投資人、同時也是 eBay 主管的阿嘉沃爾（Sean Aggarwal）寫來的電子郵件，說想要投資這家新創公司。葛林以為這是一封垃圾郵件，請范霍恩陪同他前往約定碰面地點──加州費利蒙市的可可炸雞店（Coco Chicken），看看是否真有阿嘉沃爾這個人。阿嘉沃爾現身，他真的想要投資。那天，他們相談數小時，阿嘉沃爾成為 Zimride 的第一個投資人暨顧問。

現在，他們有了一點資金和指導。季默買了一套青蛙造型服和一套河狸造型服，這些創辦人穿著這些造型服，去各大學發送 Zimride 傳單。

2008 年夏天，季默和葛林遷居帕羅奧圖市，同住在離臉書公司總部不遠的一棟公寓。[5] 他們是這個陌生地的陌生人、室友、同事，這棟兩房公寓緊鄰著谷歌高級主管、後來擔任雅虎執行長的梅爾（Marissa Mayer）的後院。有些晚上，這孤單的兩人會聽到梅爾家舉辦喧鬧的戶外派對暨頒獎典禮，聽到被叫的人名時，他們便衝去用谷歌搜尋引擎查詢那些人是誰。

除了偷聽隔壁鄰居的喧譁，他們也看到季默的前雇主雷曼兄弟（Lehman Brothers）在市場崩盤中倒台。他們心想，在經濟衰退中，汽車共乘或許會突然流行起來。「我們坐在那裡揣想，這對我們的事業有幫助，但對公司募集資金而言，卻是糟糕時機，」葛林回憶。

這家公司又興隆成長了一年，引起閘門融資公司一位合夥人的注意。2008 年 8 月，Airbnb 的切斯基到這家創投公司做推銷簡報，但 Airbnb 網站在節骨眼當機，閘門融資公司最終拒絕投資 Airbnb。到了 2010 年 8 月的此時，閘門融資公司已經察覺它當時決策錯誤。而 Zimride 的葛林和季默知道 Airbnb 的名氣愈來愈大，憑著足夠的敏銳性，他們在推銷投影片中，拿 Zimride 來跟 Airbnb 這個民宿仲介服務事業相比較。閘門融資公司的合夥人三浦（Ann Miura-Ko，譯註：日裔美國人，原姓三浦，與 Albert Ko 婚後冠夫姓），相當欣賞這對年輕人對車輛共乘的經濟與環保效益的熱情，以及他們在長期艱辛中創立這家公司的堅定毅力，因而決定投資這個新創事業，使閘門融資公司在這輪的 120 萬美元集資中成為主力投資人。

「我們應該支持的是那些縱使資金短缺、身陷逆境、人人都不看好時，仍然對事業構想懷抱高度信念與熱情，堅持不懈的創業者，」三浦的合夥人梅波斯二世（Mike Maples Jr.）說：「新創事業是非常浪漫且傳奇性的行動，多數人根本不知道。你就是必須有堅強毅力，堅持到它實現。」

儘管獲得新資本挹注，Zimride 仍然蹣跚而行。公司創辦人向各大學推銷汽車共乘服務，也向一些公司（例如沃爾瑪）推銷，希望倡導員工天天使用 Zimride 上下班，後來又開放這個網站給大眾使用。Zimride 營運大城市之間（例如洛杉磯和舊金山之間）的交通巴士，以及從城市前往參加科切拉音樂節（Coachella）、波納羅音樂節（Bonnaroo）等活動的巴士。有時，季默和葛林甚至親自當司機。2011 年，他們再度從創投公司募集了 600 萬美元資金，並搬遷到舊金山市場南區，當時有愈來愈多新創事業，從矽谷遷移至這個北方的科技新創公司新興重鎮。

但是，葛林和季默內心很清楚，Zimride 將不會壯大到足以改變世界。在網際網路市場，以原本不可能做到的方式撮合買方與賣方，節省大家的時間與金錢，這樣的事業才能生存繁榮。但是，縱使是最熱中的共乘使用者，一年也只會使用 Zimride 幾次。這項服務幫助他們找到共乘者，基本上是取代了 Craigslist 和大學裡的舊式軟木布告欄。除此之外，並無多少其他生意。「那是一個大願景，但執行得不正確，」葛林說。

其他無疾而終的新創事業的致命錯誤，Zimride 也都有。該公司的創辦人太溫和；他們全是理想主義者；事業點子推出得過早——智慧型手機無所不在和社交網絡興盛的大浪潮才剛剛開始累積能量。不過，他們也相當務實，相信矽谷所謂的「轉軸」（the pivot）之論：只要銀行裡有錢，改變事業模式，尋找更有利可圖的商機，永遠不嫌遲。

2012 年初，Zimride 的創辦人及工程師經常聚集在一起，商討接下來該怎麼做。Uber 的黑頭車服務事業成功，引起他們的注意。他們興奮的構想一種行動版本的 Zimride，讓常客每一天在任何時候都能在大城市內分享車輛，不再局限於長途旅行或每天的上下班通勤。Zimride 的一名員工在其辦公隔間裝飾了一個巨大的橘色毛氈鬍子，這帶給季默靈感，決定讓每個司機在車子前方護板掛上粉紅色的大鬍子；一方面使車子變得顯眼，另一方面也令人感覺更友善些，減輕大家在進入陌生人車裡時的忐忑不安感。

起初，他們稱這項新服務為「Zimride Instant」，後來改為一個更上口易記的名稱：Lyft。

不過，這是更後面的發展，超前了原本的故事主題。

Chapter 4

成長駭客

Airbnb 如何起飛

這是一個全新的世界，
傳統行銷人員無法想出這種策略，
甚至不知道可以這麼做。

——Airbnb 共同創辦人布雷卡齊克

紅杉資本的麥卡杜對那些未能成功的新創事業知之甚詳。早在和 AirBed & Breakfast 創辦人見面的一年半前，這位來自紐約的創投家，對於如何整合和簡化度假租房市場，就有新的體認：在旅遊產業，小型業主（例如提供住房加早餐的民宿業者）通常只有在當地打廣告的資金，然而網際網路可以讓他們把觸角延伸至世界各地。

為了測試這個想法，他造訪許多網站，例如 LeisureLink、Escapia，也開始觀察總部位於德州奧斯汀的 HomeAway，這家公司正在吞食其他競爭者如 VRBO，企圖建立一個制霸的民宿網絡。麥卡杜花了一年的時間評估這些公司，但他不認為這些公司有哪一家有特別新穎的經營方法，「這是一個非常分裂的市場，對於該如何在線上呈現和經營，一直沒有理想的做法，」他在多年後說：「坦白說，當時我已經放棄了。」

2009 年初，他和 Y Combinator 的葛拉罕，談到新創公司創辦人應該具有的心理韌性。葛拉罕遙指房裡的 Airbnb 創辦人，說他們是典範。

那天，麥卡杜聽了切斯基、傑比亞及布雷卡齊克介紹他們的新事業營運模式。這三個年輕人試圖為旅行者創造更好的體驗，並提供房東更好的經營方式，麥卡杜對他們的做法很感興趣。接下來幾個月，麥卡杜跟紅杉資本的合夥人談過多次 Airbnb 的事業構想，並在日後決定投資。掙扎困頓中的 Airbnb，因加入 Y Combinator 這個聞名矽谷的新創事業育成中心，就此改變了命運。

思考無法規模化的事

Airbnb 原已錯過 Y Combinator 的報名期限，最終得以進入，部分歸功於巧妙的早餐穀物盒設計。進入 Y Combinator 的育成計畫後，布雷卡齊克心懷歉疚的和波士頓的未婚妻暫別，搬回舊金山勞許街的公寓，睡在客廳沙發上。三個年輕人開了四十五分鐘的車，才到達 Y Combinator 位於山景市先驅路的辦公室，Y Combinator 把主餐廳布置成訓練會堂，擺設了長木桌和木椅。

在 Y Combinator，切斯基、傑比亞與布雷卡齊克三人經常和葛拉罕接觸。葛拉罕當時四十出頭，經常穿著工作短褲配 polo 衫，加上涼鞋，一副不理會社交禮儀的態度。但葛拉罕之於矽谷，就如同「星際大戰」裡的絕地大師尤達（Yoda）。

在第一波網路公司榮景中，葛拉罕把他創辦的第一家電子商務公司 Viaweb 賣給雅虎後，就成為新創家的導師，他的名言包括：「有一百個喜愛你的人，勝過有一百萬個似乎喜歡你的人」；「別擔心競爭者，新創事業通常死於自殺，不是謀殺」。

在當時，全球經濟衰退，失業率飆高，葛拉罕提出的忠告比平常更加慎重保守。他警告參與那期冬季培育計畫的 Airbnb 及其他十五家新創公司，投資人很驚恐，所以，他們這些新創業者在向投資人簡報時，務必出現一條從左下往右上的漸升線，顯示獲利持續成長。Airbnb 當時連營收都少得可憐，遑論持續成長的獲利。因此，該公司的創辦人製作了這麼一張「假設性」的獲利漸升圖，張貼於勞許街公寓的浴室鏡子上。

儘管當時經濟崩潰，這三人仍然下定決心，要盡可能利用出現的轉機。他們每天晚上纏著葛拉罕及其幕僚，詢問種種問題，「我們是堅持不懈的學生，」切斯基在一次受訪時說。[1]

仍然對他們的住家出租概念存疑的葛拉罕，提出一個直率的疑問：這個網站可在任何地方奏效嗎？這些創辦人回答：「可以。」在紐約市約有四十人把家裡的房間向外短租。「那你們還坐在這裡做什麼？趕快去找這些人洽談啊，」葛拉罕說。

布雷卡齊克繼續做程式設計工作，傑比亞和切斯基在一個連續假期週末飛到紐約，開始和這些房東會面。他們發現一個明顯問題，這些房東並沒有在線上以吸引人的方式呈現住屋，他們張貼的照片很粗糙，通常是用當時畫素仍低的手機拍攝。他們把這個觀察心得回報山景市，葛拉罕把它相比於當年在線上市場 Viaweb 遭遇的挑戰，當時他必須教導菜鳥零售商如何在網際網路上銷售，「他們必須教那些房東如何銷售，」葛拉罕說：「這是當時欠缺的要素。」

於是，切斯基和傑比亞以電子郵件告知房東，Airbnb 網站將會免費派遣一名專業攝影師去他們家拍照。那年冬天，他們經常在週末飛到紐約。這後來成為 Airbnb 傳奇故事中的一部分，被人傳誦。

到了紐約，他們租了一台高級相機，在雪中跋涉，敲房東家的門，拍攝浴室和後院照片。「我們當時預算有限，就連非常小的費用都得再三考慮，例如三腳架，我們是要買品質極佳的，還是能用就好。」傑比亞說。

以矽谷的術語來說，這種活動無法規模化（scale），也非常缺乏效率，但也讓這些創辦人變得很注重最早期用戶的需求，也使他們認知到，大尺寸且內容豐富的民宿彩色照片和有關房東基本資料的翔實檔案，可以使這個網站提供更吸引人的體驗。「做那些可能無法規模化的事，以建構可以規模化的事業，擺脫矽谷神話。葛拉罕是第一個教會我們這麼做的人，」傑比亞說：「我們可以創意的思考如何壯大事業。」

2008 年底至 2009 年初的那個冬天，傑比亞和切斯基累積了很多飛行哩數。大多數的週末，他們都待在紐約，星期二早上飛回舊金山，布雷卡齊克到機場接他們，三人奔回山景市，趕上每週的 Y Combinator 晚餐會。「他們從未遲到，總是最早到，最後離開，」葛拉罕回憶。他漸漸相信他們，首先是他們展現出來的決心與努力，然後是他們的事業概念。「那些 airbeds 今天表現如何？」這是葛拉罕問候這三名創辦人的標準語。

但葛拉罕仍有疑慮，一般人真的會願意睡在別人家的氣墊床嗎？後來，他意識到一個商機概念：「eBay，但不是賣東西，而是賣空間。」他敦促這三位創辦人拿這個拍賣巨擘來跟自家的品牌相比。那期 Y Combinator 育成計畫終了時，他們把網站名稱從 Airbedandbreakfast.com 改為更簡短的 Airbnb.com。

紅杉資本搶先入股

麥卡杜也對這個事業概念愈來愈感興趣。在民宿市場上，不曾有人實地造訪房東，調查他們的需求，也不曾有業者像這三位創辦人這樣，具有新興的社交媒體工具提供的助力，例如社群聯誼、線上評比、推特。

搶在其他投資人可以一窺 Airbnb 的推銷說明會前 ，麥卡杜快速行動，向紅杉創投的同事介紹這家新創公司。這些創投家對這三位創辦人提出了一些有先見之明的疑問，例如資深合夥人克瓦姆（Mark Kvamme）問：「你們有想過這事業的合法性嗎？」

麥卡杜認為，當時去研判這個新穎業務要如何符合旅館業的現行法規，仍嫌過早，「這類新事業要不是在市場上一鳴驚人，就是被市場淘汰，關鍵只在於消費者是否接受，」他當時是這麼告訴克瓦姆的。

麥卡杜搶在推銷說明會的前一天，返回 Y Combinator 山景市辦公室，在一個小房間和三位創辦人簽約，並說服他們不必去做他們已經準備好的簡報。紅杉資本這個矽谷大金主，投資了 58.5 萬美元，取得這家過去一年半以來，掙扎困頓、還未有明顯業績的小新創公司約 20% 的股權。這筆種子資金，加上後面幾輪集資的加碼，Airbnb 是紅杉創投有史以來最賺錢的投資，報酬甚至超過對谷歌和聊天服務 WhatsApp 的投資。2016 年 12 月時，它的 Airbnb 股權估值約為 45 億美元。

想像中的成功還沒有來

但在 2009 年 3 月，Airbnb 離成功還遠得很。從 Y Combinator 育成計畫畢業時，這家公司已經創立超過一年。三名創辦人返回勞許街，面對與前一年相同的許多挑戰：網站上提供的民宿選擇甚少、營收疲弱，以及掛站的民宿數量成長率低落。

這個新創事業還未解決絕大多數線上市場創造者都會面臨的棘手問題：掛在這個網站上的民宿太少，就無法吸引尋求旅宿的客人；尋求旅宿的客人太少，也就無法吸引潛在的新房東，擁抱這個透過網路出租房間給陌生人的新奇概念。

Airbnb 創辦人常談到他們在第一年為了打開市場所做的各種努力。例如布雷卡齊克負責程式設計，而切斯基和傑比亞飛往紐約、拉斯維加、邁阿密等等城市，努力開拓早期的掛站房東，和他們能找到的房東安排會面。但這些故事沒有一個真正記述了這家公司實際上是如何起飛的。

在一次會議上，麥卡杜建議另一條提振成長的途徑：招攬幫許多房東管理列冊民宿的房屋管理公司加入。2009 年夏天，切斯基雇用了三名銷售實習生，向這類公司進行電話推銷。那年秋天，切斯基和傑比亞前往歐洲，在巴黎，他們承租了一位土生土長巴黎人出租的一個房間。此人既迷人又慇勤好客，切斯基形容那是一趟醉人之旅。次週，他們來到倫敦，住在一家房屋管理公司列冊的民宿。這一回，房東沒有出面，兩位創辦人感覺是一次空洞的體驗，「沒有愛及關懷，感覺沒有 Airbnb

推銷的特質，」切斯基說。

切斯基說，返回舊金山後，他停止了對房屋管理公司的電話推銷。但 Airbnb 是否有認真阻擋房屋管理公司的經理人加入這個網站，後來成為熱烈爭議的話題之一。這類投機者還是蜂擁到這個網站，各城市被迫必須考慮如何應付他們，以及是否應該把 Airbnb 視為傳統旅館業者而納入監管。

一開始，這三名創辦人似乎事事進展緩慢。麥卡杜回憶，他們當時似乎有點太過節儉，不願花用他們新取得的創投資本，這和他們日後在世界各地花大錢裝潢辦公室的行為相比，簡直是天壤之別。當時，在討論到高存款餘額時，麥卡杜告訴他們：「一方面來說，這是好事；但從另一方面來說，各位，我們必須投資於這事業啊。」他們在雇用新員工方面也很吝嗇，起初甚至不雇用客服人員（網站上列出的唯一一個電話號碼被轉接到傑比亞的手機）。這些創辦人花了半年時間尋找第一位全職工程師，最終雇用葛蘭迪（Nick Grandy），他是他們在 Y Combinator 受訓時的同期學員，但後來放棄了自己的新創事業。

2012 年離開 Airbnb 的葛蘭迪回憶，他加入這家公司後，在勞許街公寓客廳的一張辦公桌工作，起初被那些打推銷電話給房東的銷售實習生吵得難以專心。他說，早期的挑戰之一，是促使房東親自在網站上回覆房客的留言。解決辦法是，在網站上彰顯「用戶回應率」，例如「此房東回覆 75% 的留言」。

這些創辦人每週工作七天，但具有同舟共濟的精神且充滿樂趣。他們會偶爾放下工作，上健身房，或是到屋頂閒聊。他們每週一次前往附近佛森街（Folsom Street）的一座公園，玩足壘球，甚至玩捉人遊戲。週五，他們通常到酒吧放鬆。

最終，有十名員工在擁擠的勞許街公寓工作，切斯基必須在樓梯間面試工作應徵者，以保持隱私；員工得去浴室接聽重要電話。[2] 勞許街公寓的臥室已經變成了辦公室，傑比亞睡擺在地上的床墊，直到他租下這棟樓的另一間公寓。切斯基則是帶著一只皮箱，住過城裡一間又一間透過 Airbnb 出租的房間，有一個月期間，他住在停泊灣區的一艘挪威籍破冰船船長房。[3] 他放下本田喜美，搭乘突然間在舊金山市流行起來的黑頭車服務 Uber，前往勞許街公寓。葛蘭迪說，Airbnb 的員工驚嘆 Uber 應用程式的神奇與簡便，啟發這團隊在 2010 年開發第一套 iPhone 手機上的 Airbnb 應用程式。

切斯基的行動緩慢，但在此同時，他也焦慮於他想像中的成功未能夠快到來。「我天天為這事業勞心勞力，心想，為何它不能更快奏效？」他告訴我。[4]「當你創立一家公司時，它絕對不會以你想要或期望的速度發展。你想像每件事都會線性發展，心想：『我將做這個，這將會發生，那將會發生。』你想像一切都會按部就班前進，你啟動、建造，人人都會關注。但沒人關注，甚至連你的朋友都不關注。」

駭客任務，輕裝上陣

想了解最終點燃 Airbnb 起飛的動力，必須先探索其共同創辦人布雷卡齊克的背景。當另外兩名事業夥伴周遊世界開疆闢土之時，這位高瘦、看起來穩重沉著的工程師總在幕後努力。

此時的布雷卡齊克年僅二十四歲，已經是個技術奇才。他獨自設計、架設網站，用的是新的開放源碼程式語言（Ruby on Rails）。他設計了一種彈性的全球支付系統，讓 Airbnb 向房客收費，扣除 Airbnb 的佣金後，使用 PayPal 之類的線上服務，把餘款轉付給房東。他也有先見之明的把這個網站掛在當時剛問市的亞馬遜網路服務（Amazon Web Services），這是亞馬遜這個電子商務巨擘旗下的雲端運算平台事業，讓外面的公司在需要時，透過網路遠距租用亞馬遜的伺服器，使一大群新創事業得以顯著節省成本，增進效率。

「喬伊和我有瘋狂的夢想和願景，納生就會設法，實現那些看似非常不切實際的東西，」切斯基說。

不過，布雷卡齊克的本領可不僅止於此。出生於波士頓，母親是家庭主婦，父親是電機工程師，任職當地一家工業器材製造公司。父親保羅教他和弟弟抱持好奇心，並對事物的運作提出質疑。他們在家裡玩各種機械，保羅會把報廢的器材（例如舊型全錄影印機）帶回家，讓兩個兒子在後院把它拆解開來研究一番，「沒有什麼工作是太大或太小的，」他對兩個兒子這麼說。

不久，小布雷卡齊克就開始迷上電腦。有一天，十二歲的小布雷卡齊克因病沒去上學，他從父親的書架上拿了一本有關電腦的書，津津有味的讀了起來。耶誕節時，他要求的禮物是一本有關微軟程式設計語言 Qbasic 的書籍，他花三星期就把它讀完了。

就讀波士頓的公立高中時，布雷卡齊克跑越野賽，在班上成績也相當優異。學會撰寫程式後，他開始寫更進階的電腦程式，在網際網路上發表與分享，讓取用者自由捐款。其中一套他早期發布的共享軟體，讓電腦使用者可以在電腦螢幕上放置數位自黏便箋，後來發布的另一套程式則是通往美國線上（America Online）的介面軟體，AOL 是當時的線上網路霸主，它建立隔牆，屏蔽其他網路系統入侵，布雷卡齊克撰寫的這套程式，讓程式設計師可以翻牆，傳送訊息到 AOL 會員的電子郵件和即時通帳戶裡。

發表這套程式後不久，布雷卡齊克接到一通電話，對方看到他撰寫的這套程式，出價 1,000 美元，請他撰寫一個類似的電子郵件工具。他把這事告訴父親，父親這麼回答：「兒子，在網際網路上，沒人會付你 1,000 美元。」

但布雷卡齊克仍然撰寫了這套程式，並且賺到 1,000 美元。他後來得知，他的這名客戶本身受雇撰寫這程式，只是把這工作轉包給他（這客戶本身賺到的錢可能超過 1,000 美元）。這客戶後來把布雷卡齊克介紹給他的客戶和其他潛在客戶，於是，布雷卡齊克開始為一個新興產業撰寫各種工具，並因此賺了不少錢。這些工具的使用者給它取了一個無害的名稱「電子郵件行銷」，當然，外界可不這麼認為，他們稱它為「垃圾郵件」。

整個高中和大學時代，布雷卡齊克為垃圾郵件發送者撰寫量身打造的工具，他開發出一系列電子郵件行銷產品，幫助電子郵件行銷者組織和執行廣宣活動，繞過網際網路服務供應商封阻垃圾郵件入侵的機制。訂單湧入，收入源源不絕，布雷卡齊克在不同時期給他的公司取了不同名稱，包括 Data Miners，最後定名為 Global Leads；在他就讀哈佛大學一年後的 2002 年，於麻州創立。

布雷卡齊克回憶，起初，他不能接受信用卡付費，因此，他讓客戶（垃圾郵件行銷者）在他的網站上輸入銀行帳戶資料，然後，他把客戶的銀行帳戶號碼列印於麥克斯辦公用品公司出品的空白支票上，填寫客戶應該支付的金額（通常是 1,000 美元左右），再把支票存到他的銀行戶頭裡。「這麼做是合法的，真令人驚訝，」布雷卡齊克欣喜的回憶他早年的成功：「我根本就是在印鈔票！」

每週和每季末，他給父母一份財務報告，他們當然困惑不解。「那是一個全新的世界，」布雷卡齊克說：「網際網路剛問世不久，我不認為當時有任何人確實知道這是什麼，或是可以預期什麼。」

布雷卡齊克說，撰寫垃圾郵件工具的事業為他賺了將近 100 萬美元，支付他讀哈佛大學的學費及其他開銷，也使他上了一份名為「已知垃圾郵件營運商名冊」的黑名單，那是位於倫敦的反垃圾郵件組織 Spamhaus 調查與更新的名單。在 Data Miners 這家公司的頁面上，Spamhaus 指稱布雷卡齊克經常使用「Nathan Underwood」和「Robert Boxfield」這兩個姓名，他似乎已經建立一種服務，讓垃圾郵件發送者可以取得在美國外的許多帳戶做為所謂的「轉送站」，以偽裝或匿名方式發送垃圾郵件。Spamhaus 的報告指出：「Data Miners（又名 Nathan Underwood Blecharczyk）是垃圾郵件發送者使用的開放式電郵轉送站的主要源頭之一，也撰寫工具，幫助垃圾郵件發送者取得和利用這類轉送站。」[5]

布雷卡齊克說，這個事業占用了他的全部時間，為專注於學校課業，他在 2002 年結束這個事業。一名哈佛同學後來回憶，布雷卡齊克曾經告訴他，他收到聯邦貿易委員會的警告信函，關切他從事的活動。[6]（布雷卡齊克不記得有這回事。）

多年後，布雷卡齊克後來在 Airbnb 辦公室談論當年這個事業，對於他如何賺到人生的第一桶金，並無愧悔，「當時，這一切都是新東西，確實沒有相關法規，」他說。技術上而言，他說的並沒錯，明訂濫發或助長垃圾郵件為觸犯聯邦法律行為的「聯邦垃圾郵件管制法」，在 2003 年才通過。但在此之前，垃圾郵件嚴重侵擾電子郵件用戶及網路公司，確實惡名昭彰。

「那是一種開拓行為，」布雷卡齊克說：「並非只是打造東西，而是在探索新領域。因為充滿不確定，因此不容易辨察會有什麼後果。現在也是如此，Airbnb 是一個全新的概念，與它相關的法規還不存在。」

成長駭客，兼具技術能力與行銷頭腦

自哈佛畢業時，布雷卡齊克不僅已是技能了得的程式設計師，也是矽谷新的熱門角色：成長駭客（growth hacker）。成長駭客使用他們的工程能力來發掘聰穎有效、但往往具有爭議的方法，提升產品或服務的人氣。布雷卡齊克即是一名極為優異的成長駭客。

從這個角度來看，就更容易了解自 Y Combinator 結業後的翌年，Airbnb 如何神祕的火紅起來。當時，另兩家民宿仲介平台規模遠遠更大：其一是 Couchsurfing，當時仍然受困於非營利事業身分造成的不幸後果；其二是 Craigslist，十三年間沒什麼明顯改變的知名線上布告欄。Craigslist 有龐大數量的使用者，2009 年，光在美國，一個月的造訪人次就高達 4,400 萬[7]，在其提供服務的 570 個城市中，許多城市在這平台上有活躍的公寓出租和民宿張貼。

由於認知到這個事實，Airbnb 設計了兩種聰明、但不太光明正大的伎倆來借用 Craigslist 的優勢。Airbnb 雖儘量降低這些戰術帶來的餘波影響，但仍帶有明顯的布雷卡齊克作風。

2009 年下半年，從 Y Combinator 畢業幾個月後，Airbnb 設計了一種機制，自動發送電子郵件給在 Craigslist 張貼住屋招租的每一個人，儘管是已經聲明「仲介勿擾」的房東，這自動郵寄系統也不放過。舉例而言，若出租屋／房張貼於 Craigslist 的加州聖塔芭芭拉市版，Airbnb 發送的自動電子郵件如下：

「嗨，我看到你在 Craigslist 的聖塔芭芭拉市版張貼了最棒的出租屋，因此寫這封電子郵件邀請你到聖塔芭芭拉市最大的租屋網站之一 Airbnb 張貼訊息。這個網站目前每個月的瀏覽量已達 3,000,000。」除了城市名稱不同，這些自動發送電子郵件的其他內容完全相同，發件人通常是一個女性名字的 Gmail 帳戶。

另一個房地產業線上服務創業者古登（Dave Gooden）目睹 Airbnb 在 2010 年人氣暴增。他心生好奇，懷疑其中有鬼，決心一探究竟。他在 Craigslist 上張貼一些假的招租訊息。2011 年 5 月，他撰寫一篇部落格文章，敘述他的發現，在結論中指出，Airbnb 大量註冊 Gmail 帳戶，建置系統，使用這些帳戶發送垃圾電郵給在 Craigslist 張貼招租訊息的每一個人。古登形容 Airbnb 這種做法是無恥的「黑帽」（black hat）手段，「Craigslist 是少數仍然易於玩弄的大規模網站之一，」他在文中寫道：「當你大規模進行這種黑帽操作時，每天可以輕易觸及到數萬名你所鎖定的對象。」[8]

古登的文章刊出後，一些科技部落客紛紛跟進追蹤報導，Airbnb 被迫做出辯解。[9] 該公司的解釋是，向 Craigslist 用戶發送垃圾電子郵件是其雇用的包商所為。在古登發表該文後，我在一場產業活動的臺上詢問切斯基此事，他說：「我們學到的教訓之一是，我們必須非常明確並持續的對那些一起共事的人，加以管控與指導。」

幾年後，布雷卡齊克對這些事提供了更多內情。他們在 eLance 雇用服務平台上雇用外國包商，按照他們產生的引導名單數量或是在 Airbnb 張貼新房東的數量支付他們費用。布雷卡齊克說：「許多公司自行在 Craigslist 上尋找用戶區隔，建立更好的體驗，尋求那些用戶。」他堅稱，這整個方案成效不彰，因為 Craigslist 用戶通常不會想把屋／房出租給旅客，他們想找室友或長期承租者，「這方案最終並未驅動任何實質業務，」他說。

但是，另一項策略顯然就收到了實效。在大舉發送電子郵件給 Craigslist 用戶的幾個月後，Airbnb 嘗試了另一種新戰術。這回，他們不再誘使 Craigslist 用戶轉往 Airbnb，而是反其道而行：讓 Airbnb 用戶把他們在 Airbnb 上漂亮的張貼內容製作成另一個簡化版本，點選一個按鍵後連結張貼於 Craigslist 上。Airbnb 網站上的貼文告訴潛在房東：「把你在 Airbnb 上的出租張貼內容轉貼於 Craigslist，平均每月可幫你多賺 500 美元。轉貼於 Craigslist，能夠為你提高需求，在此同時，你仍然能夠使用 Airbnb 來管理與處理顧客提出的問題。」

切斯基說，這項交叉張貼工具的點子，出自對他們提供種種幫助的賽柏。這方法一方面使 Airbnb 成為製作更美觀的 Craigslist 租屋廣告平台，另一方面也使 Airbnb 租屋廣告空降在其最大競爭者 Craigslist 的平台上，而且變得無所不在。「這是一種新方法，沒有任何其他網站做到如此巧妙平順的整合，而且成效奇佳，」布雷卡齊克說。

其他成長駭客注意到這個方法，稱讚它是個高明的技術成就。Craigslist 在其服務的數百個城市有不同版本的網站，每一個有不同的網域和網頁欄位設計格式。布雷卡齊克設計出一種方法，讓 Airbnb 房東可以簡單、無縫的轉貼於其所屬城市的 Craigslist 網站。成長駭客、後來進入 Uber 工作的陳安卓（Andrew Chen）就曾撰寫部落格文大讚這行銷戰術：「它簡單、但深入融入產品中，這是我多年來見過最出色的單點自由直接整合策略。傳統的行銷人員無法想出這策略，甚至不知道可以這麼做，必須是有行銷頭腦的工程師才能剖析研究產品，然後打造如此平順的整合。」[10]

有許多年，Craigslist 似乎不關切 Airbnb 這種交叉張貼工具，這家舊金山的電子商務先驅之一，不怎麼成長導向，這也是該公司的網站十多年來都沒什麼改變的原因。有人詢問 Craigslist 如何看待 Airbnb 利用它的種種作為，該公司從未做出回應。但 2012 年，Craigslist 突然清醒看待這類活動，對幾家使用相似伎倆的公司發出禁制函。

切斯基說，他不記得 Craigslist 是否曾經發出這種信函給 Airbnb。但他說，這種交叉張貼工具也對 Craigslist 有益，「這使他們的廣告更美觀。不僅如此，一些原本不會去 Craigslist 張貼廣告的人，因為這些交叉張貼工具，也去那個平台張貼，Craigslist 因此獲得了新顧客。」

在 Craigslist 開始禁制這些伎倆後，Airbnb 識相的移除了交叉張貼工具，但這個禁制行動其實為時已晚，Airbnb 早已像吸管般的，把 Craigslist 的張貼廣告和用戶吸引過來。當然，Airbnb 的其他優點也有助於用戶數成長，它的網站設計較佳，也更易使用，而且它不斷改進提供更簡易的付款方式、更好的行動應用程式，讓房東和房客使用真實身分和相互評分，創造更安全的體驗。

在 Airbnb 發展早期，布雷卡齊克也非常善於運用線上廣告活動，例如當一般人在谷歌上搜尋波士頓的出租公寓時，Airbnb 的廣告就會出現在頁面上方。布雷卡齊克及其行銷團隊很擅長找出最便宜、最常被搜尋的關鍵字，據此製作出簡潔、有針對性的廣告。例如 Airbnb 早期的一些廣告大剌剌地聲稱：「比 Couchsurfing.com 更好！」Couchsurfing 的共同創辦人霍夫曾經寫電子郵件向切斯基抱怨這種廣告手法。霍夫說，切斯基向他致歉，停止這廣告，並寄了兩盒 Obama O's 給他，以示和解。

布雷卡齊克也首開先河，巧妙使用臉書當時新推出的廣告制度，這是臉書首度容許公司針對臉書用戶個人檔案中列出的興趣與嗜好，製作量身打造的針對性廣告。例如，若某個臉書用戶說他喜歡瑜伽，他將會看到 Airbnb 臉書頁出現一則廣告：「把你的房間出租給練瑜伽者！」若某人喜歡紅酒，他就會看到 Airbnb 廣告：「把你的房間出租給紅酒愛好者！」

臉書廣告成本低廉，而且人們往往對這類高度針對性廣告訊息有所回應。當然，這類廣告也有些許不真實，因為 Airbnb 並沒有實際提供讓房東專門出租房間給練瑜伽者或紅酒愛好者的途徑。儘管如此，布雷卡齊克說，臉書廣告成效甚佳，提供該公司成長動力。

Airbnb 的早期員工非常欽佩布雷卡齊克兼具技術能力和行銷頭腦，2010 年夏天進入這家公司的早期行銷人員薛克（Michael

Schaecher）說：「布雷卡齊克是舉世最優秀的線上行銷專家之一。」

把客服擺在優先

到了 2010 年秋季，Airbnb 已經相當火紅了，這得大大歸功於布雷卡齊克的成長駭客功力，以及疲軟的全球經濟促使許多旅行者到線上尋求更低廉的住宿。此時，Airbnb 已有八千個城市的 70 萬夜訂房量，為 iPhone 手機推出一套精巧的新應用程式，搭上智慧型手機革命列車。[11]

Airbnb 終於像個公司了，有營收，也有點企業模樣。切斯基現在媒體和公司網站自稱為執行長，確立他從一開始扮演的領導地位；傑比亞是產品長，根據該公司網站，他負責定義「Airbnb 體驗」；布雷卡齊克是技術長。這家公司甚至有了一個新的辦公室，位於距離勞許街公寓幾個街區外第十街上的一棟兩層樓建物，之前是間汽車行，有個入口鄰街的車庫，手機收訊效果很差，街邊還有不少當地遊民。這建物像座灰暗、無生氣的倉庫，但終究是個辦公室，有空間給新進員工使用。

三名創辦人知道，他們必須把客服擺在優先，麥卡杜建議他們向紅杉創投投資的另一家公司 Zappos 學習，這個線上鞋類零售商是個反傳統的電子商務業者，原本只專注於賣鞋子，以免費遞送貨品和無條件接受退貨，贏得顧客忠誠度。幾天後，麥卡杜和這三名創辦人交談時，他們已經聽他的建議，去拉斯維加的 Zappos 總部取經。他們參觀該公司任由員工布置種種小玩意兒的辦公室，員工全站起身親切歡迎賓客，他們和 Zappos 執行長謝家華及營運長、後來的 Airbnb 董事會成員林君叡會談。Zappos 已在 2009 年 6 月被亞馬遜收購，但這家公司依舊維持它稍帶狂妄的風格。

約莫此時，Airbnb 重返創投業雲集的沙丘路募集資金。因布雷卡齊克在臉書和谷歌的廣告雖有成效，但很燒錢，切斯基得備足銀兩。眼見 Airbnb 持續成長，麥卡杜認為這是個大好機會，希望紅杉創投成為這輪集資的唯一金主，但切斯基在 Y Combinator 學了不少知識，他擔心 Airbnb 會變得受控於同一家創投公司，因此堅持要引進另一家創投。

切斯基找到一個有意願的投資人：LinkedIn 共同創辦人暨董事會主席、葛雷洛創投公司（Greylock Partner）的合夥人霍夫曼（Reid Hoffman）。霍夫曼說，他起初心存懷疑，心想：「沙發客這事業並不怎麼有趣。」但有個週末，切斯基在沙丘街的葛雷洛創投辦公室和他會面，端出一個很有說服力的願景：Airbnb 是世界上最大的連鎖旅館，但它本身沒有旅館，不需背負昂貴的建物維修管理費用，也不需要雇用旅館服務員。「基本上，它的事業概念就是把我們多數人生活中現有的大量不動產——房間、公寓、房屋、特殊空間等等，轉變成P2P市場上的交易物，這是一種殺手級點子。」霍夫曼說：「我心想，OK，我願意。」[12]

霍夫曼能夠抓住入股 Airbnb 的機會，有部分是因為切斯基接觸的其他創投公司仍然不接受這概念，他們無法擺脫那些明顯風險——有人可能在 Airbnb 平台上受害；房東的公寓可能遭到房客洗劫；房東可能在屋內安裝針孔攝影機等待。他們沒有預見這家公司可能不只吸引歐洲的二十幾歲年輕人，還可能吸引那些在旅行時尋求更原真體驗的中年人，甚至是退休夫婦。

網景（Netscape）創辦人暨投資人安德森（Marc Andreessen）當時剛和賀羅維茲（Benjamin Horowitz），共同創辦創投公司安德森賀羅維茲（Andreseeen Horowitz），他就錯過了 Airbnb 的 A 輪集資。安德森說，他們的創投公司目標是每年辨識出約十五家有前景的科技新創事業，並且盡可能投資。[13] 這家創投公司仔細檢視 Airbnb 後，決定不投資，「安德森不相信這會成為主流，」切斯基說。安德森賀羅維茲創投公司在 2011 年的 B 輪集資中修正了他們的失察，成為主力金主之一，報酬雖不如更早入股的金主，但仍然是非常賺錢的投資。

沙丘街對街的八月資本公司（August Capital），也錯過了入股 Airbnb 的機會。線上視訊服務公司 Skype 的投資人哈登寶（Howard Hartenbaum）是八月資本公司的合夥人，他在那年秋季多次和切斯基會面，並邀請 Airbnb 的三位創辦人去 Airbnb 新辦公室附近的亞歷山大牛排館吃晚餐。哈登寶對切斯基很有好感，他看起來很有自信、智慧，有強烈的成功決心，但在投資數字上，雙方無法達成共識。Airbnb 剛激增的動能壯大了切斯基的信心與估價，他向哈登寶提出以 450 萬美元換取 6% 股權的交易。

哈登寶認為 Airbnb 最終可以成為一家 20 億或 30 億美元規

模的公司，縱使在這最佳情境下，這股權也不夠大到足以影響八月資本公司的5億美元基金投資績效，而且這個投資機會不夠大到足以讓哈登寶嘗試說服他公司裡對Airbnb存疑的幾位合夥人。最終，哈登寶放棄了這筆交易。多年後，他仍然對此扼腕不已，他說，他當時未能認知到，很多投資人會被圍繞新創事業的興奮沖昏頭，那30億美元最終嚴重低估了Airbnb後來的價值。「你可能一整天犯下很多第一型的小錯誤，它們不會致命。但這是第二型的錯誤，你承擔不起的大錯誤。整個創投基金往往靠一筆交易而活，若你錯失這筆交易，就不是稱職的創投家，」哈登寶說。

儘管八月資本公司始終沒有投資Airbnb，切斯基仍然對那天和哈登寶的晚餐記憶猶新，因為那是他首次聽到「山沃兄弟檔」（Samwer brothers），不久，這群人將令他背脊發涼。

那天晚上吃牛排時，哈登寶告訴Airbnb的三位創辦人：「這事可能會發生，德國有個兄弟檔，他們很快就會看到Airbnb做得很出色，並在很短時間內募集一筆錢，創立一家公司複製你們。然後，他們會要你們買下他們的山寨版，他們將會把你們搞得很痛苦。」

Chapter **5**

以大數據與演算法為根基

Uber 如何征服舊金山

我們學到了這世界的運作方式，
但若你一直屈服，最終會被現實壓垮。
畏懼是一種病，
勇往直前是這種病的解藥。

——Uber 共同創辦人卡蘭尼克

約莫就在切斯基被警告要小心山沃兄弟檔的時候，在美國本土，有人纏上了卡蘭尼克及其新創公司 Uber 的一小群員工。

2010 年 10 月 20 日，四名穿著便服的執法官員來到 Uber，遞交第一份禁制令，引起內部一陣慌亂。蓋特把傳票拍照，傳給正在首輪資本公司開董事會的執行長葛雷夫斯。

葛雷夫斯走到會議室外打電話給蓋特，接著趕回公司，和卡蘭尼克、坎普以及投資人薩卡和海耶斯共同研商。禁制令揚言，該公司每仲介一趟載客，將遭罰款 5,000 美元，若繼續營運，每營運一天將判入獄 90 天。但是，他們究竟違反了哪條法律？在龐大、堅不可摧的舊金山官僚體制中，是誰在背後力阻這家正在快速拉攏當地科技界人士的新創公司？

相隔幾個街區外，在南凡內斯大街的舊金山市交通局辦公室內，林克莉絲緹安（Christiane Hayashi）正在計畫她的下一步。

推動創新 vs. 保障產權

在舊金山市高度效率不彰的計程車產業之中，身為舊金山市交通局計程車服務部主任的林克莉絲緹安，是最具影響力的人物。加州大學哈斯汀法學院畢業的她，曾擔任舊金山市法務處助理律師，負責推動環保法規和處理千禧危機。林克莉絲緹安對舊金山市激烈混戰的政治並不陌生。在這裡，政壇中的敵對派系爭戰不休，常有繪聲繪影的貪腐傳聞，任職舊金山選務處推動廢除傳統卡孔式投票的工作，尤其令她身心俱疲，林克莉絲緹安和另外兩名律師被指控資金管理不當，虛報工時計算表，但經特別調查委員會調查後，已還她清白。[1]

林克莉絲緹安說：「那次經驗使我意志消沉了好一陣子。」被證明清白後，她為了逃離舊金山市政圈，前往墨西哥恰帕斯州（Chiapas）的聖克里斯托瓦爾德拉斯卡薩斯城生活了幾個月，並在當地一間迪斯可舞廳的樂團當歌手。但是，她形容那間迪斯可舞廳是個容易失火、消防設備不全的可怕建築，在那裡每週唱六個晚上，比不上安全的辦公桌工作和安穩的政府年金。

2003 年，她在瓜地馬拉叢林徒步旅行時，巧遇一位舊金山市監事議會議員，又被說服回到舊金山。她先是在該市法務處代表舊金山交通局，繼而接掌遷入交通局裡的計程車委員會。她以為計程車事務會是有趣、悠閒的工作，但很快就發現，其實不然。「不久，計程車事務的複雜糾葛將會使選舉事務顯得像是小兒科，」她回憶道。

林克莉絲緹安仔細檢視舊金山市的計程車制度。在這制度下，等候計程車營業牌照的名單已累積了十五年，營業計程車數量設有上限，市中心和機場以外地區沒有計程車服務，人人都知道必須改變計程車法規與制度，但沒人有權同意該如何改變。2009 年，市長紐森（Gavin Newsom）要她大舉修改三十二年來不曾改變過的計程車牌照制度，制定一個仿效紐約市的拍賣流程，為市政府賺些錢。林克莉絲緹安擔心，拍賣制將導致多數司機付不起牌照，於是提出一套新規，把牌照價格提高到 25 萬美元，並為司機提供低利貸款，讓年紀較大的司機有一條縮減工作時數的路可走。

那些年，許多其他的修改提案都遭到計程車司機的激烈反對。在全美各地爆發的示威抗議，也在其他國家發生。任何想增加牌照發放數量的企圖，都會遭到計程車司機的阻攔，他們的理由是，這將導致收入減少、機場的計程車排班和觀光旅館外頭的街道更壅塞。他們也激烈反對強制在計程車上裝配信用卡讀卡機，因為交易費用得出自他們的荷包，而且他們的所得將一五一十被記錄而必須報稅。

林克莉絲緹安指出，小費的增加一定可以彌補這些，再者，乘客希望能夠以信用卡取代現金支付車資。司機開車包圍交通局大樓，鳴喇叭抗議，一名司機從車子天窗現身，高舉抗議標語牌，上面寫著：「林克莉絲緹安下台，別再侵害我們。」

林克莉絲緹安運用機智和個人魅力，應付反對改革的暴躁計程車業老兵，但這些戰役令她身心俱疲，她說，牌照和信用卡的紛擾不休嚴重打擊她，她開始覺得吃力不討好，「我總是開玩笑說，我的工作飯碗很安穩，因為沒人想要，」她說。「司機討厭我，因為他們的老婆不愛他們，他們的孩子不可愛，這全是我的錯。車行經理不喜歡我，因為他們不賺錢。任何管制都被嫌管得太多。」

多年後，林克莉絲緹安在其友人位於柏克萊的住家後院邊烤肉邊談這些，她現年五十出頭，從拉斯維加斯到此造訪朋友，她在拉斯維加斯的一個縣法院當書記官，居住於有山景的農場上。雖然已經恢復了幽默感，但要她回憶那些往事，一開始並不容易，因為任職交通局的那些年，是她人生中最艱辛的歲月。「在那工作上，我非常焦慮。這也是我如此喜愛無憂無慮的鄉間生活的原因之一，」她說。

各方利益，如何平衡

2010 年夏季，林克莉絲緹安辦公室的電話響起。此後四年，抗議的電話聲響沒停歇過。計程車司機非常憤怒：有一種名為 UberCab 的應用程式，讓禮車司機可以像計程車般營業。

根據法規，只有計程車能夠搭載在路邊攔車的乘客，計程車必須使用通過政府檢驗認證的跳表來計算車資；禮車和市內接送出租車則必須由乘客事先預訂，通常是乘客打電話給司機或是派車中心。Uber 並非只是模糊了這種市場區隔，而是用電子形式叫車，及使用 iPhone 做為費率計算表，完全把這種市場區隔給去除了。

林克莉絲緹安每次接起電話，那頭的計程車司機或車行老闆總是怒吼：「這不合法，妳為何容許它？妳打算如何處理？」她認識許多計程車司機和車行老闆，一直盡全力在他們的利益和大眾利益之間求取平衡，但結果卻是未能妥適照顧乘客或整個城市的制度。Uber 的出現，徹底攪亂整個戰場，「憤怒的計程車司機說的沒錯，」林克莉絲緹安說：「我們坐在這裡管制這些可憐的傢伙，完全漠視新的發展情勢。」

林克莉絲緹安清楚自己的權限，禮車和黑頭車服務的監管當局是州政府，不是市政府，但她看到一個可以切入的空隙：這家新創公司取名為 UberCab，從這名稱看來，它把自己行銷成一家計程車公司。她和監管禮車及市內接送出租車的加州公共事業委員會的執法部門討論，決定共同發出禁制令。在收到禁制函後，Uber 立即請求召開會議。

11 月 1 日，卡蘭尼克、葛雷夫斯以及 Uber 的外聘律師洛基（Dan Rockey）在交通局的會議室和林克莉絲緹安、其他的市府及州政府官員開會。這是 Uber 高階主管首次和政府官員面對面討論 Uber 服務的合法性，此後，這種討論將再上演無數次。葛雷夫斯回憶，他們當時很緊張：「我們無法預期會發生什麼事。」會前，Uber 團隊的共識是，開會時採取尊重、合作的態度。

但不知為什麼，會議進行得並不順利。卡蘭尼克事後說，加州公用事業委員會的官員態度比較理性，要求更多資訊，但林克莉絲緹安是「火爆、激怒、尖叫」。[2]

林克莉絲緹安說，她是態度尖銳，並沒有尖叫。她回憶，那些 Uber 主管的態度「很可惡」，卡蘭尼克尤其「傲慢」。「你們不能這樣做！」她告訴他們：「你們不能開一間餐廳，然後說不理會衛生局！」

她說，那天的會議沒有做出任何決定，那場會議「毫無意義」。但這話不全然正確，事實上，Uber 和市府監管當局的首次衝突，很可能改變了整個故事的後續發展。

副業變志業，卡蘭尼克的選擇

坎普花了近兩年的時間，嘗試說服卡蘭尼克對 Uber 事業投入更多心力。從歐巴馬就職大典的那個瘋狂清晨，到德州奧斯汀西南偏南節、夏威夷的 Lobby 研討會、巴黎的 LeWeb 研討會，坎普愈來愈確信可以實現用手機一鍵叫車的世界。那年秋季，卡蘭尼克每週在 Uber 工作幾天，和禮車車行簽約，主導和投資人的許多會談，在與林克莉絲緹安及其他監管當局官員會談時，Uber 這方大多由他代表發言。但截至此時，Uber 對卡蘭尼克而言，仍然只是個工餘計畫，這家新創公司的執行長仍是葛雷夫斯，但卡蘭尼克漸漸開始相信這個事業大有可為了。

自上一個全職工作之後，卡蘭尼克仍然處於自己所謂的「熄火期」[3]，戴著一頂很驢的牛仔帽，遊歷歐洲和南美洲各國；回到家，他把狂熱的專注力投入駕馭 Wii 網球和憤怒鳥之類的電玩。閒不下來的他，也投資多家新創事業，提供諮詢顧問，偶爾去演講，述說他身為創業者過往的躓踣。

坎普知道卡蘭尼克是經營 Uber 的理想人選，他的這個朋友喜愛鑽研複雜事業的細節，探索建立新創事業的神祕學問。因此，仍然被新近獨立的 StumbleUpon 公司纏身的坎普，持續敦促卡蘭尼克接掌 Uber，「我真心認為崔維斯應該接掌這個事業，」那年，他對 Uber 最早的顧問之一史帝夫・張（Steve Jang）說：「他應該快要就位了。」

和林克莉絲緹安等官員開會前不久，卡蘭尼克已經告訴朋友，他準備找份全職工作了，但未必是在 Uber。他提供顧問服務的另一家公司問答網站 Formspring，已經集資 1,400 萬美元，似乎準備要成為下一個大型社交網站，正在和他洽談接掌營運長一職。Formspring 的共同創辦人歐隆諾（Ade Olonoh）回憶，當時的洽談已經推進到向卡蘭尼克提供了這個職務，董事會也討論了他的薪酬待遇。卡蘭尼克告訴我，這是他當時考慮的幾個工作之一。

Formspring 是卡蘭尼克做為天使投資人所投資的十家公司之一，卡蘭尼克把自己塑造成矽谷年輕執行長的躬親導師，猶如電影「黑色追緝令」裡頭的「沃夫」（Winston Wolfe），可以涉入棘手狀況，幫助募集資金或談判交易。[4]「他善於處理艱難問題，當個催化者，願意且隨時能夠捲起袖子幹活，」歐隆諾說：「他很崇敬那些曾經幫助他公司的投資人，對於自己能夠成為這類型的投資人，很引以為傲。」

新創公司 CrowdFlower 提供平台，專門幫助企業把繁瑣工作外包給獨立工作者。卡蘭尼克發現了這家公司，並和該公司執行長畢華德（Lucas Biewald）建立起友誼。有兩年期間，他們每週固定交談數次。畢華德是卡蘭尼克的「腦力激盪房」常客，「他毫不吝惜幫助我，」畢華德說。卡蘭尼克提供很多關於如何應付投資人、聘雇高級主管、與潛在事業夥伴洽談等方面的訣竅，「人人都會給你意見，你應該詢問那意見背後的故事，那些故事向來更有趣，」卡蘭尼克這麼告訴畢華德。

Scour 的成與敗，新創家的淬鍊

1976 年次的卡蘭尼克，生長於洛杉磯聖佛南多谷市郊的中產階級北脊社區（Northridge），他的家在一條兩旁樹葉繁茂的街上，父親唐納德曾在美國陸軍服務兩年，後來擔任洛杉磯市的土木工程師，母親邦妮是《洛杉磯日報》的廣告業務員。

就讀格蘭納達丘高中（Granada Hills High School）時，卡蘭尼克是田徑隊隊員，專攻四百米接力，也擅長跳遠。[5] 一本高中年鑑上有張他跳遠時飛騰於空中的照片，右腿前伸，臉部專注緊繃，「我全力以赴，然後把一切留在場上，拋諸腦後，」他說。[6] 一年暑假，他開著 1986 年份的 Nissan Sentra 老車，向社區住家推銷總值兩萬美元的 Cutco 牌刀具，這個廚房用刀具品牌經常雇用學生挨家挨戶銷售。他的朋友有時會拿他開玩笑，經常對他的「銳利」裝扮評頭論足。[7]

對數字很有天分的卡蘭尼克，在大學入學學術能力測驗的數學部分獲得滿分，並且成為社區的數學家教老師，「我可以在八分鐘內做完三十分鐘的數學測驗，」他說：「做語文測驗部分時，我的肩頸總是痠痛，我得花上三十分鐘才能做完，十分緊張。但數學對我而言，則是易如反掌。」[8]

高中畢業後的那年夏天，他和同學的父親、隸屬於當地韓裔教會的男士，一起創立名為「New Way Academy」的 SAT 訓練公司。他們在那個教會打廣告推銷這些訓練課程，數百名孩子加入。於是，就讀加州大學洛杉磯分校大一那年，每個週六早

上，卡蘭尼克穿上白襯衫、打上領帶，教一門名為「超越 1500 分」的課程，這名稱對學生及家長而言是個賣點。多年後，他自誇：「我家教輔導的第一位學生，成績提高了 400 分。」[9]

卡蘭尼克大學讀電腦科系，仍然住在家裡。那是 1990 年代末期，那些志趣落在創業與電腦交匯處的人，難以抗拒網際網路的召喚聲，卡蘭尼克也不例外。讀到大四的 1998 年，他輟學了，和六名同學一起開發最早的網路搜尋引擎之一 Scour.net。這個約莫和谷歌同一時間創設的網站，讓人們可以搜尋大學網路上其他學生電腦裡的電影、電視節目、歌曲之類的多媒體檔案，當然，那些檔案大多是線上免費下載，違反著作權法。

該網站創立的第一年，《洛杉磯時報》、《華爾街日報》以及其他許多刊物都有報導這家公司，其用戶數也快速成長。這七名同學駐紮於靠近兄弟會宿舍的一間兩房公寓，吃住和工作都在那裡，「任何有衛生觀念的人若看到那公寓裡的景象，鐵定會嚇壞，」Scour 的共同創辦人、後來也加入 Uber 團隊的德羅吉（Jason Droege）說。

Scour.net 在大學校園很火紅，1999 年 6 月時，這個網站平均一天的瀏覽量高達 150 萬人次，此前的兩個月就有 90 萬造訪者登入。[10] 卡蘭尼克是這群創辦人當中年紀最長者，自封為這群程式設計師裡的企業人，擔任策略副總裁，負責開發投資人和媒體事業夥伴。德羅吉回憶，當時二十二歲的卡蘭尼克已經有馬不停蹄的傾向，電話講個不停，全心全意投入尋找有可能幫助這個年輕新創公司的人。

日後談到那些早年的創業經驗，卡蘭尼克說他是個向來「運氣很背」的創業者——辛苦多年，但似乎從未獲得任何突破，而那段艱辛史就是從這裡開始的，線上交易的西部拓荒年代。1999 年，Scour 準備從超級經紀人、前迪士尼副總歐維茲（Michael Ovitz）和購併超市投資大亨柏克（Ronald Burkle）那兒取得數百萬美元的投資。向以進取聞名的歐維茲想利用其他的網際網路事業來擴張他的電子商務網站 Checkout.com，因此企圖盡可能提高他在投資標的事業中的影響力，在雙方達成交易原則共識後，花了九個月時間談判。Scour 創辦人最終失去耐性，嘗試招攬別的投資人，歐維茲向洛杉磯高等法院控告 Scour 背信。[11]

雙方庭外和解後，歐維茲和柏克取得這家新創公司 51% 的股權[12]，這群年輕敏感的 Scour 創辦人，在這大聯盟的殘酷商場上學到了寶貴的一課。

儘管如此，Scour 旺盛成長，至少起初是如此。這些年輕創辦人搬遷到歐維茲在比佛利山莊的豪華辦公室，最終雇了七十名員工，在洛杉磯商場上受教育，閱讀歐維茲同僚給他們的書籍，包括《孫子兵法》、格林（Robert Greene）的著作《權力世界的叢林法則》（*The 48 Laws of Power*）。卡蘭尼克及其同事相信，他們能夠和這些股東一起創造出更有效率且更經濟的途徑，在網際網路上傳送多媒體檔案。當火紅的檔案分享服務公司網景把 Scour 的技術往前推進一步，讓人不僅能夠搜尋檔案，還可以把檔案來回傳遞時，Scour 快速迎頭趕上，推出自己版本的技術，名為「Scour Exchange」，讓人可以更容易免費交換音訊檔和視訊檔。

後來，好萊塢清醒了，覺察這類點對點檔案分享造成的影響，迅速採取打擊行動。卡蘭尼克及其同事和所有知名音樂及電影製作公司會面，以為這些會議進行順利。不料，2000 年 7 月，包括知名音樂及影片商在內的三十三家媒體公司，聯合把 Scour 告上法院，索賠 2,500 億美元。「這是一件偷竊官司，技術或許只是使偷竊更為容易，但這不代表提供此技術者合法，」美國電影協會會長瓦倫提（Jack Valenti）說。[13]

Scour 的盟友一個個避之唯恐不及，就連歐維茲都躲得遠遠的，卡蘭尼克後來聲稱，歐維茲當時叫一名同事威脅他，若他進一步把歐維茲的姓名和這件事扯在一起，小心性命。[14] 但歐維茲否認他曾經威脅過卡蘭尼克，並且在談到卡蘭尼克時，稱讚他年紀雖輕、卻是個談判高手。但是，歐維茲說，當產業聯合起來抗阻檔案分享時，卡蘭尼克沒能看清大局。

在 2015 年的一場科技業研討會中，歐維茲告訴我：「崔維斯不了解，我們投資 Scour 是個錯誤，我們沒有認知到這會在智慧財產界樹敵。若你被每一個憤怒的音樂和影片公司控訴，被世上每一個擁有智慧財產權的人控訴，你就應該注意了。崔維斯不為所動，但我不安極了。」

跟網景的律師一樣，Scour 的律師認為，該公司應該受到 1998 年通過的「數位千禧年著作權法」中的「避風港」條款保護。根據這些條款，網際網路公司不必為其用戶的行為與活動負責。這些律師辯護，Scour 並沒有寄存檔案內容，只是指出檔案內容在何處。但是，這家新創公司不可能指望它有能力對抗整個媒體產業結合起來的巨大力量，因此，它在 2000 年秋解雇絕大多數員工，並宣告破產，以規避訴訟。[15]「當時，我們學到了這世界的運作方式，」德羅吉說，「這跟你對或錯沒關係。」

在破產法庭上，經過十五分鐘的拍賣，Scour 的資產以 900 萬美元賣給一家沒沒無聞的奧勒岡州公司。[16] 當時年僅二十四歲的卡蘭尼克眼睜睜地看著他辛苦建立的一切，他輟學追求的夢想，被強而有力的公司和它們高價聘請的律師摧毀。

那種慘痛經驗，可以淬鍊、強化年輕創業者的性格，但過程也令人極為沮喪消沉。「實際結束事業後，我每天大概睡上十四小時。」卡蘭尼克在多年後這麼說。[17] 不過，他還是振作了起來，「基本上就是和現實奮鬥，若你一直屈服，讓自己處於失敗狀態，你最終會被壓垮。」他說。

Red Swoosh 把敵人變客戶

儘管遭遇這個挫折，卡蘭尼克拍拍身上灰塵，準備東山再起。[18] 他開始和 Scour 的共同創辦人陶德（Michael Todd）討論重建 Scour 背後的技術，賣給媒體公司幫助它們在線上傳送內容。在當時，頻寬仍然相當昂貴，每一 MB 大約 600 美元（現今寬頻連線每一 MB 約 1 美元），然而，點對點網路連結可以降低成本。他們為這家新公司取名為 Red Swoosh，紀念 Scour 原始的兩個半月形標誌。卡蘭尼克說，這是一個「復仇事業」，承認從中獲得一個滿足的諷刺，「其概念是相同的點對點技術，但我把那三十三家告我的媒體公司變成我的客戶，」他說：「現在，那些告我的傢伙要付錢給我了。」[19]

但實際上，這個事業發展得並不好。

卡蘭尼克試圖在 2001 年募集資金，當時正處於網路公司崩盤的谷底，矽谷宛如鬼城。在帕羅奧圖市的一間酒吧裡，一位創投家告訴他，所有軟體創新都已經完成了，沒什麼可發明的了。[20] 2001 年 9 月 11 日，他安排了在洛杉磯和波士頓的串流媒體業者阿卡邁科技的共同創辦人李文（Daniel Lewin）會面，李文搭乘那班美國航空 11 號班機，死於恐怖攻擊。

Red Swoosh 在洛杉磯西木區（Westwood）有間辦公室，全職和半職員工總共七人（大多是前 Scour 員工），也有一些付錢的顧客。但失敗氣味濃厚，其實打從公司創立伊始就可看出端倪。陶德和卡蘭尼克在經營策略方面有歧見，頻寬價格持續下滑，致使產品的吸引力降低。卡蘭尼克聲稱，陶德沒有正確預扣公司的薪資稅，而且試圖偷偷把工程團隊賣給另一家公司，把卡蘭尼克排除之外。[21] 陶德在爭吵下離開 Red Swoosh，他說卡蘭尼克的述說不實，但也並未抨擊他的昔日夥伴。

陶德加入谷歌工作，隨即雇用卡蘭尼克的最後一名軟體工程師，Red Swoosh 只剩下當時二十七歲的卡蘭尼克。他已經在父母家住了一年，經常沒有收入，尋求微軟、美國線上等公司的生意，最終全都落空。「想像每天聽到一百次拒絕，連續聽了六年，」多年後，他告訴我：「到後來，連朋友都說：『老兄，你得做點別的』。持續過著這樣的日子，真是孤單極了。」

卡蘭尼克嘗試了一些不尋常的事情來引起注意。2003 年，在霍桑市的洛杉磯郡書記官辦公室辦理護照時，他注意到外面停放了電視新聞採訪車，好奇之下，他詢問那些新聞採訪車為何會來到這裡，得知它們是來報導登記參選加州州長的潛在候選人，取代被罷免的現任州長戴維斯（Gray Davis）。自稱高中時代是 C-Span 有線電視頻道狂熱者的卡蘭尼克在好奇心驅使下，登記參選。接著，他花幾天時間，在家附近的荷摩沙海灘（Hermosa Beach）遊說拉票，向海灘上做日光浴的人講述他的檔案分享平台，試圖取得成為候選人所需要的一萬人簽名連署。他最終只獲得十五人的簽名，「我只有一些事蹟可以說，能說的東西不多，」卡蘭尼克回憶。

卡蘭尼克或許不認為自己是競選州長的料，但他固執的相信，他能夠使 Red Swoosh 運作起來。網際網路大亨庫班（Mark Cuban）認為，Red Swoosh 的事業概念有前景，儘管卡蘭尼克沒有正規員工，庫班仍然在 2005 年投資 100 萬美元，這筆錢足夠讓這個新創事業持續營運下去。「我稱那些年是我的血汗與拉麵的歲月，」卡蘭尼克說：「我總是深信我們所做的事。」[22]

新資本挹注後，接下來只剩一件事：搬遷至矽谷。卡蘭尼克在舊金山以南二十英里的聖馬刁（San Mateo）找了一間小辦公室，憑藉他的說服力和魅力，雇用了四名工程師。第一位加入的工程師是後來創辦雲端電腦公司 Expensify 的巴瑞特（David

Barrett），他說，卡蘭尼克完全誠實告知這個事業的現況，是個坦誠且很有說服力的人，他覺得卡蘭尼克的熱情具有感染力。「若你有一大堆資料，我們可以提供你傳送這些資料的方法，」巴瑞特說：「問題是，當時全世界只有三家公司想做這件事。」

欣喜於獲得了一些動能，卡蘭尼克在舊金山租了一個新辦公室，但得等一個月後才能搬進去。他不想坐等，於是把全公司的人帶到泰國，大家每天在咖啡館和一棟俯瞰峭岩聳立的萊莉海灘的房子裡工作十八小時，重寫 Red Swoosh 的程式。那是個生產力高的隱居時期，也是卡蘭尼克所謂的「工作兼度假」（workation）的第一次，他後來持續在 Red Swoosh 及 Uber 實行這個傳統。

回到舊金山灣區，卡蘭尼克從那家後來沒投資於 Airbnb 的八月資本公司募集到更多資金，接著開始為 Red Swoosh 尋找一個體面的退場。他再度發揮銷售員技巧，找到西雅圖的衛星電視服務供應商 EcoStar 成為客戶，繼而在 2007 年以 1,870 萬美元，把整個公司賣給阿卡邁科技，外加一條約定：若 Red Swoosh 達成一定業績目標的話，他還可以獲得一筆報酬。[23] 以矽谷的標準來看，這個售價甚低，但對卡蘭尼克而言則是如釋重負。這讓他在歷經六年的消沉及沒沒無聞的艱辛耕耘後，終於有幾百萬美元落袋。「早在出售之前，他大可放棄的，也應該如此。這收穫是他應得的，」八月資本公司的霍尼克（David Hornik）說。

卡蘭尼克熬過人生中最艱辛的經驗，蛻變得比以往更千錘百鍊，更目空一切。約莫此時，他和幾名友人去舊金山的一家夜總會，一行人中包括網景的共同創辦人、臉書的投資人帕克（Sean Parker）。那晚聚會結束時，已經喝醉的卡蘭尼克在夜總會外頭等候朋友，一名專橫的保鑣叫他移步，別擋住入口，卡蘭尼克移了幾步，「再移，」保鑣命令，卡蘭尼克再移一小步，「再移，」保鑣語帶威脅。「我又沒違法，你告訴我，我哪裡違法了，」卡蘭尼克回嘴。

一名附近的警察抵達時，那保鑣正試圖強制移開卡蘭尼克，後者則是雙手緊抓著一根停車計時桿，頑強抵抗。警察以阻擋人行道為由，逮捕卡蘭尼克，他在拘留所待了八到十小時，帕克後來得知，繳了 2,000 美元，把他保釋出來。[24]

「畏懼是一種病，硬著頭皮前進是這種病的解藥，」幾年後，在芝加哥舉行的一場新創公司活動中，卡蘭尼克這麼說[25]。「你在 2001 年創立了一家公司，很幸運，是吧？你不能仰賴資金，不能仰賴銷售，不能仰賴任何東西，只能瘋狂硬著頭皮前進，只能咬緊牙關，艱辛扒出一條邁向成功之路，這絕對不容易，」他說。

為了紀念賣掉 Red Swoosh，卡蘭尼克買了一雙襪子，在上頭繡上他的新箴言：「流血、流汗、吃泡麵」。

卡蘭尼克的狼性戰鬥法

現在，他必須做出決定。他的朋友坎普想要他接掌 Uber，但 2010 年時的 Uber 只是一家小公司，有幾名員工，有數十名舊金山的禮車司機使用這個平台，擴張計畫沒什麼進展，它的標語「人人是私人司機」傳達的是奢侈與獨享，不是訴求大眾市場。此外，卡蘭尼克不願取代葛雷夫斯，或至少他夠聰敏，知道在這個祖克柏之類受崇敬的創辦人當道的年代，當投資人把原執行長趕下台時，矽谷往往會以懷疑眼光看他。

在當時，Uber 有其他令他感興趣的面向，那是正在向他招手的、規模更大的問答網站 Formspring 所沒有的。Uber 是一家以複雜數學為根基的公司，它的最大挑戰是設法在交通尖峰時刻吸引更多司機，讓車子進入需求最高的地區，然而卡蘭尼克已經對這家新創公司在應付這挑戰上的表現感到沮喪。Uber 有資料數據可以做出這類先見決策，事實上，該公司的創辦人及董事會成員已經漸漸覺察，Uber 將比史上任何一家公司擁有更多有關人們在城市裡如何移動的資料。

「骨子裡，我是個工程師，數學與演算法左右一切，」幾年後，卡蘭尼克這麼告訴我：「我最快樂的地方，就在諸如此類的複雜事物之中。」

Uber 的財務績效看起來也有前景，該公司正呈現一種名為「負顧客流失率」（negative churn）的奧祕現象：加入此服務的使用者很可能繼續使用此服務，且逐漸增加使用頻率，而非離開這服務。換言之，顧客一旦加入 Uber，就會變成類似高收益存款帳戶，一個顧客的終身價值似乎無法估量，也可能是無限的。根據該公司內部的一個早期估計，當某人註冊成為用戶，在可預見的未來，一個月帶來的營收約 40 或 50 美元，利潤約 8

到 10 美元。「這如同一部恆動的機器，雖無法永不停止的運作下去，但乘客的花費增加率大於我們的顧客流失率，」卡蘭尼克在那年給其他投資人的一封電子郵件上這麼寫道。

這樣的數字在新創公司很罕見，可以吸引可觀的新融資，助長快速擴張。Uber 可能是可以讓卡蘭尼克盡情發揮才能、經驗及雄心抱負的事業。

不過，光是這些還不足以令卡蘭尼克心動。在那年秋季的演講中，他仍然稱自己為「新創事業的軍師」及「狼性的代表」（the Wolf）。[26] 後來，發生了那場和林克莉絲緹安的火爆會議。

那場會議把卡蘭尼克推回那熟悉的新技術與過時舊方式之間的激烈戰役裡，接下來幾星期，他持續向董事會稟報與市府當局談判的最新進展。Uber 必須停止把自己行銷為一家計程車公司，但這一點是很容易做到的讓步，那張禁制令下來之前，公司創辦人就已經決定要把 UberCab 改名為 Uber。投資人薩卡正在和擁有 Uber.com 網址的環球音樂集團（Universal Music Group）談判，打算以 2% 的股權（當時約值 10 萬美元）買下這個網址。環球音樂集團也獲得 Uber 的承諾，若這個新創事業不成功，就把這個網址還給該集團。

加州公用事業委員會希望 Uber 註冊成為一家禮車公司，或是一個特許宴會運輸業者。但 Uber 的律師認為，這家公司可以主張它只不過是司機和乘客之間的仲介者，並非實質的車隊營運商。他們說，Uber 不是禮車公司，就如同 Orbitz 或 Expedia 不是航空公司。2010 年底做出的後續裁決中，加州公用事業委員會同意了，因此，Uber 從未停止營運。Uber 的主張勝出，這令林克莉絲緹安很錯愕。在此之前，她一直嘗試爭取舊金山市法務處授權她管制這家新創公司，但未能成功。

卡蘭尼克後來說，Uber 在舊金山的第一場仗使他更加深了對這家公司的信念，他扮演更積極的領導角色。「對我來說，那一刻，不論基於什麼理由，我知道這是一場正確而該打的仗，」他在 2012 年這麼告訴我。在一場科技播客中，他說，和交通局的戰役使他想起他在點對點技術領域的所有訴訟與衝突，「好消息是，我以前遭遇過這個，」他說：「我心想：『天哪，我有應付這個的戰術，咱們來做這個吧，』那種感覺就像返回熟悉的家。」[27]

和林克莉絲緹安開完那次會後，卡蘭尼克花幾星期，和坎普及 Uber 的天使投資人薩卡及海耶斯，談判他擔任執行長的酬勞。他主張若他接掌執行長的話，他的股權必須從身為創辦人暨顧問的 12% 提高到 23%，但他沒有解釋他的理由。其他董事會成員不願稀釋他們的股權，但最終默許，「我為 Uber 做過的事當中，最棒的一件就是，在和崔維斯的談判中持完全同意立場，」首輪資本公司合夥人海耶斯說。

最終，卡蘭尼克親自告訴葛雷夫斯這個消息，把它說成是一種夥伴關係，彼此更密切共事的機會。葛雷夫斯這位 Uber 的第一任執行長，就算對此降職感到憤怒或失望，也隱藏得很好，「我當時首先思考的是，我能從這經驗中學到什麼，」他回憶。他的頭銜改為總經理，後來改為營運副總裁。他回憶，當時他告訴卡蘭尼克：「只要是維持夥伴關係，不感覺像是一份工作，我可以接受，我來這裡不是為了謀份工作，吸引我來這裡的原因，是可以經營一家公司，只要繼續維持這個，怎樣都行，我信任你。」

他們在 2010 年 11 月 23 日簽好最後文件，一個月後在科技部落格宣布這個消息。[28] 葛雷夫斯在 Uber 網站寫道，卡蘭尼克以全職身分加入團隊，令他「超振奮」，這個名詞後來成為 Uber 員工彼此間的一個激勵箴言。卡蘭尼克則是表達了他曾在 Scour 及 Red Swoosh 展現的硬頸熱情與雄心，「最重要的是，我現在全心全意投入 Uber，」他寫道：

我將竭盡全力，奮鬥不懈使 Uber 進軍美國和世界各大城市。然後呢？乘客對計程車的失望將會降低，都市運輸的可靠性、效率、負責及專業水準全都會提高。Uber 進入的每一個城市，將變成更好的地方。若你生活於一個有 Uber 的城市，你的交通運輸體驗將永遠改變。當這種改變到來時，你將會讚歎，太 Uber 了。

「我想，你這回抓到老虎尾巴了！」

林克莉絲緹安槓上 Uber 一事還有另一個意外後果：這個年輕的新創公司在矽谷的科技部落格上名氣暴增。再加上原本已有的好口碑，Uber 的乘客數量開始每月成長 30%。

該公司暫時遷入首輪資本公司在當地的辦公室。他們使用了那裡的手足球檯，以及其他的創投資本公司員工福利設施。每隔幾天，卡蘭尼克帶著新數據，昂首闊步的去見海耶斯。有一次，他跑進來宣布，一小時內完成了 35 趟載客！這是新高紀錄！「我記得，我當時看著崔維斯，說：『老弟，我想，你這回抓到老虎尾巴了，我想，這事業真的有搞頭，』」海耶斯說：「崔維斯只是看著我，露出淘氣笑容。」

卡蘭尼克現在準備全力投入另一個創業旅程了。他停止他的天使投資活動，縮減對其他新創公司提供諮詢服務的時間，甚至和交往已久的女友分手。他向一名吃驚的同事說：「我發現，我對這家公司的熱情勝過我對她的熱情。」對於競爭對手，他也展現了他的好鬥性格，這是未來種種衝突的預兆。他的一位友人向他指出，有個潛在競爭者在推特上批評 Uber，他在回應這位友人的電子郵件中寫道：「他們將會因為種種錯誤理由，進入我所見過最複雜的事業之一，他們將會嚴重低估我對他們的痛擊。」他並在信末寫著：「流著 Uber 的血。」

不過，卡蘭尼克首先得處理 Uber 的一些早期問題。在當時，Uber 的應用程式向乘客展示其所在地區有多少可以載客的 Uber 車。但太常發生的情形是，乘客開啟應用程式，看到附近沒有空車（Uber 創辦人開始稱此狀況為「零」）。這種狀況令卡蘭尼克和坎普很惱怒，在他們看來，這不符合「Uber 體驗」。為了解決這問題，Uber 必須增加新司機，預測需求高峰將在何時何地出現，隨即鼓勵司機湧入那些社區。

一家靠大數據來運作的公司

為此，Uber 的整個識別必須改變。卡蘭尼克察覺，Uber 其實不是一家提供奢華載客服務的生活型態公司，儘管「人人都是私人司機」這個座右銘傳達著這樣的訊息。他認為，這是一家科技公司，必須變得非常熟稔於它內部衡量標準，「這是一家必須靠大數據來運作的公司，」他告訴同仁。

卡蘭尼克增聘員工，12 月時，他雇用了一位新的系統工程總監，也就是他在阿卡邁科技公司結識的錢伯斯（Curtis Chambers）。錢伯斯上任後，開始設計一套新的派車系統，取代薩拉札設計、工程師惠藍努力拼湊維持著的原始系統。

Uber 的高階主管應付需求的起伏變動。運用新系統後，他們開始可以清楚看到，城市交通量每天、每週以及每季的起伏變化。萬聖節的需求量大，而感恩節的需求量低（因為人們待在家裡）。在耶誕節假期期間，他們預期跨年夜將出現需求高峰，於是他們首度嘗試設法使供需平衡，盡其所能的招募更多司機，把跨年夜的費率提高為平時的兩倍。Uber 也推出抽獎活動，提供一些乘客 VIP 資格的獎項，讓他們可以固定適用平時費率，並給予他們一些 Uber 車的專用權。然後，卡蘭尼克和一些工程師前往洛杉磯的瑪麗娜戴爾灣（Marina del Rey）觀察實況，那是 Uber 的第一次「工作兼度假」。

結果，伺服器負荷過大，服務時斷時續，應用程式迫切需要升級，第一次的跨年夜試營並不怎麼順利。但這是 Uber 邁入一條新途徑的開端，也是一條引發爭議的途徑——以浮動價格來應付起伏的需求。

邁入 2011 年伊始，卡蘭尼克構想另一個大行動。該是 Uber 展開 A 輪資金募集的時候了，他特別希望能招攬一個投資人：基準資本公司合夥人葛利。

葛利在種子輪募資就已經表達入股興趣，但未能說服其他合夥人。自那以後的九個月期間，他密切追蹤 Uber 的發展，這名前佛羅里達大學籃球校隊隊員說，這是：「在籃框邊打轉。」葛利嗅出 Uber 是個把交通運輸帶到線上平台的商機，就如同 OpenTable 在線上整合餐館，Zillow 提供房地產出售線上平台，因此他很積極。他和薩卡前往特拉基鎮（Truckee）自行車遊，談論這家公司。然後，在深夜開車北上舊金山，在 W 飯店的酒吧和卡蘭尼克談了兩小時，商議出可能的交易條件。

葛利辨識出一個大好機會。他很幸運，曾經嘗試入股 Taxi Magic 和 Cabulous，但沒成功，設若當時投資了這兩家 Uber 的競爭對手，後來就不可能入股 Uber 了。現在，他認知到，免受計程車業管制與價格限制的 Uber，是塊更大的餅。

基準資本公司差點因為一個玩笑，而毀了 Uber 這樁交易。卡蘭尼克和基準資本公司安排了會面，前往會面之前，他去門洛公園市造訪位於沙丘路的紅杉資本。在等候卡蘭尼克時，葛利和合夥人柯勒（Matt Cohler）檢視 Uber 應用程式，看到一英里外的紅杉資本門前有部 Uber 車，因為 Uber 當時還未在矽谷營運，他們猜想這部空車應該是載卡蘭尼克的，柯勒用他手機上的 Uber 應用程式叫了這輛車。當卡蘭尼克步出紅杉資本時，這部車已經不在了，他必須穿著皮鞋跑往基準資本公司，到達時不僅遲到，還滿身是汗。那天晚上，該公司送給卡蘭尼克一雙跑鞋，「我不知道我們當時怎麼會認為那是個好點子，」葛利回憶那個惡作劇時說。

卡蘭尼克沒有對這惡作劇懷恨在心，基準資本在 A 輪投資 1,100 萬美元，以股權換算，這家新創公司估值達到 6,000 萬美元。曾在這輪募資考慮投資、但最終放棄的其他創投公司如紅杉和巴特利創投（Battery Ventures），要不是低估了這個機會的規模，就是低估了這位新執行長的毅力。「Scour 和 Red Swoosh 很艱辛，」葛利說：「但突然間，他背後吹起了一點順風。我常覺得，他似乎認定了，把 Uber 經營好，創造出最大價值，是他對這個世界的科技創新應盡的義務。」

卡蘭尼克這位好鬥的執行長，在歷經過往創業失敗之後，很想有一番作為。葛利這個經驗豐富的投資人，深切了解建立一個全新網路市場的益處與挑戰。這兩人結合起來，就是個強有力的組合。有了新資金後，這兩人意見一致：Uber 必須立即做一件事，那就是從舊金山向外擴張，進軍全球的各大城市。

第二部

建立王國

既得利益者不會為你改變世界，
能翻轉你未來的，只有你自己。

Chapter 6

信任是新經濟貨幣

Airbnb 在兩陣線作戰

那些事件，讓我們學會負責；
如果不能負責，就沒有人願意相信你。
直到 2011 年，我才真的成為一個企業 CEO，
經營 Airbnb，不是只為公司募資、擊退對手，
最重要的是，贏得顧客的信任。

——Airbnb 共同創辦人切斯基

金融危機後，籠罩矽谷的陰霾在 2011 年開始逐漸消散，1 月時，宣布用戶數已經超過 5 億的臉書領頭，從高盛集團領軍的一群投資人那裡募集到 5 億美元。5 月時，專業人脈網站 LinkedIn 公開上市，市值達到 40 億美元。

雖然這個名詞要再幾年後才會出現，但這時已經是所謂的「獨角獸時代」（the age of unicorns）——這獨角獸指的不是奎里的那部 2003 年份白色林肯轎車，而是指那些估值超過 10 億美元的科技新創公司。[1] 那一年，串流音樂服務平台 Spotify、雲端儲存公司 Dropbox、支付服務新創公司 Square，全都成為大家都想加入的俱樂部成員。[2]

樂觀的氣氛再度彌漫，並伴隨一個信念：現在時機正好，有潛質的新創公司可以搭上這波科技匯流的大浪潮。

豐沛資本為這思潮的改變提供了潤滑劑。儘管債券市場低迷，股票市場沒生氣，但創投家到處宣揚先前一代新創公司帶來多麼豐厚的報酬，這些新創公司仍然可以用快速成長與創造財富的美好夢想來吸引投資人。俄羅斯創投家、數位天空科技投資集團（Digital Sky Technologies）創辦人米爾納（Yuri Milner），幾年前對臉書公司投資了 2 億美元，取得 2% 股權，當時被大大嘲笑了一番。但到了 2011 年 3 月，他在加州洛斯奧圖斯山莊買下一棟俯瞰舊金山灣全景的十八世紀法式城堡風格豪宅。在矽谷，這就是通往笑傲市場的途徑。

然而，在一般觀察者眼中，民宿網站 Airbnb 看起來不像能夠搭上這股浪潮，更遑論匯入這股巨浪。那年的一開始，Airbnb

的員工仍然擠在舊金山市場南區第十街的辦公室裡，室內手機收訊效果很差，外頭街邊有不少遊民紮營。這家新創公司幾乎全由它的共同創辦人以三頭執政方式運作，其中兩人大學讀的還是設計系。

社群的力量，讓小概念變大事業

事實上，Airbnb 的生意正開始興隆。成長駭客布雷卡齊克設計的行銷活動驅動了飛輪，切斯基和傑比亞講述的公司歷史饒富趣味，媒體大肆報導，把輪子催得更快速了。愈來愈多房東把各式各樣的住屋張貼到這個網站上，有加州威尼斯海灘的兩房住屋、法國南部的城堡、北加州的樹屋、哥斯大黎加的退休波音 727 客機機身改裝的住屋⋯⋯。[3] 因為房客是旅行者，所以口碑傳得快，而且散播全球，猶如強有力的冬季流行性感冒。

3 月時，執行長切斯基受邀前往投資銀行艾倫公司（Allen & Company）在亞利桑那州舉辦的一場科技研討會演講，他講述 Airbnb 傳奇起源，從設計大會到早餐穀物盒的奇招，令聽眾如痴如醉。幾個月後，他受邀參加這家投資銀行在愛達荷州太陽谷進行的富人名流年度聚會，和歐普拉、巴菲特、比爾．蓋茲等名人齊聚一堂。他向女演員甘蒂絲柏根解釋住家出租概念，他回憶，當時他不停想著：「墨菲布朗（Murphy Brown，譯註：甘蒂絲柏根在電視影集「風雲女郎」中飾演的角色）來找我了，墨菲布朗知道 Airbnb 耶。」切斯基說：「那就像飛機愈飛愈高般的美妙感受。」

5 月時，切斯基首次和卡蘭尼克見面。他們受邀前往紐約市參加 TechCrunch Disrupt 研討會，在「顛覆線下事業」（Disrupting Offline Businesses）的小組座談會中，切斯基和卡蘭尼克受邀一起上臺。自從葛雷夫斯在 2010 年邀請他喝咖啡、諮詢他經營新創公司的建議後，切斯基就成為 Uber 的粉絲，他也把 Airbnb 的員工變成 Uber 的愛用者。卡蘭尼克曾經想過創立一個民宿出租平台事業，還想好了「Pad Pass」這個名稱。所以，這兩人有很多可聊的。研討會前一晚，卡蘭尼克突然發了一封電子郵件給切斯基，提議兩人「一起動動腦」，於是，兩人在曼哈頓城中區共進晚餐，切斯基覺得卡蘭尼克人很隨和文雅。

但隔天，兩人一起受訪時，穿著粉紅色襪子的卡蘭尼克卻變成一個咄咄逼人、自以為是的人。活動主持人、TechCrunch 總編輯尚菲爾德（Erick Schonfeld）詢問切斯基關於 Airbnb 正在進行的大規模集資，將使它的估值達到 10 億美元，躋身獨角獸行列的相關報導，切斯基回答：「抱歉，無法置評。」

「你為何要否認 10 億美元價值呢？」卡蘭尼克插話，邊用他的拇指敲著他的大腿：「就承認吧。」（Uber 當時的估價只有 6,000 萬美元。）

切斯基斜眼對卡蘭尼克投以難以置信的一瞥。

在臺上，尚菲爾德提到，這兩位執行長安全熬過了和地方政府的初步糾纏。Uber 在舊金山收到的禁制令已經被撤銷了，但卡蘭尼克仍然為了戲劇效果而誇大它，他說：「我想，我已經有兩萬年的牢飯在等著我，」臺下聽眾用力鼓掌。切斯基大概考慮到研討會外的聽眾，堅稱：「地方政府的態度基本上是支持 Airbnb 的。」[4] 對於紐約州最近通過立法，禁止紐約市市民出租住家少於三十天，切斯基輕描淡寫帶過。

這兩人其實有很多相似點。當時三十四歲的卡蘭尼克和當時二十九歲的切斯基都是重振矽谷樂觀主義的先鋒，他們有信心、有魅力，沒有覺察和競爭者及監管當局之間的衝突正隱約逼近。當世界向他們開放，他們積極進取的追捕機會。

雖然切斯基在研討會上不肯承認，但他的確已快完成新一輪的龐大資金募集，他在那年春天就已經開始尋求新資本，投資人的興趣濃厚。當時，Airbnb 平台的訂房數量每個月成長 40% 至 50%，TechCrunch 說它是：「新創業界的爆冷成功。」[5] 在 A 輪集資中放棄的安德森賀羅維茲創投公司，在這 B 輪的激烈競爭中擊敗其他一級創投公司，成為這輪投資的領軍者，其他在這輪入股的投資人還包括米爾納的數位天空科技投資集團、亞馬遜創辦人貝佐斯的個人投資基金、演員艾希頓庫奇（Ashton Kutcher），總計募得 1.12 億美元，使 Airbnb 估值達到 13 億美元。

主導這輪投資的是安德森賀羅維茲創投公司的合夥人喬丹（Jeff Jordan），這位前 eBay 資深副總裁早前將 Airbnb 稱為：「這是我聽過最蠢的事業概念。」後來，在艾倫公司舉辦的研討會上察覺 Airbnb 與 eBay 的相似性時，從座椅上跳了起來。

「社群已經把一個小概念變成一個巨大事業，就像 eBay 一樣，」喬丹說。

儘管樂觀，喬丹及其他合夥人仍然指出關於 Airbnb 的幾個潛在風險。

在安全性上，若房客搗毀承租的房屋或公寓，怎麼辦？

在國際競爭上，會不會有外國的創業者複製這個網站呢？

在管制上，各地城市會繼續容許房東在不受監管下，出租他們的住家嗎？

在招募主管上，切斯基、傑比亞和布雷卡齊克以三頭執政方式經營這公司，這種安排無法持久，他們是否能夠找到他們信賴的新主管呢？

後續發展很快就會證明，這些疑慮全都正確。「我們的投資全都有風險，所以才會被稱為風險性資本，」喬丹說：「這個事業顯然有很不錯的前途，但也有其複雜性，切斯基知道那複雜性是什麼。」

最迫切的疑問是，這個年輕的執行長是否已做好準備。

山寨版來襲

那年春天，Airbnb 的工程師注意到，該公司的網站和行動應用程式上出現不尋常的活動，有自動軟體程式造訪這個網站，偷偷蒐集或扒取房東張貼的個人資料。不久後，他們開始聽聞 Airbnb 的歐洲地區房東接到別的民宿出租網站的電話、電子郵件，甚至是業務員親自登門造訪。Airbnb 很快就認知到這是怎麼回事：山寨版來襲。

多數成功的網路新創事業都會遭到世界各地的投機創業者複製，Airbnb 也不例外。第一個山寨版名為 9flats（該公司的標語是：「別再當個觀光客，把世界當成你家」），出現於 2011 年 2 月，位於德國漢堡，由烏倫巴赫（Stephan Uhrenbacher）創立，他也創立一家名為 Qype 的公司，複製美國的消費者評價網站 Yelp。2011 年 5 月，烏倫巴赫為 9flats 募集了約 1,000 萬美元的創投資金，他說他也想在線上旅遊業成為一個「全球業者」。[6]

另一個山寨版在 2011 年 4 月創立，對 Airbnb 的衝擊更大。這家公司 Wimdu 位於柏林，創立、出資及經營者是令人聞風喪膽的山沃兄弟檔，就是切斯基先前被警告要注意的德國三兄弟。Wimdu 網站幾乎完全拷貝 Airbnb，包括其淡藍色設計，以及搜尋列上詢問：「你想要去哪？」只些微不同於 Airbnb 的：「你要去哪？」更厚顏無恥的是，Wimdu 在首頁最下方說，CNN 及《紐約時報》都有報導這個網站背後的「事業概念」，但實際上，那些報導寫的是 Airbnb，不是 Wimdu。

山沃三兄弟：馬可、奧立佛、亞歷山大，當時年近四十，生長於德國科隆，父母都是企業律師，有自己的律師事務所。三兄弟從小感情好，總是尋求新途徑，結合運用他們的才能。取得學位後（馬可讀法律，奧立佛和亞歷山大讀管理），三人前往矽谷，在第一代網路公司裡謀得工作，但他們志不在進入美國科技業展開職涯，而是去那裡觀察與學習。1999 年返回德國後，他們創立了一個德語版的拍賣網站 Alando，相貌及營運模式都仿似 eBay。Alando 在德國站穩四個月後，eBay 以 4,300 萬美元買下它，使山沃兄弟成為富豪，但這只是開始而已。

接下來十年，山沃兄弟創立及投資於複製臉書、eHarmony、推特、Yelp、Zappos 及 YouTube 的公司，再逐一賣掉它們（往往是賣給被他們複製的公司），賺了數十億美元。他們對這種作為毫不感到羞愧，他們說，「汽車不是 BMW 發明的」，重點在於執行，端視你如何建造和營運一個新創事業。[7] 他們工作賣力，穿梭全球各地，雇用人員，快速達成交易。他們的獨特工作習慣，是出了名的。馬可搭機長途飛行時，為了運動，他會在座椅上躺平，做三十分鐘空中踩腳踏車動作；奧立佛旅行世界各地時，只帶一只小公事包，裡頭只有一套內衣褲和一件乾淨的襯衫，每天早上在飯店浴室洗當天不穿的衣服，掛在浴室晾乾。

山沃兄弟把軍隊裡的虛張聲勢及戰鬥術語，帶進網路創業的藝術裡。在 2011 年給他們的新創事業育成公司 Rocket Internet 同仁的一封電子郵件中，奧立佛以他慣有的誇張英語，對正在建設一個傢俱銷售網站的同仁寫道：「必須明智選擇發動閃電戰的時機，所以，每個地區都要用血告訴我，時機到了。……現在是決定我們將以死換得勝利或是放棄的時候了……，我不接受任何的驚訝意外，我要你們周詳計畫與確認，你們必須用你們的血簽名保證。」[8]

這封電子郵件被披露給 TechCrunch，奧立佛對這語氣和使用德國軍史中惡名昭彰的術語致歉。

面對山沃兄弟的山寨版競爭，多數美國新創公司既恐懼又無奈，結論認為與其對戰，不如收購。創立 Wimdu 的一年前，山沃兄弟創立了一個酷朋山寨版，名為 CityDeal，以來自 Rocket Internet 的 2,000 萬歐元為它撐腰，快速把它變成歐洲知名的限時折扣團購網站。CityDeal 和另一個歐洲的山寨版 DailyDeal 激烈競爭，根據《彭博商業周刊》記者溫特（Caroline Winter）對山沃兄弟的報導，他們對 DailyDeal 的許多員工招手，以升遷和加薪引誘他們跳槽 CityDeal。[9] 他們也散播謠言，說 DailyDeal 瀕臨破產。奧立佛並未對這些伎倆致歉，他告訴溫特：「我想，這些都是合法的競爭手段。」

酷朋在 2010 年以約 1.26 億美元收購 CityDeal，並讓山沃兄弟留下來繼續經營，這決策後來證明大錯特錯。在酷朋於 2011 年公開上市後，由山沃兄弟經營的這個歐洲事業單位長期存在技術性問題，又從每天發送一封電子郵件改為發送兩封，導致顧客疏遠。酷朋的一名高階主管指出，奧立佛和酷朋執行長梅森（Andrew Mason）為了是否該每天發送多個訊息給顧客這點，爭論不休；每天兩次限時折扣，固然能夠創造更多營收，但會降低新奇性和交易品質。梅森在 2013 年被炒魷魚，有部分是因為和這個歐洲事業單位持續齟齬。

切斯基在 2011 年春得知 Wimdu，這個山寨版成了他這一年面臨的巨大挑戰。注意到這個新競爭對手的幾星期後，他接到奧斯瑞（Guy Oseary）的電話，B 輪的集資中，奧斯瑞和艾希頓庫奇共同投資 Airbnb。奧斯瑞是多位知名音樂藝人的經紀人，例如瑪丹娜、U2 樂團。奧斯瑞告訴切斯基，山沃兄弟中的奧立佛想找他談談。

切斯基打電話給奧立佛，奧立佛的語氣很冷淡，堅稱他想自己經營Wimdu，但又說他可以立即飛到舊金山，面對面商談。

一切發生得太快，幾天後，Airbnb 三位創辦人和投資人麥卡杜、霍夫曼，在芬維克魏斯特律師事務所（Fenwick & West LLP）與奧立佛見面（Airbnb 位於第十街的辦公室太寒酸了，所謂的會議室並無隔音效果）。見到奧立佛只提著一個筆電袋，直接從機場來到律師事務所，切斯基甚是驚訝，「我記得當時心想，我從未見過一個旅行至海外的人沒帶換洗衣物的，」他說。

奧立佛很自信的展示 Wimdu 網站、一個針對中國市場的姊妹網站「愛日租」（Airizu），以及一份發展計畫，打算在世界各國雇用四百名員工與經理人。當時 Airbnb 三位創辦人仍然在面試和討論每一個應徵員工，細心評估他們的「文化合適度」；Airbnb 當時在舊金山只有二十幾名員工，在世界各地也只有數十名員工處理客服事宜，他們大多在自己家裡工作。

奧立佛提議 Airbnb 和 Wimdu 形成「夥伴」關係，但弦外之音很清楚：市場競爭已開戰，他拿著上膛的槍，指著 Airbnb 的腦袋，贖金是兩家公司合併。「我們全都驚訝的彼此對看，那情景令人難忘，」切斯基回憶。

會議結束，和奧立佛在星巴克喝完咖啡後，Airbnb 的三位創辦人坐下來討論這樁交易的可能性。切斯基詢問傑比亞和布雷卡齊克的意見，他想尋求共識，但他們拿不定主意。他們知道，一個具有宰制力量的民宿出租服務平台必須全球化，不論旅客旅行至何處，都能在這平台上獲得最豐富的多樣化宿處選擇。他們也知道，奧立佛的價值觀和設計鑑賞力與他們不同，也沒有建立一個緊密連結的社群願景。此外，奧立佛非常冷酷無情，他們私下給他取了個綽號「將軍」（the General）。

為了蒐集更多關於這個可怕對手的情報，幾週後，三位創辦人和董事會成員麥卡杜飛去柏林，造訪 Wimdu 辦公室。走進這位於米特區（Mitte District）工廠改裝的辦公室，裡頭景象令切斯基驚呆了：一排排的員工（大多二十歲出頭）並肩坐在辦公桌前，悶熱得揮汗如雨，沒有風扇，名副其實的血汗工廠。

奧立佛帶他們參觀。在許多台電腦上，他們看到 Wimdu 和 Airbnb 網站並排呈現於網路瀏覽器上，「我們就是這樣做的，」奧立佛毫不羞愧地告訴他們，「你們美國人創新，我和我的螞蟻雄兵，則是快速建造優異的營運。」奧立佛還告訴他們，Wimdu 已經從 Rocket Internet 和其他的歐洲創投公司那裡集資 9,000 萬美元，已經比德國的 Airbnb 大九倍。[10]

結束參觀後，三位創辦人和麥卡杜去吃晚餐，接著整夜在附近的 Airbnb 辯論他們的意見。切斯基再度企圖尋求一個共識，並確保一切圓滿。但他們陷入困境，一方面，他們無法既和山沃兄弟合作又忠於他們自己的價值觀；另一方面，若不在歐洲快速招募人員，建立當地營運，他們將無法對抗這三兄弟。他們也不能就這麼呆坐著，「我們得離開柏林，做我們在這趟旅程之前沒計劃要做的事，」麥卡杜回憶他當時這麼告訴三位創辦人。

選擇之一是在當地找個能夠快速擴展歐洲業務，以對抗

Wimdu 及其他山寨版的領導人。第二天，他們在柏林機場的咖啡館和一位候選人見面：奧斯瑞向他們推薦的德國創業家榮格（Oliver Jung）。

高個兒、戴眼鏡的榮格跟山沃兄弟一樣，曾零星地複製新創公司，過去幾年，他投資一個名叫 Xing 的 LinkedIn 山寨版；一個只服務會員的購物網站 Beyong the Rack，仿似 Gilt；瑞士的折扣產品與服務交易網站 DeinDeal。他的積極程度不亞於奧立佛，當 Airbnb 的創辦人向他述說他們的困境時，他開始在咖啡館來回踱步，掛著藍芽耳機，下令在巴塞隆納、巴黎及其他地方的同事討論出一個結果給他。榮格對山沃兄弟知之甚詳，他們曾經一起投資過幾家新創公司，「我知道山沃兄弟有多瘋狂，」榮格告訴我，「我敬畏他們到了害怕的程度。」

一行人返回舊金山時，切斯基已經大致確定 Airbnb 不會和山沃兄弟合作了，但他還不確定他們是否能和榮格共事，他看起來似乎跟山沃兄弟一樣，唯利是圖。此外，Airbnb 將由誰領軍應付公司面臨的這個最大挑戰，也還不清楚。那星期，在一家泰菜餐廳和切斯基共進晚餐時，麥卡杜很堅持，必須由切斯基親自領軍。儘管截至目前為止這位二十九歲的執行長很少踏出美國本土，也完全沒有建造大型全球性組織和經營一家公司的知識與經驗，坦白說，他甚至不知道如何取得共識，明快下決策。但切斯基必須站出來，承擔他的職責。

「在創辦人團隊中，你是唯一有直覺知道該怎麼做，也有幹勁與熱情，能夠領導這項任務的人，」麥卡杜告訴他，「所以，是的，我們雇用榮格吧，而且我們必須招募高階主管，但你將必須花很多時間在飛機上學習如何建立和運作一個大規模的全球性組織，你準備接受這挑戰了嗎？」

屋漏偏逢連夜雨

切斯基根本還沒有機會回答這個問題，另一個麻煩就降臨了。幾星期後，一個全新的危機爆發。

三天前，我結束一星期筋疲力盡的商務差旅回到住家，我幾乎認不出這是我家。我的公寓被翻箱倒櫃，遭到洗劫了。

一位只使用姓名首字母 EJ 的房東在她的 WordPress 部落格上撰文指出，她的舊金山住家被一名透過 Airbnb 承租一星期的房客偷竊搗毀。[11]

他們在上鎖的櫥櫃門上敲出一個洞，找到我藏在裡頭的護照、現金、信用卡和祖母的珠寶……。他們洗劫我的所有抽屜，穿我的鞋子和衣服，把我的衣服丟在衣櫥底下，和潮濕發霉的浴巾丟在一起……。儘管熱浪來襲，他們仍然用我的壁爐和好多根 Duraflame 木頭，把東西（我的東西？）燒成灰……。廚房一片狼藉，水槽裡堆著高高的汙穢盤子，水壺、鍋子都燒壞了……。從浴室飄出的腐壞氣味簡直嚇死人了。[12]

EJ 失去了一切。

她抨擊 Airbnb 呈現房東與房客互信的假象，它對人的信念顯然大錯特錯。EJ 微微稱讚該公司最終對她的懇求做出回應，她在部落格裡寫道，Airbnb 的客服團隊：「很好，對此憾事給予充分關切。」但不久後，她的語氣和評價完全改變。

EJ 的這篇部落格文章刊出後，大約一個月期間並未引起多少人注意。但 7 月末，在安德森賀羅維茲創投公司投資 Airbnb 的事公開後，這事件成為 Y Combinator 建立的熱門線上布告欄網站 Hacker News 上熱烈討論的一個話題，網站用戶對此事件提出他們的想法，對人的誠正性展開熱烈辯論。[13] 接著，TechCrunch 創辦人阿靈頓（Michael Arrington）注意到這個話題與討論，寫了一篇有關這事件的文章〈Airbnb 的關鍵時刻：當用戶的家被徹底搗毀後〉。[14]

阿靈頓在撰寫這篇文章前曾詢問切斯基這事件，切斯基告訴他，公司知道這件事，並對 EJ 提供財務協助，幫她找新住處，「做任何她認為可以使她的生活更安適的事。」切斯基還迅速採取行動以控制公司聲譽損害，他自己在 TechCrunch 上撰寫一篇文章，強調 Airbnb 的主管們對這事件極為震驚，且從事件發生後就一直和 EJ「保持密切聯繫」。

但這個回應，立即引來 EJ 的抨擊。

切斯基的文章刊出後翌日，EJ 重返她的部落格，滿腔怒火。原來，Airbnb 並沒有把承諾的賠償寄給她，也沒有提供她任何其他的暫時容身處（根據我和當時任職 Airbnb 的前員工及現任員工的訪談，他們的說詞不一，但結論是，賠償要不是上級一直沒有核准，就是從未寄出）。Airbnb 方面和她商談的主要人物是布雷卡齊克，他暫代不久前才離職的客服主管，而切斯基則是忙於面試遞補應徵者。EJ 在部落格文章中指出：「布雷卡齊克對我說，他關切我的部落格文章，擔心這文章可能對他公司的成長和目前這輪的資金募集造成負面影響。」EJ 說，這位 Airbnb 技術長建議她關閉她的部落格，或是加上一篇「扭曲事實」的好消息。[15]

EJ 描述自己目前基本上是無家可歸，而且驚恐，被這狀況完全擊潰。有讀者想寄錢救濟她，但她婉拒，要他們把錢留著：「下次旅行時，為自己訂間好的、安全的旅館房間。」[16]

這是一篇殺傷力極大的譴責文，接下來五天，無止歇的推特文助燃起媒體風暴，把 Airbnb 吸進亂流裡，毫無消停。科技新聞網站也撲了上來——Airbnb 把陌生人帶進家裡，完全不能確保安全體驗，這個房東的家被如此徹底惡意的摧毀，其他人還會有什麼樣的遭遇呢？部落格上的評論留言建議去 Airbnb 創辦人的住處抗議；在推特上，「洗劫門」（#Ransackgate）成為一個很潮的主題，主流媒體如 CNN、《今日美國報》、《舊金山紀事報》等等，全報導了這事件。切斯基、傑比亞和布雷卡齊克給了矽谷評論家一個新理由這麼認為：科技新創公司跟之前的每一家市價達 10 億美元的邪惡企業一樣，既貪婪，又沒心腸。

僅僅幾年前，這個新創公司由三位創辦人和幾名員工組成，擠在勞許街的公寓裡工作。「我們被當做成人看待，但我們其實還未長大，」切斯基說。但這是一個不當的藉口，他自己也知道。

每一個有見識的投資人都警告過他們，住家出租可能發生盜竊及其他犯罪情事，但 Airbnb 顯然還未做好準備，並且犯下一家估值 10 億美元以上的公司不應該犯的錯誤。「當時有很多非常關鍵的質疑，例如一家 10 億美元的公司怎麼會這麼搞不清楚狀況？」切斯基說。

EJ 也提出了一些根本疑問，包括 Airbnb 網站用戶的安全性、Airbnb 在房東與房客之間的仲裁者角色。在這事件之前，切斯基認為 Airbnb 只是純粹的線上市集，用戶藉由評價他們的體驗來監督彼此，壞評會把不能信任的房東或房客逐出這個平台，這是網路的自然免疫系統。

這是網際網路的自由主義觀，散發著誇大不實的矽谷蛇油氣味，在發生嚴重犯罪行為之後，負評根本沒有用處。但因為相信自律市場的力量，切斯基和 Airbnb 的人員並未在客服或顧客安全方面做出認真投資，這家當時已有超過 130 名員工的公司，讓技術長布雷卡齊克和財務長史丹利．江（Stanley Kong）暫時接掌其客服部門，從這點就可以看出他們對客服的輕忽。「我們視自己為一家科技公司，客服感覺不像是產品與技術，」切斯基說。

三位創辦人說，EJ 刊出第二篇部落格文章後，接下來的一星期是他們職涯中最困難的時間。他們告訴所有人，也告訴自己，Airbnb 把人們連結起來，創造一個更好的世界，但如今，

Airbnb 幫助了一樁嚴重犯罪，還拙劣地處理餘波。在狂猛的風波中，一天晚上，三位創辦人開了四十五分鐘的車，往南來到他們的第一位導師葛拉罕的家中，他從未見過他們如此淒涼絕望的模樣。「他們就是想看到你們痛苦，」葛拉罕在他家的廚房告訴他們，「他們想要一盎斯的血。你們就承擔起責任，接受責任。最後，大家就會淡忘，往前過日子。」

接下來幾天，切斯基召來他親近的投資人和顧問，端出像樣的悔改因應措施。Airbnb 將推出一支 24 小時客服專線，把客服人員增倍，成立一個和客服部門區分開來的信任與安全部門，專門負責對付欺詐，認真處理糟糕的 Airbnb 體驗。該公司也開始謀求驗證使用者的方法，例如當顧客以人工方式確認他們的聯絡電話號碼時，要進一步查證，或是把顧客的臉書帳戶連結至 Airbnb。

這項改進計畫的核心項目是提供「Airbnb 房東保障」（Airbnb Guarantee）。已加入 Airbnb 董事會的安德森賀羅維茲創投公司合夥人喬丹任職 eBay 時，曾經推出一項類似方案「買家保障」，調解買家與賣家之間的糾紛，給予不平或受害的顧客退款。喬丹建議 Airbnb 也可以實施這種方案。切斯基原本打算把保障金訂為 5,000 美元，後來，有天晚上，安德森來到 Airbnb 辦公室，給陷入困境的三位創辦人一些安慰與支持，他建議應該在這數字後面加個 0，把給付房東的損害賠償提高到最高可達 50,000 美元。這在當時是個可觀的風險，因為該公司沒有保險，必須自行承擔所有成本。

Airbnb 實際上是把它取得的龐大創投資金拿來下注，它的假設是，發生於 EJ 身上的這種災難很罕見。隔年，「Airbnb 房東保障」提高到 100 萬美元，由倫敦勞伊德保險社（Lloyd's of London）承保。[17]「當時有種布屈（Butch）和日舞小子（Sundance）跳下崖入河逃命的況味，」喬丹說，「他們相信人性本善，絕大多數旅行都會是正面體驗。」（譯註：布屈和日舞小子是電影「虎豹小霸王」裡的兩個主角，跳崖入河逃命也是電影中的情節。）

Airbnb 也聘用危機溝通公關公司博然思維集團（Brunswick Group），該公司建議切斯基寫封信給 Airbnb 的顧客，他們提出了一份代擬草稿，但切斯基覺得內容太過官話且含糊其詞。他已被各種不同的建議搞得很苦惱，又對自己的直覺沒把握，因為他先前在 TechCrunch 上寫的那篇文章弄巧成拙，把事情搞得更糟。最後，他決定自己對顧客坦率直言，他和 Airbnb 早期的行銷主管提區（Ligaya Tichy）一起改寫這封信。

遵循葛拉罕給予的忠告，切斯基自己擔下所有責任，他在這封信中寫道：「過去四星期，我們真的把事情搞砸了。我希望這帶給其他企業一個寶貴的教訓：在危機時刻，不該做什麼；何以應該一直堅守你的價值觀，相信你的直覺。」[18] 他在信中附上他個人的電郵地址，這是安德森提供的另一個建議。

那個週末，切斯基打電話給董事會成員，宣布這些行動。8 月 1 日早上，這封信以電郵方式發送給 Airbnb 的一百萬個用戶，被媒體拿來仔細研究。如同葛拉罕預測的，網路上的風暴漸漸平息，大家往前過日子。一些觀察家對此表達失望，畢竟，觀看一家新近火紅的新創公司墜毀燃燒，是個令人興奮的娛樂。

EJ 事件從大眾目光中漸漸淡出。摧毀 EJ 住家的那個房客，十九歲的克里夫頓（Faith Clifton）在那年夏天於舊金山被捕，被控以持有贓物及冰毒、欺詐，予以起訴。[19]

EJ 是位年近四十的活動規劃師，名為愛蜜莉，她繼續就她的損失向 Airbnb 追討賠償。根據 Airbnb 的一名前員工，雙方在那年進入調解，Airbnb 同意支付她一筆高額和解金，以不對外揭露的協議，為整件事劃下句點。EJ 拒絕接受我的訪談，她在給我的電子郵件中寫道：「我早已埋葬我人生中的這一章，不願再重提。」切斯基和 Airbnb 也拒絕談論 EJ 事件的結果。

該公司平息了這場風暴，熬過它的最大挑戰之一，為其顧客增設了新保障，但最終，它還是無法改變人性。一名前員工說，Airbnb 顧客遭遇可怕、甚至邪惡悲慘體驗而獲該公司私下賠償的事件很多，EJ 事件只是第一樁。

展開全球擴張，決心與 Wimdu 一戰

同年夏天，彷彿整個痛苦風暴事件不曾發生似地，Airbnb 搬遷至舊金山波雷羅丘區羅德島街 99 號的新辦公室。切斯基和傑比亞首度可以把他們的設計才能應用於他們的工作場所，新辦公室裡有時尚風長桌、Eames 椅、豆袋懶骨頭沙發、讓員工小睡一下的一間樹屋，洗手間牆上掛了一顆羚羊頭標本。三間會

議室裝潢仿照 Airbnb 網站上的出租房間，牆上貼著一些鼓舞標語如：Life is lovely。[20]

Airbnb 在 8 月舉辦一場喬遷之喜派對，找來 MC 漢默（MC Hammer）在屋頂上當 DJ，賓客跳舞，玩滾球遊戲機，喝雞尾酒。創辦人後來站到椅子上致詞，傑比亞穿著一件胸前滾藍白皺摺綴飾的白色禮服襯衫，頭戴巴拿馬帽。科技媒體全都把這場歡樂活動解讀為又一波科技泡沫的證明，但當時只是 2011 年夏天，好戲還在後頭。[21]

儘管表面嬉戲，Airbnb 仍然處於戰爭中。在柏林機場旋風式會面後的一個月期間，榮格一直沒接到來自切斯基的聯絡，這是有原因的——切斯基被 EJ 事件搞得焦頭爛額。那一個月期間，榮格雖覺得和這家新創公司合作的機會愈來愈渺茫，但在此同時，他對這個新創事業的前景愈來愈感樂觀。很偶然地，他和一位來自西班牙馬德里的老友喝咖啡，這友人透過 Airbnb 平台，把他的公寓出租六個月，拿這筆租金收入資助他的旅行。他並不是看到 Airbnb 的廣告而去使用這個平台服務，他只是看到了有關 Airbnb 的新聞，這讓榮格看出，這個新創事業可能不需花多少顧客取得成本就可擴展至全球。

終於，夏末時榮格打電話給切斯基詢問最新發展，切斯基告訴榮格，他已經決定不和山沃兄弟及山寨版 Wimdu 合作。根據紅杉創投合夥人林君叡所言，切斯基在下定決心後，告訴他的共同創辦人、員工及投資人：「他寧可拒絕和恐怖份子談判，就算與之對戰而輸掉，也不願屈服投降。」在一通簡短的電話上，切斯基直率地把他的決定告訴山沃兄弟中的奧立佛，後者近乎啞然無言。切斯基現在準備協調如何應戰了，他邀請榮格來美國討論。

榮格第二天就飛到了舊金山，抵達羅德島街的 Airbnb 辦公室後，目睹那裡的奇怪景象與習慣，例如午餐時間練瑜伽，全公司每週玩一次足壘球，都令他傻眼。他聽說過 Wimdu 的瘋狂辦公室和螞蟻雄兵，Airbnb 這邊的情形完全相反，「我感覺那裡只有三十人，人人都很輕鬆，」榮格回憶，「有些人在打桌球，然後，有一個人牽出一條狗，那天是狗兒的生日，大家為狗兒慶生。」

榮格當時的第一反應是恐慌，心想：「天哪，Wimdu 會痛宰他們！」切斯基出來歡迎他，把他介紹給公司的每一個人。那天，榮格接受一連串面談，後來和麥卡杜通電話，麥卡杜問了很多關於他打算如何建立一支全球團隊的問題。到了傍晚，切斯基和其他人似乎對榮格感到滿意，當榮格簽署一份個人投資於 Airbnb 的合約時，切斯基告訴他：「這將是你這輩子最棒的一筆生意。」

榮格之前已經對歐洲和以色列的新創公司投資了數百萬美元，但切斯基說的沒錯，這筆投資不僅是最棒的一筆，而且是好上許多倍的投資。

切斯基撰寫國際擴張事業計畫，榮格設立的新區域辦公室將負責開發租屋供給和支援房東社群，舊金山團隊將設計基礎技術，協調行銷與宣傳以創造需求，目標是提供 Wimdu 沒有、也不想複製的東西——Airbnb 的使命感。這是公司培養用戶成為一個親密社群的方式。

切斯基指派 Airbnb 早期員工杜博斯（Lisa Dubost）和榮格合作，又指派新上任的國際營運主管瑞特（Martin Reiter）驗審新進員工，以確保所有新聘的國家地區領導者體現 Airbnb 的企業價值觀，符合該公司文化。

那年秋天，榮格在牆上掛了一幅大地圖，思索遏阻山沃兄弟動能的最佳之道後，他在柏林、倫敦、巴塞隆納、哥本哈根、米蘭、莫斯科、巴黎、印度德里及巴西聖保羅市開設新辦公室。那年 6 月，Airbnb 收購了一個規模較小的德國山寨版 Accoleo，在漢堡開設了一個辦公室。[22] 榮格巡迴全歐洲與亞洲，每天面試數十名可能的國家地區經理人選，就像快速約會似地，每場面試終了時，他都會問應徵者：「你對這個事業感覺如何？」有能力又對這個專業使命有認同感的應徵者，榮格會將他們送去舊金山，讓切斯基做最後的人事決定。

Airbnb 給每位新經理一套線上工具，讓他用這切斯基所謂的「盒子裡的辦公室」（office in a box）來監視業務的健全性。這套工具包含一份如何建立 Airbnb 風格的工作環境的指南，內含許多建議，例如一張可攜式乒乓球桌、Zappos 創辦人謝家華的著作《想好了就豁出去》、蘇斯博士（Dr. Seuss）的著作《噢，你將去的地方》等等。後來成為 Airbnb 的商務旅行業務副總裁、2016 年離開這公司的杜博斯說：「切斯基總是關心要如何把公司文化推到世界各地的辦公室，他關心每個 Airbnb 辦公室給人們的感覺如何。」

一些新的地區經理師法切斯基。在莫斯科，榮格雇用前酷朋主管米洛波爾斯基（Eugen Miropolski），他立刻把自己的住家出租出去，開始租市內各地的 Airbnb 房生活，就像切斯基在舊金山租 Airbnb 房那樣。先前在麥肯錫管理顧問公司當顧問的 Airbnb 巴黎辦公室經理葛雷米倫（Oliver Grémillion）規劃舉辦歡迎房東的社群聯誼，設立天天 24 小時客服電話，並有法語服務人員，讓房東及房客隨時獲得支援。

2012 年 1 月，Airbnb 公開宣布其世界各地辦公室開張，三位創辦人上路，分別前往不同城市出席開業派對，然後三人在巴黎及柏林會合，出席盛宴，切斯基回憶那十八天他睡得很少。他們在各城市辦公室訓練新員工，講述 Airbnb 社群的親切與潛力，和數百位房東見面，給予無數擁抱，「他們給你的感覺不是商業導向，」印度德里的早期 Airbnb 房東吉哈（Nalin Jha）說。吉哈在那年參加 Airbnb 於當地舉辦的第一次聯誼後，加入這個服務，他回憶，榮格在當地雇用的總經理立即給了他一個擁抱，「雖然只是個小小的擁抱，但讓人感覺這個企業有靈魂，這是很動人的東西，我變成這個社群的一份子。」

榮格估量，山沃兄弟在美國以外地區比 Airbnb 早一年啟動，但 Wimdu 後繼無力。和其酷朋山寨版 CityDeal 一樣，Wimdu 是個空心公司，它的動能來自大量撥打沒人情味的銷售電話，而非來自社群聯誼，更非來自擁抱。Airbnb 有布雷卡齊克及其舊金山工程師團隊打造更堅實的技術工具，還受益於一個全球網絡，前往歐洲的美國旅客似乎不理睬 Wimdu 的初期優勢，而往美國的歐洲旅客想尋求不一樣的住宿選擇時，必然前往 Airbnb 平台。

Wimdu 繼續撐著，但漸漸在民宿市場上變成無足輕重，它在 2013 年關閉中國市場網站「愛日租」，削減了它在歐洲以外市場的雄心。Airbnb 向矽谷展示，面對複製者，對抗比妥協和解來得好，「對付複製者，最好的做法就是讓他留著他的孩子，」切斯基對榮格笑說，「複製者根本不想要他的孩子，他們建造這孩子是為了把這孩子賣給別人。」在這同時，Airbnb 業務蒸蒸日上，該公司在 2012 年 1 月宣布，自開業以來，這個平台上的訂房量已經累積到了 500 萬夜，到了當年 6 月，這數字已經更新至 1,000 萬夜。[23]

Airbnb 的國際擴張行動成功，那年，榮格增設新加坡及香港辦公室，到了 2012 年年底，歐洲已經成為 Airbnb 的最大市場，巴黎是其最大城市。

然而，擴張行動並不完美，新辦公室的員工離職率高，就連榮格也在 2013 年初離職。一些辦公室被整併；有些辦公室過度倚賴張貼多物件的房東，公司致力於減輕這種現象，它偏好人們出租他們自己本來的住家。

海外快速擴張，導致美國總部員工產生新的焦慮；這原本是一家小公司，員工認識彼此，如今，世界各地有數百名他們不認識的同事，「原本所有同仁知道每個新發展與狀況，但突然間，他們變得無法掌握每個狀況，這引起很大爭議，他們不喜歡這樣，」切斯基說。

切斯基對內部的意見不和感到不安，但漸漸學會去接受。在 2011 年的混亂中，他站穩他的立足點，承擔身為公司最高決策者的職責。他提出處理 EJ 事件的行動方案，以及選擇和山沃兄弟對抗，而非走合作這條更容易的路。他仍然傾聽同仁及其他共同創辦人的意見，但那年之後，他不再試圖尋求共識，改而調查意見，信任自己的直覺，做出決策。

「我這時才成為一個真正的企業執行長，」切斯基在多年後告訴我，「我改變自己的作風，我希望他們形容我的第一個字不是混蛋，但 2011 年是我真正成為執行長的一年，成為 Airbnb 的鬥士，促使人們相信它。不僅為公司募集資金，更重要的是帶領大家走出信任危機，取得用戶信任。歷經 EJ 事件和山沃兄弟來襲後，我們蛻變得更強韌。」

不久，當各地城市覺察人們把住家變成臨時旅館所衍生出來的問題時，切斯基的領導力再度受到考驗。他必須向抱持疑慮的立法當局和監管當局證明，Airbnb 的意圖單純，它對城市的影響是有建設性的。這將是他最嚴重的挑戰，而他的新朋友、新興共享經濟中的同儕卡蘭尼克，也即將面臨相同的挑戰，而且更為激烈。

Chapter 7

打造新實體經濟

Uber 擴張期展開

對科技公司來說，這是相當獨特的營運模式。
以前要擴張規模時，只需啟動另一台機器。
現在，我們必須有更多的車子在路上，
才能確保我們能夠提供優質的服務給顧客。

——Uber 共同創辦人卡蘭尼克

對卡蘭尼克來說，Uber 並非只是一個有豐厚獲利的投資機會，或是一個早期成果不錯、有前景的新創公司。如同他在 2011 年初對朋友及同仁說的，這家公司帶著綻放的熱情，這是他在整個職涯中夢寐以求的創業珠寶。

卡蘭尼克已經準備把全部心力投入這個新事業，並且期望員工跟他一樣賣力工作，甚至不惜驅逐公司裡任何可能阻礙 Uber 擴展至舊金山以外的人；他認為，征服全世界是 Uber 的昭昭天命。

但不同於 Airbnb，Uber 想要擴張至世界各地，還需要做很多事。Airbnb 在剛創立時就很自然的演變成一個全球性事業；後來，歷經山沃兄弟的競爭刺激，在切斯基帶領下正面迎戰，並把握住市場擴張的機會。但 Uber 不同，它必須有條不紊的進入每一個市場，在每個城市尋找能夠招募司機、向乘客推銷服務以及和監管當局溝通的員工。相較於切斯基，卡蘭尼克打造全球王國的行動將更為辛苦。

進軍紐約，柯奇曼上場

卡蘭尼克的第一個目標，是美國半數計程車乘客麇集的紐約市。不同於他的家鄉——幅員廣大、汽車文化根深柢固、高速公路壅塞問題棘手難解的洛杉磯，別名「大蘋果」的紐約市是全美人口密度最高的大都會地區，多數居民避免自己開車，若 Uber 能在這裡立足，大概在任何其他城市都沒問題了。

為了領導 Uber 在紐約的擴張行動，該公司雇用畢業於康乃爾大學的新鮮面孔柯奇曼（Matthew Kochman）。柯奇曼在大三時創立了一個名為 MESS Express（Moving Every Student Safely，安全載運每個學生）的校園巴士專車，讓兄弟會和姊妹會成員可以在線上預約搭乘，減少酒後開車的可能。為了讓這個共享專車能順利運作，在許多趟車程中，高大英俊的柯奇曼總是坐在巴士前方，用麥克風講話，娛樂車上的同學們。

畢業後，柯奇曼遷居紐約，創立一個行動支付平台，讓學生可以用預付儲值帳戶支付計程車費。他用綺色佳市（Ithaca）的一家計程車公司試營這項服務，並且外包給烏干達的一支程式開發團隊建立這項服務，但烏干達團隊沒能做好工作。正當柯奇曼開始懷疑這事業做不做得起來時，他參加了在舊金山舉行的一場科技研討會，讀到一篇有關 Uber 的文章。

柯奇曼寫電子郵件給葛雷夫斯，兩人相約喝咖啡，葛雷夫斯顯然對他的經驗與年輕幹勁留下深刻印象，幾星期後，葛雷夫斯寫電郵詢問柯奇曼，是否有興趣成為 Uber 在舊金山以外地區的第一位總經理。

柯奇曼在曼哈頓下城區，百老匯街與格蘭街交叉路口轉角的一個共用辦公空間，開設 Uber 在紐約的第一個辦公室。但在舊金山對市內接送出租車司機非常奏效的推銷詞——「賺錢，別坐等乘客」，對紐約市擦得亮潔的黑色市內接送出租車起不了作用。這背後有個神祕、但重要的管制理由。根據紐約市複雜又難以理解的計程車規範，市內接送出租車的司機必須隸屬於某個機構，要不是一個專業車行，就是一個小型當地組織，由這個基地做為派車中心，同時確保這些車子具有合格牌照。

但卡蘭尼克拒絕將 Uber 註冊成為一個基地機構，他認為這使得公司必須繳交各種費用才能取得營運執照，不僅在紐約市如此，在 Uber 想進軍的其他城市也必須照做，他覺得 Uber 應該保持不受監管束縛。雖然這種法規不是強制性質，但 Uber 基本上是藉由讓市內接送出租車註冊為第二類運輸工具，慫恿這些司機違反這項法規。

到了 4 月，柯奇曼已經找到一些為了填補閒置時間而願意冒險的出租車司機，開始準備在紐約市的五個行政區試營 Uber 服務。[1] 次月，這項服務在當地科技社群的一場聯誼聚會中悄悄啟動，但路上只有幾部 Uber 車。柯奇曼承受極大壓力，卡蘭尼克想在 6 月舉行的 TechCrunch Disrupt 研討會中，對更廣泛的大眾公布 Uber 營運的第二個城市，那場他和切斯基共同現身接受訪談的研討會正好在紐約市舉行。

柯奇曼雇用兩名員工，一人負責監視司機的營運情形，另一人負責向乘客推銷 Uber 服務。為增進業務量，他們開始提供在舊金山奏效的鼓勵方案：發給司機載有 Uber 應用程式的 iPhone；保障每小時最低 25 至 35 美元收入；使用 Uber 應用程式，卻未看見任何一部 Uber 車可供搭乘的乘客，將可獲得 10 美元未來可用餘額。過沒多久，這些措施就開始導致 Uber 的財務大出血。

因為加入 Uber 服務的車輛數目有限，在紐約市等候 Uber 車的時間長到不像話。卡蘭尼克回憶，TechCrunch Disrupt 研討會舉行的那天，紐約市街上有大約一百部 Uber 車（相較起來，2016 年紐約市的 Uber 活躍司機超過 3.5 萬人）。[2] 置身在這個全球最大的行動應用程式市場，當顧客在手機登入 Uber 應用程式時，要不是看不到可以載客的 Uber 車，就是等候時間超過十分鐘。卡蘭尼克認為，這是最迫切需要解決的問題，「當需求超過供給，候車時間及其他服務品質，就無法符合我們預先設定的水準，」他在研討會上這麼說。

我們需要更多車子！

接下來幾個月，柯奇曼的壓力大到快發狂，他回憶，卡蘭尼克當時在電話中對他怒吼：「我們需要更多的車子！」

「你必須更拚命、更努力，」葛雷夫斯則對他說這些無濟於事的話。

對於 Uber 在紐約的許多迫切事務，柯奇曼和卡蘭尼克的意見不一致。卡蘭尼克仍然對林克莉絲緹安及舊金山交通局的那次交手經驗感到憤怒，下令柯奇曼不必理會紐約市計程車與禮車管理委員會（TLC）及其規範，他說那些管制是以消費者安全為掩護，實際上是要保護根深柢固的計程車利益。

柯奇曼未必認同，他曾經成功徵得綺色佳市議會核准營運 MESS Express，他有和監管當局成功協商的經驗，因此不理會卡蘭尼克的命令，安排與 TLC 副主任委員開會。「我可不想努力個半死，最後推出一個會被這城市立即關閉的東西，」柯奇曼說。

聽到柯奇曼安排了這場會議，卡蘭尼克震怒，「他氣炸了，說我這是違抗命令，」柯奇曼回憶。怒氣稍降後，卡蘭尼克飛到紐約，和柯奇曼一起前往 TLC 總部。這是 Uber 和 TLC 往後眾多會議中的第一場。會議進行得很順利，兩人強調 Uber 車不載街上攔車的乘客，甚至也不像以電子工具召來的計程車，他們還強調，Uber 車符合市內接送出租車的法定定義，是事先預訂的，只是預訂時間剛好是在要用車的五分鐘前，而不是六十分鐘前。副主委恰布拉（Ashiwini Chhabra，三年後加入 Uber 擔任政策規劃主管）只要求 Uber 的應用程式要列出司機的許可證號碼和所屬基地。

Uber 或許已經獲得一位監管官員的點頭准許，但仍然沒有足夠的司機。為尋求確切的解決之道，柯奇曼造訪中型規模的禮車和市內接送出租車車行，就如同卡蘭尼克和葛雷夫斯當初在舊金山所做的。有一天，他進入布魯克林區高灣納斯運河一個街區的一間辦公室，會見運輸聯合社（CTG）的烏克蘭裔創辦人史里寧（Eduard Slinin）。這個聯合組織旗下有十多家市內接送出租車車行，若能取得史里寧及這個組織旗下的數千部車子幫助，柯奇曼就可以一舉解決 Uber 的供給問題。

他花了兩個小時，向史里寧及他的七位同事推銷 Uber，穿著垂直細條紋西裝的他們，全都板著面孔。接著，他們開始叨叨述說，何以 Uber 在紐約市絕對行不通的理由：監管當局會反對；司機太忙，無暇查看智慧型手機；大銀行及律師事務所已經有長期合作的禮車車行。柯奇曼說，史里寧在會談結束時告訴他：「聽著，我喜歡你，但我建議你不要在紐約推出 Uber，這對你不好。」

柯奇曼離去時很不安，史里寧最後說的話，讓他覺得是一種人身安全威脅（在一次訪談中，史里寧否認曾威脅柯奇曼）。卡蘭尼克聽到這事，卻毫不擔心，甚至對柯奇曼開玩笑說：「你知不知道，要是你被揍了，這會對我們帶來多大的宣傳啊？」柯奇曼很惱怒，跟多年前 Seamless 的芬格一樣，他擔心自己成天都得在極度恐懼中度過，對街上每輛經過他身邊的市內接送出租車提心弔膽。

柯奇曼覺得，卡蘭尼克的好鬥可能對 Uber 有害。他已經和高級運輸車隊（ETG）洽談得差不多了，這車行在紐約市有約兩千部車，但他帶卡蘭尼克去見這車行的主管時，對方起了疑心。這不是沒有道理的，那次會議後，卡蘭尼克在一部 Uber 車的後座對柯奇曼說：「我們就從背後捅那些傢伙。」卡蘭尼克日後對此的回憶不同，他說他當時真心想合作。

不論如何，Uber 和大規模禮車車隊結盟一事注定失敗。Uber 最終挑戰這些車行，提供司機穩定客源，讓他們省下必須上繳給 CTG、ETG 之類車行老闆的抽成。

柯奇曼還回憶，卡蘭尼克與 ETG 開完會後，在回來的車上所說的其他話。卡蘭尼克帶著崇敬和羨慕的口吻談論在 2008 年被推特要求辭去執行長職務的朵西（Jack Dorsey），因為朵西在後來創辦的行動支付公司 Square 展現出更優雅幹練的形象。由此看來，在網際網路新領域的成功可以改造個人，徹底拋開過去的包袱。

「我記得卡蘭尼克在車上告訴我，早年的朵西跟現在很不一樣，」柯奇曼說，「離開推特後，他消失了一陣子，自我反省，重返後判若兩人。」

價值上億美元的錯誤選擇

到了春天，卡蘭尼克和柯奇曼的關係快速惡化。卡蘭尼克想看到 Uber 在紐約快速成長，向創投業者展示佳績，以便募集更多資本，供應擴展至美國其他大城市之需。

但柯奇曼認為他的這個老闆具有破壞力，他來到紐約見投資人，然後走進曼哈頓下城區的 Uber 辦公室，提出種種似乎和未來服務無關的夢想，例如 Uber 車可以遞送餐點。此外，大學時代習慣成為焦點人物的柯奇曼，私下也憤憤不平，因為媒體焦點總是落在卡蘭尼克身上。

後來，他們的關係完全破裂。柯奇曼相信，身為 Uber 在舊金山以外地區的第一任總經理，他在公司應該有相當比例的持股。但是，在紐約雇用新員工時，他發現，公司是在 A 輪向基準資本公司和葛利取得資金之前，分配股份給他的，而非他原本以為的，在 A 輪集資後才配給他。這意謂著，他的持股比例明顯少於他原本的設想，因為新投資人入股會稀釋原股東的持股比例。柯奇曼認為自己受到刻意欺騙，怒不可遏。在蘇活區的蒙德里安飯店（Mondrian Hotel）和卡蘭尼克激烈討論時，柯奇曼暗示卡蘭尼克當初在商談他的薪酬時刻意模糊，而且不誠實。

卡蘭尼克沒心情聽這個，他說：「你是員工，我們付你薪水，你就做你的工作！」

柯奇曼在衝動下策劃了一個毫無把握的行動，他發了一封電子郵件給他在康乃爾大學時的舊識、也是首輪資本的合夥人特倫查德（Bill Trenchard），列出一長串對卡蘭尼克與葛雷夫斯的不滿。柯奇曼在信中說，Uber 的領導團隊成員間普遍缺乏信任與信心，至少有五名重要員工考慮離開，管理階層非常不願傾聽意見。他在信末建議重組經營管理團隊，並請特倫查德把這封信轉傳給其他投資人。

但信發出去之後，卻毫無動靜。幾星期後，仍然憤怒的柯奇曼再次找卡蘭尼克理論，儘管卡蘭尼克為上次交談時的粗言吼叫道歉，柯奇曼仍然宣布他要辭職。他依雇用合約規定，多待了三個月，在 9 月離開，因未待滿一年，也沒取得他的 5 萬股股份的任何一部分。他當時不可能知道，僅僅幾年後，那些股份將價值超過 1 億美元。

我在 2015 年初和柯奇曼會面時，對於卡蘭尼克對待他的種種，以及 Uber 對競爭者和司機的做法，他仍然止不住盛怒。不過，幾個月後，我們第二次碰面時，出乎我意料，他的怒氣消減，語氣也緩和了。他終於承認自己當年年輕氣盛時犯的錯。

「當年我二十三歲，腦袋裡策劃了一個計謀，想把崔維斯趕下台，由我取代他的位置，那是我真正的意圖，」他在威廉斯堡（Williamsburg）的一間餐館告訴我。這餐館就在他新創的巴士專車事業 Buster 的小辦公室附近，在那之後沒多久，這個新創公司就結束了。柯奇曼說，離開 Uber 後，他告訴媒體有關 Uber 這家公司的種種問題，奉勸有意者別去那裡工作，也建議創投業者別投資這家公司。他還為 Lyft 和英國的計程車召車應用程式公司 Hailo 提供顧問服務。[3]

「當然我在這當中加了一些誇張之詞，」柯奇曼說，「儘管我們在很多事情上有歧見，但卡蘭尼克終究是個能幹出色的傢伙，建立了一個大事業。我以曾經參與其中為傲。」

他曾經嘗試和卡蘭尼克聯絡，但是未能成功。他並不怪罪卡蘭尼克沒有回覆。柯奇曼說，他最近做了一個生動的夢，夢見在花旗球場（Citi Field）上，和卡蘭尼克一起觀看紐約大都會隊的比賽，順便敘舊。「但這永遠不會發生，」柯奇曼嘆氣，「他討厭我。」

從實習生蛻變為營運經理

剛進 Uber 工作時，蓋特其實漫無目標。蓋特在應徵咖啡師被拒後，進入 Uber，成為這家公司的第一位實習生，初期，她對自己能在這家公司扮演什麼角色，掙扎困頓了好一陣子。不過，在這難過的第一年，她體認到：周遭的每個人幾乎都是邊做邊摸索。

有了這個頓悟之後，蓋特改變心態，以更具建設性的方式來看待問題。那年 3 月葛雷夫斯開除另一名早期員工舒梅瑟（Stefan Schmeisser）後，讓蓋特接任司機營運部門經理。蓋特展現才華的機會終於到來。有一天，在舊金山辦公室訓練完一名司機後，她走出辦公室去買咖啡，看到這名司機進入一部粉紅色休旅廂型車，這使她想到，公司或許應該對加入 Uber 服務的車輛進行檢查，以確保所有 Uber 車都符合 Uber 當時的高標準要求。

後來，蓋特又決定，Uber 應該檢驗司機是否具有城市地標的概略知識（此時的 Uber 還未開始讓乘客在應用程式裡輸入他們的目的地）。她請奎里（那位駕駛綽號「獨角獸」的 2003 年份白色林肯轎車的司機）幫忙取得舊金山市正規計程車司機入行測驗試題，接著，在奎里及其他司機的協助下，修改一些題目，以符合較高檔、使用智慧型手機的 Uber 顧客群的期望，例如試題不是詢問司機是否知道舊金山市監獄的方位，改而詢問他們是否知道麗池卡登飯店的位置。

那年，蓋特透過電話和在紐約的柯奇曼密切共事，她是柯奇曼抱怨卡蘭尼克時的傳聲筒。7 月，卡蘭尼克選擇西雅圖做為 Uber 營運的第三個城市，展開 Uber 猛烈的全國擴張，他派遣蓋特和葛雷夫斯前往當地開設新辦公室，招募創始團隊。當時，蓋特剛簽約租下舊金山的一間公寓，結果她連一晚都不曾住進那公寓，因為接下來一年半，她都在不同城市奔波。

快速擴展，全靠鐵三角與教戰手冊

蓋特和葛雷夫斯讓西雅圖採行跟紐約相同的營運方式，都是鐵三角的組織架構：總經理督管 Uber 在該市的整個事業，負責業務成長，必須有創業精神、善鬥、和監管當局談判時很積極進取；營運經理負責招募司機，確保每位乘客開啟應用程式後有車可召，必須具有分析能力，就像管理顧問或銀行家；最後是社群經理，負責促進乘客需求，必須是具有行銷技巧的創意型人才。

這種組織架構成為 Uber 早期建立各地辦公室的模式。這三人等同 Uber 的特種部隊，能夠在進入新城市後，快速招攬到新生意。在黑頭車服務的初期擴張階段，卡蘭尼克接受我訪談時曾說：「這對科技公司來說，是相當獨特的模式。以前的科技公司都是產品和工程性質，人員坐在總部作業，要擴張規模時，只需啟動另一台機器。而我們在擴張規模時，必須有更多的車子在路上，確保我們能夠提供優質服務給顧客。」

在卡蘭尼克和葛雷夫斯的支援下，蓋特開創此模式的其他層面，並且把一切整理成一份線上 Google 文件，做為 Uber 進軍新城市時的「教戰手冊」：招募司機時，必須徹底調查名錄網站 Yelp 上的禮車車行名單，或是造訪機場的禮車排班候客區；開業慶祝會應該邀請當地媒體和科技業傑出人士，挑選一位當地名人做為該市的首位 Uber 乘客，並以部落格文章宣傳。他們也使用種種策略來吸引司機和乘客，例如提供補貼和回饋金，並採取一些基本、但重要的措施，例如在每個城市開設一個 Uber 推特帳戶。

那份 Google 文件日後成為該公司的一本聖經，內部員工稱它為「教戰手冊」。「西雅圖是第一個採用這份教戰手冊的城市，」蓋特說。在西雅圖待了幾星期，蓋特跳過 9 月開張的芝加哥營運（Uber 進軍的第四個城市），幾週後前往波士頓開設第五個城市的營運。

這家醞釀了三年的公司，現在以閃電速度接連進軍一個又一個城市，卡蘭尼克坐鎮在共用辦公空間公司 RocketSpace，租用了幾張辦公桌充當舊金山總部，每天追蹤每個城市的營運結果，並拿來和舊金山市早期的營運發展趨勢相比較，每個城市的總經理必須讓績效保持在這個早期發展趨勢線之上。在旁觀察的葛利印象深刻，「我觀察過數百位快速進軍其他城市而全軍覆沒的創業者，」他說，「但我從未對 Uber 有過這種憂慮，他們有條不紊，在決策過程中使用了大量數學運算。」

波士頓營運開張一天後，蓋特接到葛雷夫斯打來的電話，要她去接掌紐約業務。柯奇曼已經離開，他的副手們也隨他離去，Uber 在這全美最大、最重要的計程車市場迫切需要援手，那裡的情況險峻，不僅 Uber 司機數量仍然成長緩慢，計程車和禮車司機對 Uber 的控訴大舉湧入 TLC，一如當年舊金山交通局的處境，紐約監管當局現在對 Uber 是否遵循法規的問題表達關切，揚言要對該公司發出禁制令。

厭倦了旅館的蓋特，進住紐約東村區的一處 Airbnb，她將在那裡住上五個月。隨後，她立即發現，從這住處搭 Uber 前往新設於布魯克林綠點社區（Greenpoint）的新辦公室，完全得碰運氣，Uber 車稀少，等候時間甚長。紐約的市內接送出租車大車行握有絕對主宰力，要求非常高的費用，才肯把 Uber 應用程式交給它們的司機。Uber 必須重新思考自身的戰術，卡蘭尼克也必須對他的一些頑固信念做出讓步。

第一步是和 TLC 展開深入會談。Uber 在紐約面臨的各種管制挑戰，勢必也將發生在每個城市，為了在紐約領頭衝鋒，卡蘭尼克聘用了他的第一位政治說客，當時的紐約市長彭博（Michael Bloomberg）的前助理暨競選經理塔斯克（Bradley Tusk）。卡蘭尼克在塔斯克的辦公室和他會面，詢問他的顧問收費，塔斯克說一個月 25,000 美元。

「收現嗎？那可真好賺，」卡蘭尼克若有所思的說，「部分以股份支付，如何？」

塔斯克同意收取 5 萬股股份，正好就是剛剛被柯奇曼放棄的數目，在說客這門不太名譽的職業史上，這很可能是迄今最賺錢的一紙合約。

塔斯克加入成為顧問後，Uber 的高級主管開始經常和恰布拉及其上司、TLC 主委雅斯基（David Yassky）會談。彭博市府團隊對企業友善，其官員傾向正面看待嘗試改變紐約計程車產業的科技新創公司，這個產業向來頑固，一直拒絕讓車輛現代化、安裝電子式信用卡讀卡機。[4] 但是，Uber 首先得照規矩來，想真正吸引紐約的司機，Uber 必須註冊成為一個基地。

卡蘭尼克雖好強好鬥，但當時的他還不是後來那個公眾印象中十足的規則破壞者，當時他看出，在紐約註冊成為一個基地，對公司最有利。根據 TLC 規範細則，申請營運許可的組織，其持有股權達 10% 或以上者，都必須親自在基地申請文件上捺指印和簽名。因此，2011 年 10 月 19 日，坎普、葛利、卡蘭尼克等人，全都聚集於單調、日光燈照明的 TLC 分處，排隊等候一小時，「那是早期令葛利覺得抓狂、卻又不得不做的事情之一，」坎普說。

註冊成為一個基地，這只是 Uber 布局紐約策略的第一步而已。檢視在這個城市營運的頭七個月數據，Uber 的主管們認知到，在這三百平方英里面積的城市，他們的司機供給量分配起來太稀疏了。若他們無法加快司機的新增數量，或許可以先把目前的司機導往最忙碌的街區與社區。於是，蓋特和臨時紐約團隊開始把司機導往最可能接受 35 美元高檔載客服務的地方，如華爾街、上東城、蘇活區。

靠蘇活策略，進軍全球

基本上，Uber 的策略是把紐約市區分成數個小區域，再逐一開發，他們稱此為「蘇活策略」。這策略後來成為 Uber 全球閃電戰的一個關鍵要素。把司機派往最需要他們的地方，可以確保最可能使用 Uber 服務的社群獲得良好體驗；然後，他們會告訴他們的友人，創造出好口碑，帶動需求，使得 Uber 服務對司機有吸引力。「我們學到了一點，你不能把舊金山市的解決方案拿來用在紐約，並期望同樣能奏效，」葛雷夫斯說。

蘇活策略立即產生效果。Uber 的工程師變得很善於監視服務，辨識出乘客需求最旺的地區，並把司機導向那些地區。於是，乘客等候時間明顯縮短，Uber 服務對紐約市司機的吸引力提高。註冊成為基地後，Uber 不必再要求司機違法，透過智慧型手機應用程式接受召車。做出這兩項重要改變後，Uber 服務開始在紐約快速成長，一如它在舊金山的發展。

這進一步壯大了本來就衝勁十足的卡蘭尼克。那年秋天，意識到必須趕赴全球各大城市迎擊複製者，卡蘭尼克要工程師們準備在第六個市場巴黎開設 Uber 服務。他再次尋求在產業研討會上吸引公眾注意的機會，趁歐洲科技研討會 LeWeb 於巴黎舉行時，推出 Uber 在海外第一個城市的營運。三年前，他和坎普來這裡參加 LeWeb 研討會期間，兩人商議的正是建立隨選叫車服務的事業計畫。

接著，Uber 終於搬遷到自己的辦公室，位於舊金山市場街 800 號 7 樓，有一間圓形會議室，大片窗戶面向市場街這條商業區幹道。二十名員工在新辦公室裡工作，大多是工程師和大數據科學家，另有十幾名員工在外奔波。

在巴黎營運必須接受外國信用卡，要把歐元轉換成美元、把應用程式轉譯成法語，還有其他很多工作，導致工程師們抗議這麼快就進軍海外。

卡蘭尼克不理會，只是下令他們更賣力。一名員工回憶，他當時最常說：「絕對別問能做到嗎？只要問如何做到！」

卡蘭尼克雖然在巴黎參加 LeWeb，但仍在旅館房間內透過 Skype 視訊聊天室和總公司保持聯繫。他的臉孔透過網路仍然隨時出現在辦公室大聲指揮與下令。人人夜以繼日的工作，睡得少，耐心漸失，當卡蘭尼克痛罵他們未能確實準備好巴黎的營運時，新上任的產品長、前谷歌經理拉達克里希南（Mina Radhakrishnan）喊道：「來人哪，把崔維斯關掉！」

Uber 的第一位工程師惠藍回憶，當時天天睡在辦公室，從早上七點半工作到深夜，連週末也是，這樣持續了三週，直到巴黎的營運啟動。「關於崔維斯，我要說一件最重要的事，」多年後惠藍告訴我，「有一天，他告訴我們：『聽著，我們要國際化，在巴黎推出服務。』所有工程師都說：『不可能，太多工作了，我們絕對無法做到。』但我們最終辦到了，雖然不完美，但那一刻，我心想：『崔維斯這傢伙，他向我們展示什麼是可能辦到的。』」

卡蘭尼克如他計劃的，在 LeWeb 研討會上介紹 Uber 服務。Uber 的投資人感到佩服，但也有點不安。當時在巴黎營運，「沒道理，沒半點道理，」薩卡說，這位愛穿牛仔襯衫的天使投資人是卡蘭尼克最親近的顧問之一。「我們甚至還未在洛杉磯或休士頓，或其他有這類黑頭車服務的大市場營運。這需要十足的膽識，這點顯示了投資人與世上最傑出的創業家之一的差別：我們可以看出種種不可在當時採取這行動的理由，而崔維斯就是知道一定行得通。」

加成計費試營，引發軒然大波

整個 2011 年，卡蘭尼克反覆思考前一年調高費率試營得到的教訓。Uber 在前一年跨年夜把舊金山 Uber 車的費率提高為平時的兩倍，以鼓勵更多司機在這個瘋狂夜留在路上載客。用較高的收入來吸引更多司機上路，同時又能逐退較窮的乘客，可以使尖峰時段的供需達到平衡，也可以解決計程車業的最大問題之一：在需求最大的時候，例如許多人喝醉的週末夜、國定假日或雨天，計程車是一車難求。

2011 年 8 月，在「本週新創事業圈」（This Week in Startups）播客節目中，卡蘭尼克解釋：「在跨年夜、萬聖節或大型音樂節，需求瘋狂到人們必須按鍵按上二十次，才叫得到車。所以，提高價格來抑制需求，這是典型的經濟學。」[5] 當時，Uber 應用程式上還沒有加成計費這東西。

公司內部並非人人都贊成這理論，也未必都同意在那年擴大浮動訂價試營的計畫，Uber 許多員工認為，暫時性的調高費率可能會疏遠顧客，也未必能激勵司機。葛雷夫斯回憶，當時內部也議論該為這種費率變化方案取什麼名稱，卡蘭尼克認為，「浮動訂價」（dynamic pricing）這名稱不太正確，因為費率永遠不會降低到基本費率以下。他認為，「加成計費」更適確，再者，這名稱聽起來有點不太妙，但這正是重點，「本來就是要有點嚇人的味道，」葛雷夫斯說，藉此鼓勵一些乘客尋求別的交通方式。

Uber 在 2011 年萬聖節再次進行「加成計費」試營，同樣把 Uber 車的費率提高為平時的兩倍。[6] 試營過程採用人工方式：六個城市的辦公室總經理當晚聚集在 Skype 聊天室，監視使用 Uber 服務的車隊，若 Uber 車變少了，經理人想調高價格，就會要求較高費率；在舊金山，卡蘭尼克便把新費率輸入程式裡。

不過，卡蘭尼克認為，想在這類需求瘋狂之夜確實達到供需平衡，Uber 也必須移除費率上限，讓萬能的市場之手自行決定價格。內部所有的反對意見都被他駁回，卡蘭尼克認為，公司的主要目標就是讓乘客不論白天或晚上，任何時候都容易叫到車，加成計費可以幫助 Uber 達成這個目標。

那年跨年夜，卡蘭尼克和絕大多數的工程師前往哥斯大黎加，度過另一次的「工作兼度假」。在此之前，由前密西根州立大學核子物理研究員轉任 Uber 公司的諾瓦克（Kevin Novak）領導的一支工程團隊，已經設計出一套演算系統，能夠自動根據路上 Uber 空車的稀有程度來調高費率。在哥斯大黎加的海灘上，卡蘭尼克及同仁即時觀看無費率上限的加成計費演算系統的第一次試營，結果是災難一場。「我們知道會有困難，但不知道會這麼艱難，」卡蘭尼克說，聲音隨著回憶變弱了。

子夜後，紐約和舊金山的 Uber 車費率飆漲到平時的七倍，很短的路程，乘客得支付超過 100 美元的車資。激怒的顧客蜂擁至社交媒體抱怨。儘管 Uber 應用程式已經向用戶展示加成倍數，例如 1.8x 或 2.5x，顧客要不是沒看到，就是不太理解這些數字的含義。Uber 遭遇它的第一次嚴重公關危機。一名紐約客發了這麼一則推特文：「雖然我高興我安全返家，但昨晚這段 1.5 英里路程花了我 107 美元的 Uber 車資，似乎過分到不像話。」[7]

卡蘭尼克在哥斯大黎加看著這一切，按捺不住他的第一本能，那就是爭強好勝的回應，以捍衛他心愛的品牌。他發推特文給 Uber 用戶：「你叫車前，價格就顯示在那裡，要不要是你的選擇……，那些選擇叫車的人是在選擇如何花他們的錢。」[8] 一位乘客的車程只花了三分鐘，車資高達 63 美元，他發推特文抱怨訂價太嚇人，卡蘭尼克回應他：「訂價是嚇人，但我們的紀錄顯示，你在叫車前，四度看了調整價格通告。」[9]

不意外的，怪罪顧客於事無補。科技部落格和各大媒體如《紐約時報》和《波士頓環球報》報導顧客認為這是哄抬價格。卡蘭尼克則回應：汽油價格向來隨供給情況調漲，人們必須接受，他們已經習慣於七十年來地上運輸的固定價格，現在必須克服這種習慣。

私底下，Uber 的主管們知道，他們沒有處理好這狀況。芝加哥辦公室的經理、葛雷夫斯大學時代以來的友人潘恩（Allen Penn）說，這家公司還在了解這套演算系統會如何影響價格，以及顧客會如何反應，「我們當時沒有跟顧客溝通好價格調整的機制與影響，」他說。就連卡蘭尼克在引發媒體軒然大波之後，也有點懊悔，事發幾個月後，他告訴我，溝通調整價格的細節，甚至是公告的字體大小及用詞，這些都很重要。「我們試圖在一夜之間解除個人運輸數十年來的固定費率，當然會引發焦慮，」他說。

卡蘭尼克處理媒體軒然大波的方式，起碼會惹惱一個投資人。薩卡把它拿來跟祖克柏 2006 年在臉書首度推出「動態消息」功能時，引發用戶抗議的回應相比（祖克柏當時在他的部落格文章開頭寫道：冷靜！）。「你不能大聲說：『該死的，接受吧。』你應該這樣說：『我們正在處理，真是好意見。我們將改進這應用程式，』」薩卡說。

大膽的市場實驗

當時，卡蘭尼克似乎相信，加成計費只是特殊時節的一項工具，「我不認為變動費率一定要成為我們將實行的常規，」他告訴《紐約時報》，「但萬聖節和跨年夜一定會採行。」[10]

但後來，一位 Uber 員工改變了他的心意。鮑麥克（Michael Pao）當時剛從哈佛商學院畢業，卡蘭尼克向來不願雇用企管碩士，但不知為何，他錄用了鮑麥克加入葛雷夫斯的營運團隊。鮑麥克在芝加哥辦公室工作了幾週後，轉往波士頓，和蓋特一起招募人才，組成一支當地經營團隊，但未能找到合適的總經理人選，鮑麥克便自己接下這職務。

鮑麥克在波士頓住了六年，熟知這城市週末生活的不便。波士頓的多數酒吧在凌晨一點打烊，在週五及週六夜，喝醉的顧客搖搖晃晃的走上街，計程車司機大多對這些人退避三舍。接近酒吧打烊時刻，他們會趕快把車開回家，避開這些狀況百出、可能在他們車上嘔吐的醉客。

Uber 車司機也不例外。鮑麥克反覆思考後很煩惱，他知道，若不能解決酒吧打烊時刻叫不到車的問題，便永遠無法使 Uber 在波士頓的業務成長。他開始進行實驗，第一週，他維持乘客的固定費率，但提高給司機的給付，結果有更多司機揑住鼻子，在打烊時刻繼續載客。看來，司機們其實非常有彈性，費率提高對他們很有激勵作用。第二週，為了證實這個推論，鮑麥克把波士頓的 Uber 車司機分成兩組，讓一組司機在應用程式上看到夜間加成計費，另一組司機則否。結果，那些看到夜間加成計費的司機留在路上更久，也完成更多趟載客服務。

從這些測試中，鮑麥克取得了先前加成計費實驗未能得出的確鑿數據，他把這個實驗新發現拿給卡蘭尼克看，證明在特定時段提高司機給付的話，可使路上的 Uber 車供給量提高 70% 至 80%，消除三分之二的顧客召不到車的情形。[11] 卡蘭尼克被說服了，儘管先前跨年夜的試營招來負面反應，鮑麥克的實驗使得加成計費成為 Uber 內部奉行的政策。此後，不管排山倒海而來的媒體批評、監管當局的敵意、加成計費的不得人心，卡蘭尼克不再舉棋不定。數據站在他這邊。

「我們的原則很清楚，」他在 2012 年告訴我，「第一，Uber 永遠是可靠的載乘服務，城市裡的其他運輸系統就不能這麼誇口了。事實上，大概沒有其他任何一種運輸系統可以這麼掛保證。第二，唯有當浮動費率或是加成計費能夠增加載客量，我們才會實行這種制度。費率提高，就會有更多司機出來載客，有更多司機上路，載客量就會增加，叫不到車的人就會減少，更多人有了另一種選擇。」

當然，這只是真實故事的一部分，Uber 這麼做其實是藉由迎合那些付得起較高車資的人，同時解決它長久以來在尖峰時段供車量不足的問題。這是殘酷的經濟學，付得起較高車資的人才有車可搭，乘客內心仍然排斥相同車程在不同時段索取較高車資。有觀察家把這種手段和卡蘭尼克的推特個人圖片聯想在一起。當時，他在推特上的個人圖片是蘭德（Ayn Rand）的著作《源泉》（*The Fountainhead*）的封面。2012 年，《華盛頓郵報》一位記者詢問在推特上放這張圖片的含義，卡蘭尼克說：「這不是什麼政治宣言，只不過是我個人最喜愛的書籍之一，我是一個建築粉絲。」

不過，卡蘭尼克持續為加成計費措施辯護的言行，至少感動了一位觀察者。據 Uber 董事會成員葛利說，在加成計費風波後，亞馬遜執行長貝佐斯告訴他：「卡蘭尼克是個真正的創業家，換做是其他大多數執行長，大概都會屈服。」

新一輪集資，資本就是力量

2011 年秋天，卡蘭尼克再次準備募集資本。相較於即將在幕後引爆的仇恨，加成計費導致的憎惡根本是小兒科。

Uber 當時規模雖還小，前景卻一片看好，根據該公司提供給投資人的資料，它在 9 月創造了 900 萬美元的車資營收，抽取佣金 180 萬美元，使用 Uber 應用程式的顧客數有九千人，其中 80% 在舊金山，但其他城市的顧客數正快速成長中。在投資人會議上，卡蘭尼克這個擁有三寸不爛之舌的銷售員端出一個誘人願景：Uber 可以成為像聯邦快遞（FedEx）這樣的全球品牌，有潛力推出較低收費的新種類汽車服務。「那些圖表上的所有數字令我大吃一驚，」高盛集團總裁柯恩（Gary Cohn）說。在此之前，他已經在市場街的 Uber 辦公室和卡蘭尼克會談過，後來積極說服所屬公司投資 500 萬美元，這將開啟高盛集團和 Uber 之間後來的密切關係。

但不是所有投資人都被卡蘭尼克的推銷打動。米爾納的數位天空科技投資集團就沒興趣，認為卡蘭尼克不同於臉書和谷歌那些內斂的執行長。有幾家創投公司表達興趣，但卡蘭尼克明顯偏好沙丘路上最新的糖心爹地——安德森賀羅維茲創投，這家創立僅兩年的創投公司在幾個月前領導 Airbnb 的 B 輪集資，使這家新創公司成為估值超過 10 億美元的獨角獸。

安德森賀羅維茲創投公司對 Airbnb 執行長切斯基來說，極具吸引力，卡蘭尼克對這家創投也有高度興趣，該公司的創辦人暨領導人是創業家安德森及賀羅維茲，以提出高估值等優異條件聞名。跟切斯基一樣，卡蘭尼克想取得該公司新進合夥人喬丹的顧問服務，喬丹對線上市場的獨特動態很有見識，是這方面的專家。

起初，安德森賀羅維茲創投公司是最積極的追求者，提供的條件將使 Uber 的估值超過 4 億美元。但後來，安德森這位當年網景公司的共同創辦人改變心意，根據《浮華世界》的一篇報導，一次共進晚餐時，安德森告訴卡蘭尼克，Uber 的財務狀況還未能支持這麼高的估值，安德森賀羅維茲創投公司對 Uber 的估值更改為 2.2 億美元。[12]

儘管失望，卡蘭尼克暫時同意這新估價，但當看到細部條款時，他感覺被捅了一刀。在預期 Uber 會雇用很多新員工下，安德森賀羅維茲創投公司想在 Uber 建立一大池的股票選擇權（用來發給新主管及員工），這意謂舊的投資人及員工的股權將被進一步稀釋。卡蘭尼克現在覺得被騙了，他覺得找上這家創投公司是個嚴重錯誤，所幸，他有備案計畫。

出生於伊朗的皮謝瓦（Shervin Pishevar）是矽谷最老牌創投公司之一門洛創投的合夥人，他也一直在爭取對 Uber 投資。留著一臉黑鬍子、體格魁梧的皮謝瓦常給人大大的擁抱，情感豐富，本身既是個創業家，也是個創投家，是矽谷新崛起的投資人類型。他沒有辛苦贏得的經驗與商業智慧，但有人脈與魅力，是個啦啦隊長，也是個思想領袖，跟得上流行的新概念，也很樂意公開展現他的支持，從發推特文到在自己頭髮上剃出公司標誌（他這麼做過兩次）。皮謝瓦在美國東西兩岸都是個人脈王，他也能提供安德森能給的東西——結識名人及政治人物，這讓 Uber 能夠借助他們之力。

卡蘭尼克喜歡皮謝瓦，當他決定選擇安德森賀羅維茲創投公司時，皮謝瓦有點失望，但仍然和藹的告訴卡蘭尼克，若這輪集資過程出了什麼狀況，打電話給他。於是，當安德森賀羅維茲創投公司那邊的交易出了變卦時，人在都柏林參加科技研討會的卡蘭尼克打電話詢問皮謝瓦，門洛創投是否仍然有興趣投資。皮謝瓦當時在突尼西亞的一場活動擔任演講人，順便療養背痛，但他立刻搭機飛往都柏林。

兩人在都柏林鵝卵石鋪設的街道散步，喝啤酒，談 Uber 的未來。皮謝瓦意識到這是一個大好機會，提議以 2.9 億美元的估值，投資 2,500 萬美元，而且不要求任何董事席位；這延後了董事會結構更動所造成的影響，因為新投資人加入難免會改變董事會的結構。皮謝瓦說，打動他的是卡蘭尼克對 Uber 的瘋狂投入，以及顧客對 Uber 服務的上癮。他回憶，在當時，每個 Uber 使用者平均每個月搭乘 3.5 次，還向七位朋友展示 Uber 應用程式。「以這些數字，我當時估計他們在一年內就能達到 1 億美元毛營收，」皮謝瓦說，「但實際上，他們在六個月內就做到了。」

現在，卡蘭尼克得做出一個重大決定。為此，他對外徵詢意見。聖地牙哥的音樂領域創業者羅伯森（Michael Robertson）從 Scour 時代就認識卡蘭尼克，他回憶那星期接到卡蘭尼克的電話。這位 Uber 執行長在電話上說，一位沒沒無聞的投資人（皮謝瓦）開出很好的投資條件，另一個名氣明顯較高的投資人（安德森）開出的條件較差，他該如何抉擇？羅伯森在電話上告訴他：「你不需要一個創投家來證明你行，你已經通過那階段了。現在重要的是，取得你能取得的最便宜資本，資本就是力量，資本愈雄厚，你就有愈多選擇。」

卡蘭尼克聽進了這個忠告，在下榻的都柏林舒爾本飯店房間外和皮謝瓦簽署合約。10 月 28 日（星期五），他以電子郵件告知坎普、Uber 董事會其他成員及芬維克魏斯特律師事務所的律師們這樁交易，他在信中寫道：「你們當中在過去二十四小時沒跟我聯絡的人，可能會惦記著安德森賀羅維茲那邊的交易怎樣了。他們對我們來了出其不意的一招，不僅估值低（2.2 億美元），還要建立一大池的股票選擇權。算盤打一打，這些數字不行。所以，我們選了另一個新投資人。Uber 的下階段展開了。」

矽谷名人、好萊塢大明星相挺

這樁投資洗牌，後來對 Uber 以及它的一個競爭對手產生牽連影響。當安德森賀羅維茲創投公司認知到自己犯了嚴重錯誤時，該公司將在後來領導 Lyft 的 C 輪集資。Uber 和皮謝瓦的交易，也將間接導致卡蘭尼克最親密的友誼之一瓦解。

接下來幾個月，皮謝瓦運用他的良好人脈，號召好萊塢大明星和矽谷名人支持 Uber，Uber 的新投資人包括演員布希（Sophia Bush）、穆恩（Olivia Munn）、諾頓（Edward Norton）、庫奇（Ashton Kutcher）、雷托（Jared Leto）；饒舌歌手傑斯（Jay Z）、布朗（Jay Brown）、史皮爾斯（Britney Spears）及其前經紀人雷柏（Asam Leber）；藝人經紀人摩里斯（William Morris）；音樂經紀人特卡特（Troy Carter）。

至於科技界，皮謝瓦幫助招來的投資人是亞馬遜的貝佐斯和谷歌執行長施密特（Eric Schmidt）。這些名人分別投資 5 萬至 35 萬美元不等，到了 2016 年，他們的股份價值已成長二十倍。

還有一個人也投資了，那就是切斯基。這位 Airbnb 共同創辦人說，卡蘭尼克當時親自邀請他在這輪投資，「我知道這家公司前途大好，但不知道它會變得多大，」切斯基說。

Uber 的一些早期投資人抱著懷疑看待這輪看似無止境、規模不停滾大的集資，尤其在這輪集資早已結束後加入的那些名人，卡蘭尼克仍然給予他們相同的入股條件，令那些早期投資人很不以為然。此時，Uber 在新城市的成長加速，Uber 將變得非常巨大，那七宗罪當中的貪婪開始冒出頭了。

薩卡比多數人更早辨識出可能的機會有多龐大。這位 Uber 最早的天使投資人非常善於投資早期新創公司，有選擇性地加倍下注，從想要獲利了結或不想冒更多風險的其他投資人手上承購更多股份。他以這樣的策略，持有龐大數量的推特股份，這有部分靠的是和推特的共同創辦人威廉斯（Evan Williams）保持密切關係。

現在，他對 Uber 也採行相同策略，卡蘭尼克起初接受，但後來似乎改變心意。薩卡試圖買下環球音樂集團在 2010 年出售 Uber.com 網址時取得的 2% Uber 股權，但卡蘭尼克搶先一步，為公司買回這些股權。薩卡和幾個早期投資人達成協議，要買下他們的部分股份，但他需要獲得 Uber 同意，才能完成這些交易。卡蘭尼克拒絕同意，擔心這會影響公司配發股票給新員工做為部分薪酬時的市場價格。卡蘭尼克也認為，薩卡試圖出售 Uber 股份，但薩卡強烈否認。

這兩人是多年的親密朋友，經常在卡蘭尼克的「腦力激盪房」一起動腦，或在薩卡的舊金山家泡按摩浴池，去薩卡的太浩湖度假屋度假。薩卡還帶卡蘭尼克及坎普去參加歐巴馬就職大典。但現在，卡蘭尼克認為，薩卡只為自己著想。

因為這些承購其他投資人股票的事情，兩人之間的緊張對立在 2011 年升高，後來，在 Uber 和皮謝瓦及他的名人朋友敲定投資交易後，這緊張對立終於爆發。當時，卡蘭尼克需要薩卡簽署一堆成交文件，薩卡事後回憶說，那時為了照顧他的新生嬰兒，已經多晚未眠，在未詳細閱讀下簽了名。但這些文件中有一條文，同意解除首輪資本公司的一些董事權利。

薩卡說，在發現自己簽了什麼東西時，他怒不可遏。首輪資本公司的柯波曼（Josh Kopelman，海耶斯的合夥人）曾經幫助他開始天使投資人生涯，他覺得自己這下像是暗中傷害了對方。早期投資人往往會自願放棄董事會席位、不得在未來幾輪集資中投資之類的權利，但他們不喜歡被剝奪既有權利，「老弟，我還要在這產業繼續生存下去！」薩卡向卡蘭尼克抱怨。

不久，卡蘭尼克去薩卡位於聖塔莫尼卡的家中做客過夜，他們在廚房談話時，薩卡舊事重提，卡蘭尼克冷漠地回答：「你應該學會在簽署文件之前詳細閱讀，」薩卡和他太太把卡蘭尼克轟了出去。

薩卡繼續以觀察人身分出席董事會會議，但兩人關係畫下句點的日子已經近了。實際情形，雙方的憶述內容稍有不同，但一切始於 2012 年 9 月薩卡和皮謝瓦之間的一次交談。根據薩卡的說法，他們當時在談如何支持卡蘭尼克這位執行長的成長，薩卡若有所思地說，換做是另一種類型的投資人，可能已經對文件簽署這樣的問題提出訴訟了。

根據皮謝瓦所言，薩卡當時說得比較直接，他說他感覺自己被施壓簽署了那些文件，像這樣的情況，可能使他別無選擇而必須對 Uber 提起訴訟。

接下來發生的事，各方說法都一致。皮謝瓦立刻打電話給卡蘭尼克，報告這個真實或想像的訴訟威脅。卡蘭尼克打電話給薩卡，「他在電話上大吼大叫：『你要控告我！去你 X 的！』」薩卡回憶。

幾星期之後，薩卡準備去參加預定的 Uber 董事會會議，但卡蘭尼克冷冷的告訴他，他不受歡迎。薩卡說，他還是會去，想把事情解釋清楚。卡蘭尼克說，若他來的話，保全會把他請出去。接著，芬維克魏斯特律師事務所發函給薩卡，聲明他不得再以觀察人身分出席 Uber 董事會會議，也無權再取得有關這家公司的任何不公開資訊。

接下來幾年，薩卡一再發電子郵件道歉，多次試圖和解。在《富比士》的一篇人物素描中，他甚至把這失和描述為純粹是他想買更多 Uber 股份導致的結果，當然，這只是講了部分實情。[13] 不過，截至本書出版之際，卡蘭尼克和薩卡還未化解他們之間的不和。

永遠不可能放慢速度了

取代柯奇曼成為新任紐約辦公室總經理的，是曾在線上酒品銷售商擔任行銷總監的莫勒（Josh Mohrer）。蓋特終於在 2012 年初返回舊金山幾星期。她以為自己會在家待上好一陣子，還養了一條名為迪威的雜種狗，沒想到，她突然又被派上路，去開辦 Uber 在洛杉磯和費城的營運。蓋特只好帶著狗兒到處奔波，尋找願意收留牠的旅館，並嘗試訓練牠待在籠內，但不成功，「當時不是我人生中適合養狗的理想時機，」蓋特說。

洛杉磯幅員遼闊，是實施教戰手冊的理想場域。公司在前汽車店改裝的餐廳 SmogShoppe 舉辦開業慶祝派對，名人賓客雲集，包括穆恩、庫奇、前美式足球球員布希（Reggie Bush）、模特兒阿布西（Amber Arbucci）。皮謝瓦的友人、名演員諾頓是首乘者之一，公司在部落格文章中拿此做廣告，不久，洛杉磯人就開始嘰嘰喳喳談論這家最夯的新創公司，以及它的名人事業夥伴。

基於蘇活策略，Uber 首先在好萊塢及聖塔莫尼卡這兩個地區推出 Uber 服務，向司機保證每日最低收入，等到業務開始在當地產生動能後，Uber 轉換成對這些社區的所有載客車資一律收取 20% 佣金，把保證每日最低收入措施轉移至該市其他地區。Uber 以這種模式來助燃業務成長，「若我們嘗試在洛杉磯所有地區同時推出服務，我們會一敗塗地，」蓋特說。

Uber 此時快速的在北美地區擴張，到了 2012 年初，它已經立足十多個城市，有五十名員工，其中半數在各地工作。有創投資本在銀行戶頭裡，還有一些潛在競爭者突然出現於雷達上，卡蘭尼克準備踩油門，「我在等崔維斯說放慢速度，但從未發生，」蓋特說。

年幼的切斯基與父母合照於紐約州尼斯卡永納鎮家中。

青少年時期的布雷卡齊克，當時已擁有一家成功的網路事業。攝於波士頓家中。

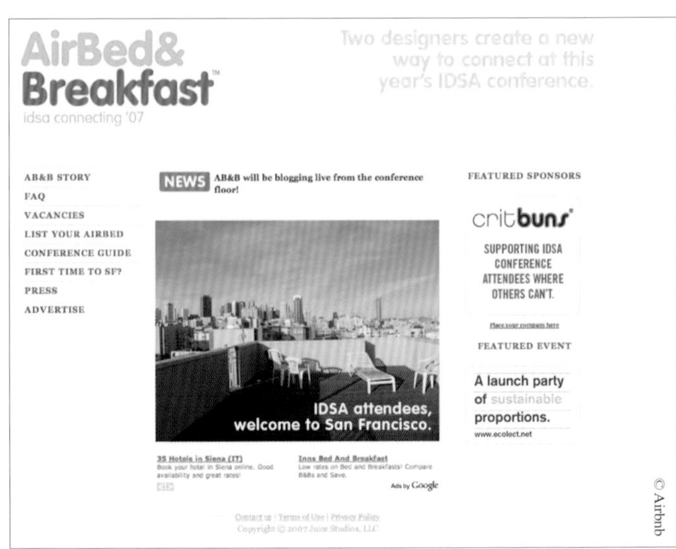

2007 年 10 月時，最早的 AirBed & Breakfast 網站。

Airbnb 三位創辦人合照於勞許街公寓，由左至右：布雷卡齊克、切斯基 (坐者)、傑比亞。

Airbnb 共同創辦人傑比亞及他發明的可攜式彩色泡棉坐墊 CritBuns。

Airbnb 三位創辦人合照於加州山景市新創育成中心 Y Combinator。

Airbnb 三位創辦人 (由左至右：布雷卡齊克、切斯基、傑比亞)，2010 年攝於他們的第一間辦公室。

年幼的卡蘭尼克 (前排右)，與父母和弟弟合照。

高中時是田徑隊員的卡蘭尼克。(照片取自格蘭納達丘高中 1994 年年鑑)

格蘭納達丘高中 1994 年年鑑上的卡蘭尼克照片。

2010 年時 UberCab 網站螢幕照。（Brad Stone 提供）

Uber 早年團隊，由左至右：錢伯斯、卡蘭尼克、舒梅瑟、惠藍、波內、蓋特、葛雷夫斯、麥基倫。

Uber 第一任執行長葛雷夫斯與營運女主管蓋特。

紐約市政廳於 2015 年 1 月 20 日舉行有關短租的公聽會，Airbnb 的反對者在市政廳前群集抗議。

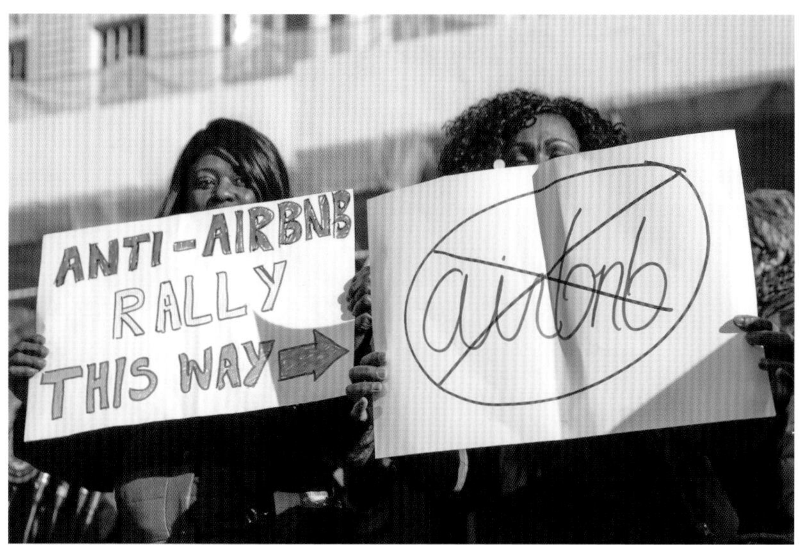

2015 年 1 月 20 日，Airbnb 的反對者在市政廳前群集抗議。

Airbnb 三位創辦人在 2015 年 2 月為公司活動站台。

©Aaron Ke

切斯基和妻子及父母攝於 2016 年 11 月在巴黎舉行的 Airbnb 房東大會。

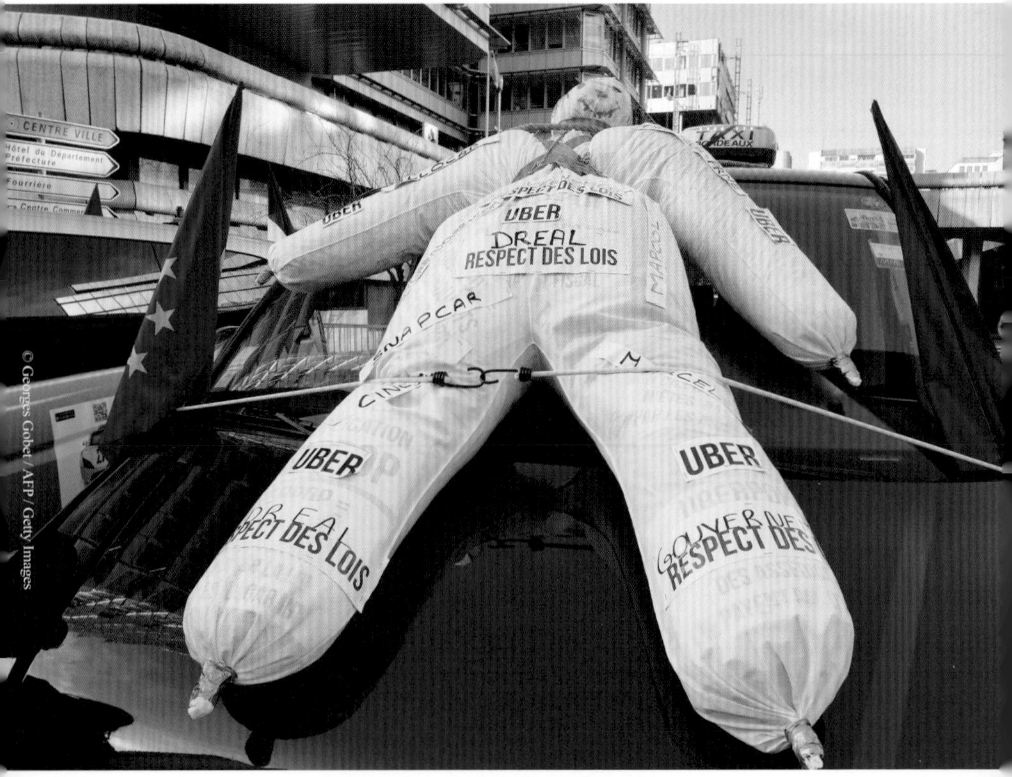

© Georges Gobet / AFP / Getty Images

2016 年 1 月 26 日，法國波爾多市計程車司機焚燒輪胎及封鎖市街，抗議 Uber。

2016 年 2 月 1 日，Uber 司機與他們的支持者在 Uber 紐約市辦公室前抗議降低 Uber 車費率。

© Seth Wenig/AP

2016 年 3 月 14 日哥倫比亞波哥大市，計程車司機群集市中心抗議 Uber。

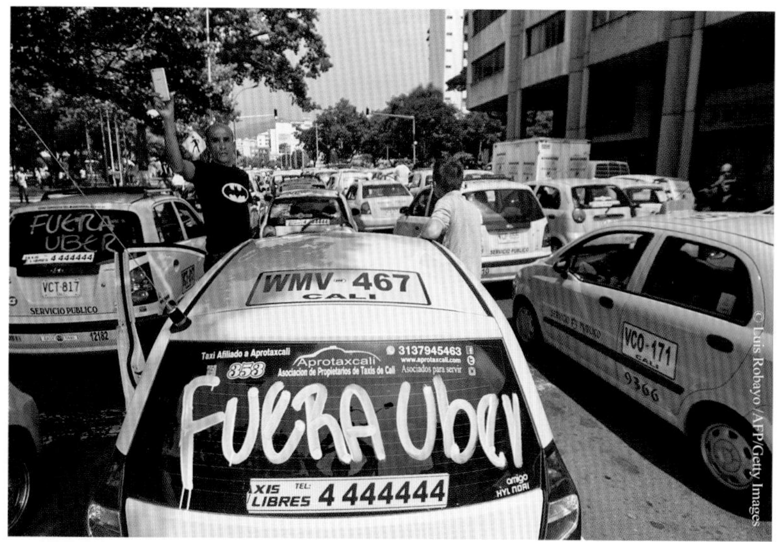

哥倫比亞卡利市計程車司機於 2016 年 6 月 28 日群集抗議 Uber。

Uber 創辦人坎普與卡蘭尼克合照於巴黎艾菲爾鐵塔前。

Lyft 總裁季默於 2011 年穿著青蛙裝推銷共乘服務 Zimride。

Lyft 共同創辦人暨營運長季默，與 Lyft 共同創辦人暨執行長葛林，在 2013 年 9 月 9 日於舊金山舉行的 TechCrunch Disrupt 研討會台上。該研討會一連舉行三天，有來自各科技領域的領導人與會，包括一場「最佳新創公司」評選競賽。

滴滴出行創辦人暨執行長程維，
攝於滴滴出行北京辦公室。

滴滴出行執行長程維與總裁柳青，攝於 2016 年 2 月時該公司的一場宴會上。

Airbnb 執行長切斯基與 Uber 執行長卡蘭尼克，在 2011 年 5 月的 TechCrunch Disrupt 研討會上，最左邊是主持人 TechCrunch 總編輯尚菲爾德。

Airbnb 執行長切斯基與 Uber 執行長卡蘭尼克共同出席 2011 年 5 月於紐約市舉行的 TechCrunch Disrupt 研討會。

Chapter 8

共乘市場大戰

一個叫車 App，顛覆一個產業

我們不是以市場為核心來打造一項產品，

而是以滿足顧客需求為核心來打造一個體驗。

——Uber 共同創辦人卡蘭尼克

在 Uber 簡短但多事的歷史中，截至此時，該公司在進軍新城市時還算是相當審慎。卡蘭尼克及其同仁雖把計程車法規，視為旨在保護既有計程車業者免於遭遇新競爭，但他們仍然仔細檢視當地法規，並在必要時彈性變通。Uber 大體上來說是個遵守法律者，不是違法者。但接下來兩年，因為種種意外，這種情形改變了。

2012 年時，該公司面臨更嚴格的監管當局，並遭逢一個有進取擴張計畫的國際競爭對手，以及兩家準備完全不理會計程車法規的矽谷新創公司帶來的顛覆。這些事件將激出卡蘭尼克強烈的好勝傾向，也使得該公司、美國各城市乃至世界各大城市，捲入錯綜複雜的糾葛中。

行不行，法律說了算？

一切始於一條推特文。

2012 年 1 月 11 日，早上 10 點 35 分，乘客權益倡導團體華盛頓特區計程車觀察（DC Taxi Watch）發出一則語焉不詳的簡短訊息，引述美國首府計程車管理委員會最高層官員的話，訊息寫道：「主委林頓說：Uber 在華盛頓特區非法營運。」

這條推特文發自安娜科斯提亞社區（Anacostia）一棟單調的戰後建築內，華盛頓特區計程車管理委員會總部便位於此。該市計程車司機擠滿現場，平時令人昏昏欲睡的公聽會，這天發言踴躍。他們說，Uber 的市內接送出租車在過去兩個月間非法營運。

林頓（Ron Linton）偏向認同計程車司機們的說法。六個月前才被市長葛雷（Vincent C. Gray）任命為該市計程車管理委員會主委的林頓，八十歲出頭，是個政策規劃者，長期在華盛頓特區市警局擔任預備官。他神情嚴肅，戴著明顯的遮禿頭假髮。和舊金山市的林克莉絲緹安一樣，他自稱為變革代理人，決心改造首府老舊過時的計程車，這些計程車蔑視少數族群社區，不接受信用卡，甚至沒有頂部燈，沒有可和其他車輛區分的統一顏色。但林頓堅持從產業內部進行改革，為該區 8,500 名有照計程車司機保住工作飯碗。「Uber 非法營運，我們打算採取行動對付他們。」林頓向在場群情激憤的司機們保證。[1]

Uber 的華盛頓特區辦公室總經理霍爾（Rachel Holt）看到發自公聽會的這條推特文時，正在安頓她的新辦公室。跟 Uber 進入營運的其他城市一樣，複雜含糊的當地計程車法規，似乎並未明文禁止該公司的服務。在華盛頓特區，正規計程車必須使用計程車跳表來計算車資，禮車只能按事先議定的車資收費，《哥倫比亞特區市政法規》第 1299.1 條的附則裡還有第三類，似乎與另兩條法規相牴觸，這條附則規定，乘客在六名或以下的轎車可以按時間及哩數收費。[2] Uber 的方法顯然符合該規定。

霍爾之前曾在貝恩企管顧問公司（Bain & Company）當顧問，也在加州奧克蘭的消費性產品公司高樂氏（Clorox）當過行銷經理，她的未婚夫在華盛頓特區工作，當她開始在首府尋找工作時，她有個重要條件，「我不想做政治相關工作，」她說。

一位朋友拿 Uber 的徵人啟事給她看，這公司要找人領導他們在華府的辦公室。霍爾說，她當時和葛雷夫斯及卡蘭尼克面談後，對擔任「一個城市的執行長」的自主性，以及將在一個年輕又有前景的新創公司工作，感到興奮。上任的第一個月，她在舊金山工作，接著在紐約辦公室學習了一個月，並幫助葛雷夫斯和蓋特改造紐約市的營運策略。之後，就來到華盛頓特區。Uber 在 2011 年 11 月開始籌備，12 月正式在此營運，過沒多久就激怒了這城市的計程車司機，這些人長期受呵護，根本無法習慣新的競爭。

看到這則發自計程車管理委員會公聽會的推特文，霍爾寫電郵給林頓的辦公室要求澄清。對方告訴她，她會在四十八小時內獲得回覆。那天是星期三，林頓信守承諾，在星期五通報當地媒體去康乃狄克大街的五月花飯店前聚集。林頓從克里夫蘭公園社區召了一部 Uber 車，搭到五月花飯店，在飯店門口的環形車道上，和來自計程車管理委員會的五名檢查員會合。

在現場三名記者圍觀下，檢查員對這名 Uber 司機開出 1,650 美元罰鍰，理由包括在特區無營業牌照載客、沒有保險憑證在手等等違法項目。接著，他們扣押他的車子，讓他不能在馬丁路德金恩紀念日的週末連續假期營業。林頓站在媒體面前，抨擊 Uber 在這個城市大肆破壞法規，「它們既當計程車，又當禮車，根據法律，不可以這麼做。」[3]

霍爾接獲這名 Uber 司機通知正在發生的麻煩，趕到現場時已晚了三分鐘，她困惑不解。根據實際罰單，林頓針對的是司機本人（維吉尼亞州居民），不是 Uber。他這麼做基於該市一條較隱晦而未被注意的規定：禮車司機必須事先告知乘客車資，不能使用計算時間與距離的計量器。這罰鍰不影響 Uber 是否能夠繼續在該市營運，似乎主要是想恫嚇司機，遏阻他們簽約加入 Uber 服務。

動員乘客，為 Uber 作戰

這爭議轉移到網際網路上。葛雷夫斯在 Uber 網站上撰文談這事件，指出公司將負擔該名司機的罰款，並補貼他一個週末損失的工作收入。「我們很驚訝一個公共部門官員說 Uber 違法，卻未發送任何詳細說明的通知，」他寫道。[4] 他也在文中邀請 Uber 使用者發送支持 Uber 的推特文，直接打電話或寫電子郵件給華盛頓特區計程車管理委員會。這是他們第一次動員 Uber 的顧客去為 Uber 作戰，日後這個方式將變得愈來愈重要。

已在 2015 年過世的林頓當時表示，他既是在保護現有的計程車公司，也是在執法。事發幾天後，他告訴一個當地的部落客 DCist：「我承受來自計程車公司的巨大壓力，它們對於 Uber 的營運方式非常不滿。沒有人喜愛監管者，但我們有規範，我們有監管，我們有法律。」[5]

或許意識到自己已經走入了監管沼澤地，林頓接下來把這事提交給該市法務處處長納生（Irvin B. Nathan），請他評估 Uber 的適法性。那年春天，霍爾和納生及他的幕僚會面，這些官員推斷，似乎給予 Uber 保護的第 1299.1 條法規只不過是誤植。Uber 暫時可以繼續營運，但它在華盛頓特區的戰役才剛開打。

Hailo 來襲，Uber Taxi 開辦

卡蘭尼克走訪巴黎和其他歐洲城市時，有個新崛起的競爭者特別引起他注意。Hailo 這家新創公司在停泊於泰晤士河的一艘退休二次大戰商船下層船艙裡營運，向倫敦的有牌黑色計程車提供一套智慧型手機應用程式。

Hailo 創辦者布瑞格曼（Jay Bregman），是從倫敦政經學院取得媒體與傳播碩士學位的美國人。他在 2003 年曾經創立一家名為 eCourier 的公司，為自行車快遞員提供 GPS 器材，提高他們的遞送工作效率。但這家時機過早的公司最終沒能成氣候，在 2009 年金融危機中結束營運。

把 eCourier 的資產賣給另一家規模較大的公司後，布瑞格曼觀察市場，看到 Uber 在美國崛起，洞見一個機會 —— 使用 iPhone 來幫助倫敦的計程車司機。他們正面臨一種名為 minicab 的私人受雇車的激烈競爭，不同於有牌的計程車，使用 minicab 服務的乘客必須事先透過電話或在 minicab 車隊辦公室預約。幫助布瑞格曼出售 eCourier、後來成為 Hailo 共同創辦人暨董事會主席的銀行家齊蓋布（Ron Zeghibe）說：「我們想把這些傢伙帶入現代化，給他們工具，幫助他們贏回工作。」

布瑞格曼為 Hailo 的創始團隊招募了三名倫敦計程車司機，

開始向頭髮斑白的倫敦計程車司機推銷 Hailo 服務。由於有牌黑色計程車費率已經比 minicab 貴，該公司並未向使用 Hailo 應用程式的乘客收取任何費用，而是鼓勵他們給司機小費，公司則向司機抽取車資的 10% 做為佣金。起初，計程車司機抱怨，但後來，這套應用程式開始為他們帶來新客源，收入高於沿路找攔車乘客的營業模式。到了 2012 年初，Hailo 應用程式被下載次數已達 20 萬，有兩千名司機使用這項服務。[6] Uber 遭遇的幾個國際勁敵當中，Hailo 是第一個。

但接著，布瑞格曼犯下第一個嚴重錯誤。Hailo 從阿賽爾合夥公司（Accel Partners）和原子創投公司（Atomico）募集到 1,700 萬美元後，腦袋充血而致魯莽的虛張聲勢，於 2012 年 3 月 29 日透過科技新聞網站 TechCrunch 宣布將擴展至芝加哥、波士頓、華盛頓特區及紐約的有牌計程車車隊，這些全都是 Uber 已經立足的市場。這篇 TechCrunch 的報導最後一句寫道：「Hailo 已經在芝加哥雇用了一名總經理，企圖在接下來幾個月快速擴張。」[7]

Hailo 擴張的消息傳遍世界，遠至中國，如同後文將會提及的，中國的創業家和創投家突然認知到，用行動應用程式來連結乘客和禮車與計程車，是個強大到足以橫跨大陸的事業概念。問題是，Hailo 實際上要在好幾個月後才會進軍那些瞄準的城市，但 Uber 的主管們已經注意到這報導。進軍芝加哥市場那幾個字扯動的警鈴尤其響亮，Uber 的芝加哥辦公室經理潘恩（Allen Penn）立刻進入戰爭狀態，當晚就透過視訊會議召集他的同仁，討論應對之策。顯而易見的對策是直擊 Hailo：讓芝加哥的有牌計程車掛上 Uber 應用程式。

這是個重大行動，不僅牽連到 Uber 的營運模式，也涉及該公司如何向全世界呈現自身面貌的方式。截至當時為止，叫 Uber 車代表的是時髦、高檔、高價，當時 Uber 車資比一般計程車貴 50%。在創辦人坎普的設想中，這個品牌名稱代表的是，踏出一輛 BMW，和你的朋友在一家夜總會碰面，很「uber」。但站在密西根大街和威克大道路口攔一部鑲著格子條邊的黃色計程車，坐上有奇怪氣味的後座，這也算很「uber」嗎？

接下來幾天，公司內部熱烈辯論把傳統計程車納入 Uber 系統的相關提議，若要這麼做，Uber 必須接受傳統計程車的跳表費率和嚴格的領牌規定，把 Uber 原本抽取的佣金讓出一大部分給司機，以取代小費及服務費，使得 Uber 標準的 20% 抽佣大大降低。Uber 的許多員工及主管反對這行動，「我們做的是高檔生意，標榜『人人都是私人司機』的體驗，」該公司的早期工程師麥基倫回憶：「我們想要維持高檔上乘的體驗，加入傳統計程車，感覺起來太格格不入了。」

最終，卡蘭尼克指出 Uber 成功的首要原因，為辯論畫下句點。根據潘恩表示，卡蘭尼克在一次會議中說：「若有人再說擔心摧毀品牌，我就真的要掀桌子了。Uber 的高檔性在於時間與便利，不是車子本身。」

董事會成員葛利擔心有競爭者以較低價格搶走 Uber 生意，在他的催促下，卡蘭尼克做出一個重要結論。Uber 未必要堅持走高檔品牌，它可以藉由提供任何價格下最有效率、最舒適的選擇，和所有類型的其他運輸工具競爭。

在那篇 TechCrunch 報導刊出一週後，潘恩正在肯塔基州與家人相聚時，接到卡蘭尼克的電話，問他是否能夠在一週內推出一項名為 UberTaxi 的服務。最終，Uber 花了三星期的籌備時間，推出這項服務。舊金山總部的工程師們把 Uber 不久前在西南偏南節中推出的行銷花招應用程式（讓參加盛會者訂購烤肉及召三輪車）拿來改造，開發出讓芝加哥市的乘客可以選擇豪華黑頭車或傳統計程車的功能。潘恩及其團隊開始在芝加哥街頭搭計程車，並邀請計程車司機到 Uber 辦公室，向他們展示應用程式。

Uber 在 2012 年 4 月 18 日推出計程車服務，由於卡蘭尼克不確定市場對這項服務的接受度，對外把 UberTaxi 說成是來自一個規模仍小的新創事業，一個完全是他虛構的、名為 Uber Garage 的部門。[8]「谷歌有 Google X，我們有 Uber Garage，」卡蘭尼克在那年這樣告訴我，「若我們有個不確定是否喜歡的事業構想，我們就把它放在車庫。」

Uber 以提早攻入芝加哥計程車車隊來迎擊 Hailo，這家倫敦的新創公司要五個月後才會開張業務。

但這不是 Uber 成功圍堵它的第一個國際勁敵的唯一理由，這兩家公司的策略有明顯差異，這差異性明顯呈現於幾週後在倫敦衛理公會中央禮堂舉行的 LeWeb 研討會上。在主辦單位宣傳為「計程車應用程式公司執行長與支持陣營摔角對抗賽」的專題討論單元，卡蘭尼克和布瑞格曼同台，布瑞格曼帶著他的投資人之一、阿賽爾創投的合夥人華爾金（Adam Valkin）一起上台，卡蘭尼克帶的是皮謝瓦，在這個單元的一開始，皮謝瓦在他的後腦勺剃出 Uber 的標誌。

兩位創業家斯文有禮的定義各自公司的差別。Hailo 連結乘客和現有的有牌計程車，試圖藉由提高他們承接生意的效率，增加他們的生產力。撇開試營的 Uber Taxi 不談，Uber 試圖建立一整個新的豪華車司機專業網絡。Hailo 的司機可以搭載路邊攔車的乘客；根據法規，Uber 司機不能這麼做。

接著，他們開始用嘴巴揮拳，「我們不是以市場為核心來打造一項產品，而是以滿足顧客需求為核心來打造一種體驗，」沒察覺到身上那件新購運動夾克袖子上的吊牌忘了剪下來的卡蘭尼克說，「這大概是最根本的差別。」

布瑞格曼宣傳使用有牌計程車的好處，指出 Uber 在紐約市仍然遭遇的阻礙，候車時間仍然可能超過五分鐘。他說，提供應用程式給計程車司機，Hailo 可以：「有足夠的出租車輛，促成優異服務，隨著計程車數量和顧客增加，情況只會愈來愈好。」

卡蘭尼克冷靜的指出，在紐約這類地方，許多因素會限制任何時間點的路上計程車數量，像是計程車牌照發放數量有限、計程車換班、需求尖峰等等。「你必須有彈性的供給，有時候，這就是一個新的司機網絡可派上用場的時機，」他說。

專題討論最後，對於哪一種方法較好，並無定論。但幾年後，我在紐約西村的一間咖啡館和布瑞格曼聊天，他在率領 Hailo 進軍北美地區被 Uber 徹底擊潰後，已經離開 Hailo。

「我們以為我們進入的是一種替代性事業，人們不再路邊攔車，開始改用應用程式叫車，」他告訴我，「但實際發生的情形是，人們不再開自己的車，旅行時不再租車，而是開始使用叫車應用程式。」誠如卡蘭尼克預測的，需求增加時，有牌計程車應用程式無法提供足夠的供給。

Hailo 後來嘗試在倫敦做出改變，在應用程式上增加 minicab 這個選項，就如同 Uber 在芝加哥推出傳統計程車這個選項一樣，但行不通。計程車司機覺得被背叛，群集 Hailo 辦公室抗議，在社交媒體上攻擊三位計程車司機出身的 Hailo 共同創辦人，譴責他們是背叛者。[9] Hailo 被迫退出 minicab 服務，「問題在於，你真的必須選邊站，」布瑞格曼帶著沉思表情告訴我。

Uber SUV 與 UberX，走入大眾的第一步

那年夏天，Uber 仔細思考從 UberTaxi 試營中獲得的啟示。在芝加哥，Uber 同時提供較便宜和較貴的服務選項，根據內部資料，兩種業務都成長，不意外的，乘客偏好較便宜的服務。

所以，若 Uber 品牌彈性大到能夠納入後座不潔的傳統計程車，那它還可以納入什麼呢？卡蘭尼克及 Uber 主管們得出兩個答案，其一是用於較多人同行時的豪華運動休旅車車隊，車資將高於傳統 Uber 黑頭車服務，取名 UberSUV；其二是車資低於傳統 Uber 黑頭車服務的四門油電混合動力車車隊，取名 UberX，純粹是因為這是該公司能想出的最好名稱了。「這個 X

只是一個占位符號，我們稱它為 UberX，是因為我們想不出一個適當的名稱，」當時的 Uber 產品長拉達克里希南回憶，她說他們曾經考慮過 Uber Green 和 Uber Eco，但都被否決了。

這裡要做個重要釐清：不同於當時剛在舊金山啟動的共乘服務公司 Lyft 和 Sidecar，最初的 UberX 只讓持有計程車牌照的專業司機提供此載客服務。卡蘭尼克試想的是一支黑色豐田 Prius 車隊，司機跟其他 Uber 車司機一樣，是有營業牌照的。

Uber 在 2012 年 7 月 4 日推出這些服務，以一篇部落格文章推銷：「選擇是美事」（Choice is a beautiful thing）。[10] 卡蘭尼克在那天告訴《紐約時報》：「這是 Uber 走入大眾的第一步。」[11] 運動休旅車和油電混合動力車服務，在舊金山、紐約以及很快加入的芝加哥和華盛頓特區供應。

華盛頓特區的 Uber 業務此時每個月成長 30% 至 40%，就連其經理人都大感意外。[12] 霍爾在華盛頓特區啟動 Uber 服務時，葛雷夫斯要她在年底前把這個城市的業務成長到召車毛營收 700 萬美元，她在 4 月就達成這目標了，「我當時心想，天哪，這業務發展得真好，」她說。但是，這慶賀很短暫，Uber 的受歡迎以及提出 UberX 的計畫，很快就引發另五個月的激烈政治爭吵。

Uber 主管和華盛頓特區司法處處長討論無果後，Uber 的適法性問題落到該市市議員、交通與環境委員會主席瑪麗契（Mary Cheh）手中。當時六十二歲的瑪麗契，是畢業於哈佛法學院的民主黨員，多年來一直想把老舊過時的華府計程車業帶入現代化，「縱使在 Uber 已經進入之時，我仍在努力嘗試改革這個還處於二十世紀、甚至十九世紀的計程車產業，」她說。她也是個務實的人，尋求在已漸漸成為熱議話題的許多當地計程車強大利益之間取得和平折衷。那年春天，她發函給林頓的華盛頓特區計程車管理委員會，要求他們停止扣押 Uber 車，接著開始尋求被 Uber 的成功日益激怒的各方，做出妥協和解。

瑪麗契認為，必須克服相互牴觸的法規，對 Uber 的適法性做出明確釐清，允許它在這個城市營運。2012 年陣亡將士紀念日後的那週，她和霍爾、Uber 說客塔斯克的同事瑞斯（Marcus Reese）、Uber 在該市雇用的知名律師暨說客貝利（Claude Bailey）等人協商。她也和該市第一選區選出的市議員葛拉罕（Jim Graham）商談，這位總是戴著蝴蝶領結的市議員，是該市有牌計程車車隊及司機們最堅實的代言人暨鬥士（葛拉罕的首席幕僚在 2011 年曾遭控收取餽贈以推動計程車相關法案，該幕僚在庭上認罪）。[13]

瑪麗契認為，那些協商得出的結果是她稱之為「Uber 修訂案」的短期妥協，加入交通法中的新法條將給予 Uber 合法營運地位，但他們也加了最低價格條款，要求 Uber 車的費率必須數倍於一般計程車的費率。習慣於這種妥協的貝利，或許不了解卡蘭尼克的強烈理想主義性格，他表示願意接受這項妥協，於是瑪麗契決定在 7 月 10 日的市議會中提案投票表決，並承諾這些條款只是暫時性質，明年會重新審議。「我當時向他們解釋，這些條款只是暫時的，我需要可以運作的空間，」她說。

接下來發生的事，將形塑出日後成為許多科技新創公司師法的 Uber 政治戰術。

卡蘭尼克從未完全同意接受最低費率條款。他認知到 Uber 面臨來自 Hailo 之類公司的競爭，也知道 UberX 之類的服務將需要大舉降低價格，因此，他決定開戰。這令他的那些說客驚愕不已，因為他們已經接受瑪麗契的妥協提案了。

卡蘭尼克首先拋擲批判手榴彈，在推特上對瑪麗契提案貼上「價格壟斷陰謀」標籤，指控她「千方百計保護計程車業」。[14]

不過，想要影響華盛頓特區市議會，Uber 不能只靠自己發推特文。該公司的人回憶，卡蘭尼克首先尋求華盛頓特區科技社群的支持，尤其是徵求總部於維吉尼亞州的線上折扣團購公司 Living Social 支持。在得不到它們的回應下，卡蘭尼克決定直接訴諸 Uber 顧客群，他發了一封激昂憤慨的信函給數千名華盛頓特區的 Uber 使用者，控訴市議會將使該公司無法降低費率，確保可靠服務。「Uber 修訂案的目的，基本上就是要保護向來擅長影響當地政治人物的計程車業，」他在這封信中寫道，這基本上就是在指控瑪麗契和她的同僚貪腐。[15] 他又提供華盛頓特區市議會所有十二位議員的電話號碼、電郵地址以及推特帳號，敦促他的顧客發聲。

第二天，他張貼一封公開信給市議員，措詞帶有威脅意味：「你們為何如此明目張膽的把特殊利益擺在你們的選民利益之上？全國的眼睛都在看著，華盛頓特區選出的官員代表誰的利益。」

瑪麗契對於卡蘭尼克這種兇猛的反應感到錯愕。市議員們在二十四小時內，收到 5 萬封電子郵件和 3 萬 7 千條內含 #UberDCLove 標籤的推特文。[16] 7 月 10 日，市議會舉行夏季最後一次會議，市議員全都以困惑和恐懼的表情看著瑪麗契。她在多年後告訴我，修訂案是要「應付葛拉罕及計程車司機」，但現在，網際網路的重量如巨石般重擊市議員，這些修訂案顯然不值得了。

「我不想因為這個條款，而在其他更重大的提案中，失去任何人的支持，」她說，因此，最低價格條款在當天早上就已經刪除，取而代之的提議修訂案，讓 Uber 繼續在華盛頓特區合法營運到 9 月的下次會議時再重審。

瑪麗契後來把 Uber 的反應，拿來跟槍枝遊說團體的頑固相比：一吋都不願讓步。但好戲還在後頭，截至此時為止，她還只是在遠處和卡蘭尼克交手。

崔維斯法則，推翻所有舊假設

第一次小規模作戰後，卡蘭尼克開始花更多時間於華盛頓特區。說客瑞斯說，在市議會所在地的賓夕法尼亞大街威爾遜大樓和市議員一對一會談時，這位 Uber 執行長溫文悅人且有說服力。然後，9 月時，市議會要卡蘭尼克到瑪麗契所屬的環境、公共工程與交通委員會會議上作證，持續一整天；林頓的計程車管理委員會再度提議一批新限制，包括禁止旗下少於二十部車輛的禮車車行，這似乎是另一支箭，瞄準為 Uber 服務的獨立司機。

去議會作證前，卡蘭尼克的說客給了他很多忠告：坦率誠實；不要離題，不要反覆說理，真正的倡議辯護得在別的論壇上；在公聽會上，你應該溫和且尊重他人。

他的作證從下午一點十五分開始，早上現身作證的人包括林頓、多名司機、布瑞格曼。穿西裝、打領帶的布瑞格曼在公聽會上指出，Hailo 在倫敦和都柏林，都和監管當局和諧共事，也計劃在華盛頓特區這麼做。但是卡蘭尼克不想溫文承歡，他的武器是事實與論證說理，不是溫文悅人，而且不同於布瑞格曼，他還不打算奉承任何政治人物。穿著藍色單品西裝外套和白色襯衫的卡蘭尼克，唐突的打斷瑪麗契提問的第一個問題：「我不同意這種特性描述，」從這裡開始，局面就每況愈下了。

「妳想確保我們的服務有個最低價格，這樣就只有富人能使用 Uber，中間收入的人用不起，」卡蘭尼克告訴她。

瑪麗契指出，原本提案卻遭廢棄的最低價格條款，旨在確保和平過渡至一個更持久性的安排，「我知道你喜歡把這塑造成一種開戰，」她說，「你了解嗎？我並不是在跟你開戰。」

「當妳告訴我們該如何做生意，妳告訴我們，我們不能索取更低費率，不能以最好的價格提供高品質服務時，妳就是在向我們開戰，」卡蘭尼克回答。

「你仍然想開戰！」瑪麗契生氣的說。談話轉換至加成計費這個主題，「我想知道，這是不是一種哄抬價格，」她說。「若有更多需求，乘客為何不該付更多錢？」卡蘭尼克說。

接著，他開始解釋蘇聯時期經濟，人們如何在商店大排長龍購買衛生紙之類的民生必需品，「那是因為衛生紙價格太低，供給不足，人人得買得起衛生紙，但他們買不到，因為太多人想要，但沒有足夠的人願意供應它。所以，當你無法變動價格時，就會導致這種情況發生，」他說。

「所以，他們沒有任何衛生紙囉，」瑪麗契以嘲笑式的詫異說道。

「那是很艱困的狀況，」卡蘭尼克回答，「聽著，政府控制價格，未必是好事。事實上，我會說，99% 有文獻記載的這種情形，都沒好結果。」

「但我要弄清楚的是，為何得到好處的是你們呢？」瑪麗契說。她回憶，1968 年甘迺迪（Robert Kennedy）遇刺後，人們大排長龍，準備瞻仰其遺容，她也在列。當時天氣熱，賣水的商販抬高價格，令人反感。「我不認為我完全贊同你的觀點，說這真的是一種使人人都快樂的經濟機制！」

在舊金山那頭，Uber 新任不久的法務長劉莎莉（Salle Yoo，韓裔美國人）正在觀看這場公聽會的網路直播。據瑞斯說，約莫此時，劉莎莉開始傳送簡訊給人在現場上的他，叫他想辦法盡快讓卡蘭尼克從作證席上下來。瑞斯回傳簡訊：他正在公聽會進行中，我不能就這樣走上前去，對他說你必須下來！

支持計程車的六十七歲市議員葛拉罕穿著灰褐色西裝配金黃色蝴蝶領結，坐在瑪麗契右手邊，「我要強調一點，」他斥責卡蘭尼克，「我要強調的這點是，若你們繼續不受監管，而計程車繼續受到更多監管，這基本上就是不公平。」他敦促卡蘭尼克重新考慮最低費率條款，「我不想見到這個城市變得全都是Uber，我真心不想，因為我們的計程車業歷史悠久。」

「如果你們容許競爭，就會獲得一個更好的計程車業，」卡蘭尼克說。

「一方無拘無束，可以為所欲為，而另一方被綁手綁腳，就不可能有競爭，這不叫競爭，」葛拉罕說。

「這意謂，司機可以獲得更好的生計，乘客可以獲得更好的服務，」卡蘭尼克說，「這在我看來是不錯的。」

葛拉罕說，在華盛頓特區，許多計程車業者是小型事業。卡蘭尼克打斷他的話，說：「這是好事，這是我們想要保護和滋長的，不是我們為了整併成一家大公司而想摧毀的。」葛拉罕厲聲說：「請你讓我當這個委員會的委員，行嗎？可以嗎？」

卡蘭尼克笑道：「請便。」

卡蘭尼克離開作證席後，明顯被激怒的葛拉罕提議恢復原提議的最低價格條款，甚至把最低價格提高。市長葛雷的副幕僚長傑克森（Janene D. Jackson）走到瑞斯和貝利面前，說出令人難忘的評論。據瑞斯回憶，傑克森當時這麼說：「永遠別再帶那傢伙回到這裡！」傑克森本人已經無法具體記得她當時講過這話，但她告訴我：「那場公聽會應該是很糟糕，因為我已經想不起內容，只記得他令幾乎所有人都氣炸了。」

但是，到了 12 月，Uber 已經如野火般蔓延首府地區，瑪麗契和她的同僚看出不祥之兆，他們知道，Uber 使用者隨時樂意為它辯護。因此，12 月 4 日，在沒有辯論下，華盛頓特區市議會全體無異議通過「公共受雇車輛創新修訂法」，連葛拉罕也投贊成票。該法明確定義一種新類型的轎車，可以透過智慧型手機應用程式派車，可以按行車時間及距離收費。[17] 幾年後，卡蘭尼克告訴我：「真正問題在於，政府是否領會與接受人們的發展進步，問題不在市議會或政府，問題在於既有產業是否強力勸說它們去做——嗯，這麼說吧——做我認為錯的事。」他又說：「華盛頓特區政府很能領會與接受，但他們花了些時間才看到、感受到。」

Uber 首次施展了它的政治力量，並且獲勝。Uber 的教戰手冊增加了一種新戰術：當傳統的倡議辯護手段無效時，Uber 可以動員它的使用者，把他們的激情導向民選官員施壓。Uber 不是第一家使用這種戰術的，但它很快就成為最擅長運用這種戰術的公司。它後續的第一波政治戰役中，在麻州劍橋、費城、芝加哥等地，Uber 都將號召顧客聲援，且通常都獲得勝利。

卡蘭尼克違反了倡議辯護指南的每一條法則。儘管如此，那些懇求他妥協和謙遜作證卻鎩羽的 Uber 律師與說客，現在反倒開始私下以敬畏口吻，議論一種與他們所有舊假設相牴觸的新政治重點原則：崔維斯法則。

我們的產品如此顯著優於現狀，因此，若我們讓人們有機會看到它或嘗試它，那麼，在政府必須至少某種程度回應人們的任何地方，人們將會要求擁有它，並捍衛它的存在權。

共乘服務問世：Sidecar 與 Lyft

那年秋季，Uber 有許多理由可以慶賀。Uber 已經在 Hailo 尚未入侵美國市場之前予以截擊；在華盛頓特區贏得勝利，展示崔維斯法則的威力。在員工已經超過百人且快速成長之下，該公司搬遷到市場南區霍華街 405 號的五樓，辦公室大小適中，有三間會議室，電梯總是擠滿人，大廳經常群集司機，等候領取公司提供的 iPhone 手機。工程師從上午十點左右工作到晚上，偶爾在擁擠的辦公隔間旁走道上玩地上曲棍球抒壓。在種種喧鬧中，通常可以看到那個總是坐不住的卡蘭尼克在辦公室裡來回踱步。

公司現在年營收約 1 億美元，為慶祝這佳績，卡蘭尼克在距離舊金山四小時車程的太浩湖邊租下幾間連棟屋，全公司去那裡度假。早期工程師之一麥基倫回憶，他和惠藍坐在俯瞰太浩湖的陽台上，「多年後，有人會說：我曾經是 Uber 太浩湖假期的一員，」惠藍告訴他。

麥基倫稱那是「激動的一刻」，一家員工曾經擠在一間會議室裡工作的小小新創公司，現在正在改變世界，「很瘋狂，」他說。不過，真正的瘋狂還未開始呢。

回到公司，更重大的事件正在展開。一切始於一個構想，或許對那些仔細研究 Uber 現象，而且能夠看出合理結論的人來說，這是個明顯且不足為奇的構想。這構想吸引一些人願意冒險去漠視已有數十年歷史的交通法規，他們相信這構想強而有力，而且非常必要。他們將迫使政策制定者別無選擇，只能修法與接納。

這個構想是，截至此時為止，Uber 只讓領有牌照的受雇司機和計程車司機使用其系統，但要是把這服務開放給任何擁車者，讓他們可以透過智慧型手機應用程式來接送乘客呢？這樣可以填滿上路車的空座，減輕美國公路長期壅塞問題，還能讓開車者賺外快。這會成為大規模的共乘（carpooling）——把加州的 511.org 或華盛頓特區的 Sluglines 之類的組織予以數位化，這類組織讓開車者在指定的地點搭載共乘者，以便有資格使用高乘載車道。

十年前，這個構想或許可以被稱為「行動搭便車」（mobile hitchhiking），但其創始人謹慎的謀求這構想符合州法融通非制式共乘的法律保護範圍內，設計出一個更安全的名稱：「車輛共乘」（ridesharing）。

早在這種構想變成一個大商機之前，以網際網路來促進的車輛共乘其實已經存在，但無組織，未引起注意。在許多城市的 Craigslist 平台和 2008 年創立的勞動市場平台 TaskRabbit 上，共乘早已經盛行到成為一個獨立類別，根據 TaskRabbit 創辦人巴斯克（Leah Busque）所言，早期在平台上的搭乘需求，有 10% 是前往機場。

防堵垃圾郵件科技公司 Brightmail 的印度裔創辦人保羅（Sunil Paul），在 1997 年就已經直覺到有朝一日，手機將可被用來促成前往相同方向與目的地的人們共乘。他設計的「決定效率交通路線的系統與方法」，在 2002 年獲得美國專利與商標局核發專利。[18] 保羅在 2004 年把 Brightmail 賣給個人電腦資安公司賽門鐵克後，當了幾年的創投家，受到 Uber 的成功激發，在舊金山和其他人共同創辦了一家公司，名為 Sidecar。

Sidecar 在 2012 年 2 月，開始透過為 iPhone 及安卓系統智慧型手機開發的應用程式來提供共乘服務，這個事業雖因財力與手腕不如 Uber 及 Lyft 而在 2016 年結束，但 Sidecar 堪稱是共乘服務的先驅之一。[19] 不僅計程車司機或受雇司機，任何人包括你那位開著 2008 年份老舊掉漆的本田 Accord 的法蘭克伯伯在內，只要通過線上背景審查，出示駕照及保險證明，維持不錯的乘客評價，都可以當起共乘服務司機。起初，使用 Sidecar 服務的乘客不需付費，但該平台鼓勵乘客付給開車者一筆建議的贈款，Sidecar 抽佣 20%。這是試圖把這項服務類同於非制式的共乘，而非受雇計程車，「我們的願景是讓你的智慧型手機變成像你的車子一般，可以運輸你至各地，」保羅在那年這麼告訴我。

不過，長期而言，涉入車輛共乘服務事業最深且在卡蘭尼克及 Uber 眼中構成最大潛在威脅的公司，莫過於共享經濟先驅、已經快稱不上新創公司的 Zimride。歷經四年艱辛打拚後，葛林和季默的長途共乘服務事業已經和數十所大學及多家公司簽約，使用客製化的 Zimride 網站版本。此外，他們也有往來於幾個大城市之間的巴士服務，「我們已經打造出一個數百萬美元的獲利事業，」季默說。

但 Zimride 當時尚未步入快速成長，也還未實現葛林大學時代在辛巴威旅行時產生的理想主義夢想——填滿世上最壅塞公路上的大多數車子座位。Zimride 的業務內容也和 Uber 不同，後者是運用智慧型手機的力量，使市內運輸更有效率，也更可靠。

2012 年春天，眼見 Uber 在芝加哥及華盛頓特區等城市的業務起飛，Zimride 創辦人及一些員工開始集思廣益，思考可能的新產品。構想之一是讓人們分享路上旅行的相片，構想之二是讓人們用電話和親友分享他們的所在地，但吸引在場所有人想像的是第三個點子，他們最早為它取名為 Zimride Instant：不論開車者要前往何處，他們都可以使用該公司的應用程式來搭載順路客，不僅在城市與城市之間，也包括市內。

在該公司位於布拉南街 568 號的辦公室，這個事業構想在董事會上被提出來討論，但董事會成員想知道：這合法嗎？矽谷法律策略律師事務所（Silicon Legal Strategy）合夥人、Zimride 當時的外聘律師斯佛切克（Kristin Sverchek，在幾個月後進入 Zimride 成為全職律師）原本可以阻止這整件事，但她沒有這麼做。她指出，計程車法規是智慧型手機和網際網路評價制問世的幾十年前制定的，「我個人向來支持 PayPal 之類的優異公司的信念，就是不畏法規，」她告訴我，「我絕對不想成為那種只會說『不』的律師。」

於是，Zimride 的工程師開始設計這系統，在實習設計師鮑登（Harrison Bowden）建議下，改名為 Lyft。Lyft 的主要內容和 Sidecar 相同：建議乘客、但讓他們自願性的贈款給司機；司機與乘客相互評價；對司機進行背景審查。Lyft 也跟 Sidecar 一樣，在舊金山對大眾進行三個月試營。但外界並沒有批評 Lyft 是個了無新意的跟進者，相反的，它被稱讚為新穎的構想，這主要是因為季默和葛林細心考慮到需要一套新儀式，來使陌生的司機和乘客進入自在且安全的體驗。

Lyft 的兩位創辦人為共乘者設計了一種「配對舞」，他們告訴乘客：最好坐前座，不要坐後座；和司機先來個相互碰拳問候。他們鼓勵司機與乘客交談，抱持這樣的心態：在透過更優質的交通選擇來連結人們與社群的新網際網路時代，人人都是同行乘客。「我們通常不會隨便搭乘陌生人的本田 Accord，你的父母告訴你千萬別這麼做，因此，我們必須思考整個體驗，」季默說。

為求醒目，季默決定，每個使用 Lyft 服務的司機，應該在車頭前方加上一個粉紅色大鬍子標誌。這種因為舊金山一家公司推銷而新近流行起來的大型絨毛鬍子，在 Zimride 內部成為一個開玩笑的東西，公司員工在行銷活動中拿來當贈品，還把它掛在辦公隔間板上。季默覺得它可成為 Lyft 的一個品牌標誌，有助於把原本嚇人的共乘車變成親切動人的 Lyft 車，而且車鬍子還可以吸引注意。置身在 2012 年的舊金山，你會非常好奇納悶，為何突然間到處都可見到那些奇怪的粉紅色車鬍子。

就算你再怎麼拷問，Zimride 創辦人也不會承認，競爭對手 Uber 的使用者介面，靈感源自他們的設計（或是反過來；實際上，這兩家公司顯然都高度仿效彼此的產品特色與辭令）。在 Zimride 創辦人看來，Uber 和 Lyft 截然不同，「我們不認為他們跟我們相似，」季默告訴我，「我們的願景一直都是每部車、每個司機，從來不是『人人都是私人司機』。我們志不在成為更好的計程車，我們想要取代汽車所有權。」

但是，卡蘭尼克看穿這點，立即意識到兩家公司的服務具有相互競爭性。Lyft 有一些好點子，舉例而言，直到粉紅色車鬍子出現在舊金山大街小巷後，Uber 才開始讓 Uber 車在擋風玻璃印上 Uber 的標誌。

不過，回顧起來，很諷刺的一點是，卡蘭尼克原本強烈認為，使用無營業牌照司機的服務是違法的，最終一定會被監管當局關閉。在 Lyft 和 Sidecar 尚未推出共乘服務前的 2011 年 8 月，卡蘭尼克在「本週新創事業圈」播客節目中說：「除非司機在加州有 TCP 營業執照，並且投保，否則就是非法。」[20]

「你不想進入那種業務嗎？」節目主持人、Uber 的天使投資人卡拉卡尼斯（Jason Calacanis）問。

「基本上，我們進軍一個城市時，會試圖完全符合法規，」卡蘭尼克回答。

此時，卡蘭尼克陷入進退維谷、左右為難的處境。若他讓 Uber 也推出無營業執照的車輛共乘服務，而這種服務被宣告為非法，Uber 既有的更大規模事業將會面臨更重的處罰。但是，他若不這麼做，有可能讓 Lyft 和 Sidecar 在無競爭下成長壯大，使得 Uber 面臨價格競爭。「我們的黑頭車業務如此明顯合法，都已經招惹這麼多監管爭議了，因此，當我們看到我所謂的顛覆管制時，自然不認為它有起飛前景，」卡蘭尼克在那年這麼告訴我。

最佳選擇似乎是觀望等待。大約此時，Zimride 的共同創辦人、當年和葛林結伴遊辛巴威的范霍恩，在開往市中心的地鐵車廂裡巧遇卡蘭尼克，車廂乘客甚少，兩人閒聊，他問卡蘭尼克對 Lyft 的看法。

據范霍恩說，卡蘭尼克咕噥道：「這不合法，若合法的話，我們也會做這生意。」

龐大的共乘商機

那年秋天，加州公用事業委員會（CPUC）似乎確證了卡蘭尼克的懷疑，它對 Lyft、Sidecar 以及剛進入舊金山推出其 iPhone 共乘應用程式的法國公司 TickenCo 發出禁制令。[21] 這些公司獲准繼續營運，但必須和負責監管禮車、機場小巴、搬家服務以及加州公用事業的 CPUC 商談。

Lyft 為公司利益而戰，雇用高度自信、好強且人脈超廣的甘迺迪（Susan Kennedy），她是前加州州長阿諾史瓦辛格的幕僚長，在此之前，她是 CPUC 的五位委員之一。CPUC 位於麥卡利斯特街（McAllister Street）和凡內斯大街（Van Ness Avenue）交叉口一棟優雅的圓形石造建築內，甘迺迪熟知這個先前任職的機構，了解其中不為人知的面向和內部敵對糾葛。

2010 年時，聖布魯諾市（San Bruno）附近的一條天然氣管線爆炸，造成八人死亡，包括一名 CPUC 員工及她的女兒，此事件使 CPUC 受到外界密切審視。甘迺迪也知道，這項禁制令雖是由位於二樓、准將哈根（Jack Hagan，他在小腿處總是繫著手槍皮套）領導的執法部門發出，真正的政策決策權在五樓，也就是 CPUC 主席皮維（Michael Peevey）的辦公室。二樓及五樓的部門分別有許多執法官員和律師，這些部門有著非常分歧的意向與目的，經常相互起爭執。

甘迺迪和五樓政策決策者的熟稔，很可能是影響這故事發展的一大關鍵。

加州是車輛共乘運動的原爆點，這裡是第一個管制共乘服務新創公司的州，因此，各界密切關注其審議，不僅 Uber 的執行長卡蘭尼克，其他各州也是，因為它們知道共乘現象很快就會朝它們而來。甘迺迪做的第一件事，就是自信滿滿的走進前上司皮維的辦公室，她驚訝的發現，Uber 的當地律師哈里西（Jerry Hallisey）也在場。「你們打算什麼時候禁止這些傢伙？什麼時候？」哈里西問皮維。多年後，我訪談皮維時，他記得這段談話。

甘迺迪在一張椅子上坐下，旁聽他們的交談。哈里西離去後，她開始滔滔不絕地遊說皮維，這遊說持續了好幾個星期。「這事關重要改變，以及一個全新產業，」她告訴皮維，「這裡是發源地，你要不是做個阻擋它、摧毀一個產業的傢伙，就是成為促成一個全新世界的傢伙。」

他們持續透過電子郵件交換意見，甘迺迪後來讓我看那些郵件。她極力主張 CPUC 必須設立一個制度研究辦公室，正式的規範制定流程，為一個全新的東西制定準則。「禁制令的方法是錯的，」她寫道，並指出 Lyft 和 Sidecar 沒有雇用司機，因此就制度上來說，並不屬於 CPUC 的管轄範圍，那些公司可以告上法院。「你打算用管制來解決什麼問題呢，尤其是在一個競爭的、初生的市場上？保護計程車業？乘客安全？為管制而管制？在關閉這些服務之前，你必須先回答這個問題……。我們可不可以在相關人員衝動行事之前，再做更多的商討呢？」

「妳說的不無道理，」皮維寫給甘迺迪，「但我仍然很擔心這個科技輔助的車輛共乘領域會愈長愈大，發生嚴重事故，而司機的承保範圍很少。」

皮維有先見之明，但甘迺迪將這些顧慮與一些地方人士荒謬的倡議限制無線電話服務擴展相比，那些人士擔心若手機電池沒了，他們可能無法撥打 911 緊急救助電話。她指出，Lyft 和 Sidecar 宣傳它們提供 100 萬美元的後援保險，補充司機個人的保險承保範圍。她說，現在共乘服務已具備無可迴避的氣勢，並且和舊金山海灣大橋那頭的共乘組織連成一氣，「你無法把精靈塞回瓶裡，」她說。

七十幾歲的皮維是個經濟學家，也是資深公務員，戴著一副老式眼鏡，因為皮膚癌治療而裝上義鼻，他後來因為被指施壓加州的太平洋瓦斯與電力公司（PG&E）及南加州愛迪生公司（Southern California Edison）捐款給他支持的研究團體，而遭到調查，在任期屆滿時放棄尋求連任，於 2014 年底離開 CPUC[22]（截至 2016 年底，他並未遭到任何罪名起訴）。但皮維也以支持創新和身為舊金山資深市民為傲，當地計程車業出了名的失敗，他個人體驗深刻。

2015 年時，我和皮維在他洛杉磯家附近的星巴克相談，他回憶：「我曾經和計程車業的傢伙爭吵過，我告訴他們：『你們只是一味譴責這些人，自己卻不提供什麼新東西，你們只想打電話到我們的辦公室抱怨，用你們的計程車包圍抗議，對我們大鳴喇叭。』」

就算皮維曾經考慮過關閉 Lyft 和 Sidecar，甘迺迪也迅速讓他回心轉意。那年秋天，皮維指示他的政策主任札法（Marzia Zafar）讓共乘服務公司繼續營運，但研議一個保護乘客安全的方法。

札法負責後續規範制定流程，撰寫最終法規，使她成為一位不尋常的監管者。留著印第安人莫霍克髮型（Mohawk）的札法是阿富汗移民，兒時來到美國，曾在聖伯納蒂諾郡（San Bernardino County）為叔叔的計程車公司開過計程車。她和同事邀請所有利害相關各方派代表前來溝通，這些新興市場的深層歧見讓她上了一課。

計程車和禮車公司的代表全都分別前來，他們不僅抱怨 Lyft 和 Sidecar，也惱怒 Uber，好笑的是，彼此積怨數十載的計程車公司和禮車公司也相互怨懟。那年秋天，卡蘭尼克也在他的律師哈里西及法務長劉莎莉陪同下，來到 CPUC 五樓會議室，讓札法及其同僚留下深刻印象。「那真是奇特極了，我仍然記得，」札法回憶那場會議，「他基本上把他的椅子轉過去，面對牆壁，背對我們，非常刻意的行為。」她記得卡蘭尼克最早說出的話是：「你們為何不把 Lyft 趕出市場？他們不遵從你們的規範！」

札法的同事、CPUC 的執行主任克拉農（Paul Clanon）後來回憶：「那傢伙是個混球，但我必須說，我能理解他，或許建立一個像 Uber 這種成功組織的方法，就是不去理會監管當局對你的看法。」

葛林和季默由甘迺迪陪同，也來到五樓開會，他們誠懇，有禮貌，以他們平常的那種傳道熱忱解釋他們的事業目的——讓上路的車子填補空座。

「他們總是表現得有如唱詩班男孩般的文雅，」甘迺迪告訴我：「在撰寫新法時，CPUC 總是得信任某人，你無法憑空寫出法條規範，必須聽業界人士怎麼說。」她推測，若當年 Uber 是共乘服務的原始鼓吹擁護者，法規制定者可能會在規範中包含對新駕駛人進行藥物檢測之類的規定，那勢必會阻礙這個產業的成長。「我在想，Uber 是否知道，他們的粗魯態度反而幫助了 Lyft 之類的共乘服務業者，」甘迺迪說。

CPUC 在 2013 年 1 月和 Zimride 及 Sidecar 達成協議裁決[23]，這些公司同意遵守基本安全規範，像是要求司機出示保險證明，審查司機背景，查看是否有犯罪紀錄；它們其實已經在做了。這份協議裁決也要求這些公司必須檢查司機在加州車輛管理局的駕駛違規紀錄，這是它們當時還未做的。CPUC 必須在那年春天經過一段公眾評論期和一場公聽會後，才能訂定一套新法規，但 CPUC 同意，新法規尚未出爐之前，這些業者仍可以繼續營運。

幾星期後，Lyft 擴張至洛杉磯，Sidecar 更進取的擴張至洛杉磯、費城、波士頓、芝加哥、德州奧斯汀、布魯克林、華盛頓特區。

共乘服務之戰開打了。

挑戰法規的灰色地帶

卡蘭尼克原本觀望、等待，甚至暗中煽動當局關閉 Lyft 及 Sidecar，沒想到，它們非但沒被關閉，還進一步擴張，對 Uber 形成價格競爭。現在，它們的方法被監管當局准許了，卡蘭尼克別無選擇，必須放下對抗，加入它們的行列。2013 年 1 月，Uber 和 CPUC 簽署相同的協議裁決，並在加州把 UberX 轉變為共乘服務，邀請幾乎任何有駕照和保險證明的人加入（不再局限職業駕駛），打開他們的車門，搭載付費乘客。[24]

接著，卡蘭尼克以一份白皮書宣布更宏大的意圖，Uber 要在全國和共乘服務公司競爭。這份張貼於 Uber 網站上的白皮書，寫著斗大標題：「有原則的創新：對付共乘應用程式管制的模糊地帶」。

卡蘭尼克寫道：「過去一年，因為認知到管制風險，我們未加入共乘服務之戰，看著兩個競爭者在我們已經立足的一些城市推出服務，在受到的限制或成本不同於我們之下，它們提供遠較便宜的產品。面對這種挑戰，Uber 可以選擇什麼都不做，我們可以選擇用管制來阻撓我們的競爭者，但我們選擇反映公司核心理念的路徑：我們選擇競爭。」他在文中寫道，Uber 將在全國的 UberX 中加入共乘服務，在默許、管制模糊或欠缺執法的城市推出此服務。加入此服務的司機將必須接受線上背景調查，並由 Uber 百分之百出資的子公司 Rasier（shave 這個字的德文）提供 100 萬美元的責任險保。

換言之，Uber 要和 Lyft 開戰。

兩家公司及其任性主管之間的對槓戲碼不時上演。大約那時，卡蘭尼克和季默在推特上進入火熱且幼稚的對戰，相互指控對方的公司沒有足夠保險，沒有對司機進行有效的背景調查。卡蘭尼克的一條推特文寫道：「約翰季默，你還差得遠呢……複製品，」最後那個字眼才是他的重點。[25]

但是，到了 4 月，在 CPUC 為了制定新法而召開的蒐集意見公聽會上，他們又站到同一邊。2013 年 4 月 10 日及 11 日在 CPUC 大樓禮堂舉行公開的公聽會，吵吵鬧鬧，其稍微變化的翻版也在未來幾年於無數城市、州、世界各國不斷上演。憤怒的計程車司機、計程車司機工會、Uber 及企圖提供共乘服務的公司、代表殘障與盲人的利益團體等等，擠滿 CPUC 禮堂，扯著嗓門說出他們的疑慮。

最先發言者之一，是舊金山交通局主管、Uber 的第一位敵對監管者林克莉絲緹安：「人們不喜歡談論的一個事實是，這競爭將會摧毀我們的計程車業，」群集現場的計程車司機一片喝采。她說：「但在這不受監管且非法的競爭摧毀產業後，將不再有人為我們的居民提供到處可取得的載送到府服務。它們是否應該像計程車一樣，受到監管理？是！」

林克莉絲緹安先前搭過兩次 Lyft，未支付建議的贈款，後來 Lyft 司機不願再搭載她，令她詫異。一次早餐時，她詢問季默為什麼，季默在他的手機查詢，發現她沒付過錢，此舉使林克莉絲緹安認為侵犯她的隱私，非常憤怒。

札法嘗試使議程文明的推進，但不成功。共乘服務公司逐一作證，但往往招來現場計程車司機的嘲笑與謾罵。在華盛頓特區的那場災難後，Uber 的律師們把卡蘭尼克和這些公聽會隔得遠遠地，由舊金山業務的總經理阿比佐夫（Ilya Abyzov）上做證台，他堅稱 Uber 只是一家軟體公司，「我們的辦公室有程式設計師，沒有司機，」他說，「Uber 不堅持、也不反對車輛共乘，不論決定是什麼，我們都會遵從。」當札法開放提問與回答時，一位移民司機站起身駁斥 Uber 精心雕琢的區分，「你們遲早必須面對你們是一個汽車服務公司的事實，」他喊道。

Lyft 的律師斯佛切克做證時，場面變得更火爆。討論到保險這個主題時，一名持有營業牌照的司機開始對她罵髒話，做證台上的斯佛切克抗議：「慢著，慢著！他剛剛說我是蠢婊子，我認為這非常不當，」札法同意，把那名司機趕出禮堂。

CPUC 的五位委員最終對共乘服務公司做出全體無異議決定，在皮維具有影響力的指揮之下，加上舊金山市長李孟賢（Ed Lee）和洛杉磯市長賈西提（Eric Garcetti）的支持信，皮維和另四名委員投票贊成正式讓共乘服務合法化，把這些公司歸類為「網路運輸業」（transportation network companies），並說他們將在一年後重審此裁決。新法規要求這些公司必須呈報每位司機平均每年花在路上的時數和哩數，但 Uber 後來漠視這項規定，遭到數百萬美元的罰款。[26] 新法規也重申，這些公司必須對司機提供 100 萬美元的補充性責任保險，但保險涵蓋範圍僅適用於有乘客在車上時。不久後發生的悲劇意外事故，將凸顯這項條款的不當。[27]

儘管如此，CPUC 這項裁決讓網路運輸業合法化，使它們免於後來在其他州及其他國家的法律戰。此裁決也把戰場變得對 Uber 有利，畢竟它在更多城市會有更多的資源，現在，葛雷夫斯、蓋特及他們的業務開設團隊，可以在每一個新進軍的城市分析市場，決定是否及何時推出 Uber Black、UberX 或 Uber Taxi 服務了。

這項裁決也造成一些意外後果。在札法承認她負責研擬了新法規後，她那位在聖伯納蒂諾郡經營計程車公司的叔叔，有一年時間不跟她說話。

這裁決也對一些 Uber 最早、最大的粉絲——黑頭車司機造成壓力。那位駕駛綽號「獨角獸」的 2003 年份白色林肯轎車的司機奎里，用他的積蓄租了多輛車，在 Uber 平台上經營黑頭車業務，這家名為 Global Way Limousine 的公司生意興隆了一年，曾經一度有十六名司機輪班載客。但當共乘服務起飛時，奎里知道麻煩來了：費率降低，司機不再有任何理由開車行的車、讓車行老闆抽佣，因為他們可以開自己的車，直接為 Uber 服務。奎里說：「我從未對此感到憤怒，我能理解 Uber 不能讓競爭危及它的事業，」他後來將多出來的租賃車退租，自己仍然繼續開 Uber 車。

堪稱天大反諷的是，奎里那輛「獨角獸」在聖派翠克節那天被一位闖紅燈的酒駕司機撞毀（所幸無人受重傷）。奎里決定不修復車子，「我後來想，那或許是個正確決定，」他說，「獨角獸都是這樣的，牠們會消失，或許某天又會奇蹟似的再現。」

遇上最強的競爭者 Lyft

Uber 度過截至當時最嚴重的威脅，而且因此轉入（雖然起初不情不願）後來證明是更大的業務領域。它展現自己是個具有靈活變通調適力的競爭者，不會在智慧型手機交通應用程式這個競賽場上，讓出領先地位。Uber 應該感謝 Sidecar 和 Lyft，卡蘭尼克心境較寬宏時，也承認這點，「它們發揮影響力的領域，是被管制的那一塊，」他在 2014 年告訴我，「我把創業主義視為一種風險套利，基本上就是看著風險，然後說：『我認為人們誤解了它，我願意冒險。』」

在共乘服務這一塊，卡蘭尼克因高估風險，錯誤操作而受傷。Uber 在共乘服務的邊線外觀望等待了幾個月，新競爭者在那幾個月已經獲得重要動能。他承認，Lyft 和 Sidecar 的作為具有企圖心，他發誓：「我們再也不會讓這種事發生。」

Sidecar 擴張得太進取，它的司機的車子在紐約、奧斯汀及費城遭到扣押。[28] 較謹慎的 Lyft 則建立一個獨特品牌，它將成為 Uber 在美國市場上最堅韌的競爭者。

過去一年的教訓，現在似乎很顯而易見了，謹慎行動和遵守規則已被證明是代價高昂的錯誤。世界各地的人們想要這些新的交通運輸選項，根據崔維斯法則，他們的熱情可以提供掩護，助燃 Uber 快速擴張。倘若計程車業的遊說和政治代理人不想讓未來到來，卡蘭尼克以前也見識過這種情節，他當年的檔案分享事業就曾在音樂產業引發這種局面，那就不必再試圖和他們談判了。為維持 Uber 在改變交通運輸的新創業者中的先鋒地位，原本已經很進取堅決的卡蘭尼克將變得更進取也更堅決，甚至到了有點冷酷野蠻的地步。

這種態度將改變全世界對 Uber 的觀感，而且儘管強烈否認，也將感染 Uber 的新貴同儕之一 Airbnb。

Chapter 9

大到無法監管

Airbnb 在紐約市的戰役

我們全都同意，非法旅館對紐約有害，
但那不是我們的社群。
我們的社群是由數千個良善好人組成的。
我們想像人們住家的多餘空間將不會浪費，
有數百萬訪客惠顧，創造數萬個工作機會。

——Airbnb 共同創辦人切斯基

Airbnb 第一位內部律師蕾荏（Belinda Johnson）自 2012 年春天開始拜訪立法者，這家快速成長中的新創公司對外推銷它的服務，是提供房東賺錢的機會，同時對想要吸引更多觀光客的社區，也有振興經濟的助益。但社區團體和一些監管者不這麼確信，他們認為這平台更可能讓聲譽不佳的地主房東趕走承租人，把自己的建築變成產權獨立公寓（condo）或非法旅館。蕾荏的工作是改變這種想法。

超前所屬時代的想法

四十多歲的蕾荏是個幹練的主管，先前任職雅虎時，有和監管當局官員及執法官員密切交涉的多年經驗，專門處理隱私權、孩童線上安全等問題。她承諾做到透明、合作、妥協，這些也是 Airbnb 在法律和政策事務方面秉持的原則。

但是，代表 Airbnb 出馬的第一回合拜會商談並不順利。立法者要不是沒聽過這個民宿出租網站，就是不夠了解它：房東會離開他們的房子嗎？他們真的和陌生人睡在同一屋簷下？有一次，在紐約市，一名官員把拇指和食指指尖相貼，放到嘴巴前，做出誇張吸入動作，意指若蕾荏及其同事真以為這種服務能流行起來，那他們肯定是吸了大麻才會做此大夢。「我們規模仍小，並非家喻戶曉，」她告訴我，「在別人眼裡似乎有點嬉皮胡鬧，所以，我們必須對我們的工作多下工夫。」

從後來發展來看，這位官員抱持的態度，還算是紐約州監管者對這個新興民宿出租業者較為寬大的反應了。

蕾荃在 1990 年代展開她的職涯，從初級律師做起，在達拉斯幾家嚴肅無趣的律師事務所工作了六年。有一天，她在健身房遇到一位當地知名的創業者庫班（Mark Cuban），詢問她是否要到他的三十人網路電台新創公司 AudioNet 工作。那是 1996 年，AudioNet 在達拉斯市中心一座面積三千平方英尺的倉庫營運，洗手間有老鼠，椅子不敷員工使用。蕾荃加入後，成為這家公司的第一位律師，幫助它改名為 broadcast.com，說服德州的大學院校把學校的運動廣播節目放到線上，探索當時完全還未受關注的版權法領域。

庫班後來成為美國職籃達拉斯小牛隊老闆、電視節目「創智贏家」（Shark Tank）的主要金主。他是個有遠見的人，預測運動及其他節目有朝一日將會在線上播放，打破由電視台宰制媒體業的傳統。庫班及其共同創辦人華格納（Todd Wagner）的想法，超前於他們所屬的時代，他們的公司當時能夠賺錢的機會似乎很渺茫。但儘管如此，在網路公司泡沫最高漲的 1999 年，雅虎以過高的估值，用 57 億美元買下 boardcast.com。

蕾荃遷居舊金山，接下來十年擔任雅虎的副法務長，在這家日益陷入困頓的入口網站公司，她歷經四位不同的執行長。到了 2011 年，她想跳槽，就在此時，開始讀到有關 Airbnb 的科技新聞。

Airbnb 日益升高的動能打動了蕾荃，她開始想辦法為進入這個新創公司鋪路。蕾荃沒有主動寫電子郵件給切斯基，她請知名的矽谷投資人康威幫忙引介。一開始，她沒試探全職工作，而是先以顧問身分提供服務，並贏得切斯基的信賴。這有部分是因為她熱烈擁抱這家公司的道德觀，以及她自身幾乎教徒般的信仰，確信這家公司正在可能改變世界的共享經濟中，扮演先鋒地位。

幹練的法務長

蕾荎在 2011 年 12 月加入 Airbnb 成為全職的法務長。這個新創公司對於自身定位相當著迷，幾乎到了不理性的地步了。內部員工熱烈閱讀並討論波茲曼（Rachel Botsman）與羅傑斯（Roo Rogers）合著的《我的就是你的：協同消費的興起》（*What's Mine Is Yours: The Rise of Collaborative Consumption*），這本書的核心理論是：在二十一世紀，重要的不是個人購買習慣，或個人擁有東西的傳統觀念，而是網際網路社群、線上評價，以及有效率的共享未充分利用的資源。

公司主管們花好幾個月的時間反覆琢磨出公司的六項核心價值觀：當個殷懃待客的主人；每個畫面都重要；簡化；勇於冒險；當個「早餐穀物」創業家；支持使命。最後一個價值觀不太容易闡釋：「這個使命是，生活在一個有朝一日使你感覺處處似家的世界，不是在一個居住的處所，而是一個讓你有歸屬感的家。」

在公司全員前往參觀雕塑家伊姆斯（Lucia Eames，著名傢俱設計師、切斯基讀設計學院時的偶像 Charles Eames 的女兒）和迪米奇（Llisa Demetrois）位於索諾瑪郡（Sonoma County）的故居時，切斯基向員工宣布了這些核心價值觀。這六條價值觀將是 Airbnb 日後招募員工和員工績效評量的絕佳指南，也是他們向全世界闡明 Airbnb 理念的重要依據。

在雕琢價值觀的這段長時間自省過程中，該公司主管也辯論是否要跨入其他的共享經濟事業領域，例如顧客彼此租車和共享辦公空間。最終，切斯基決定延後這類擴張，加倍努力於民宿共享事業，研究如何把網站上的承租與出租流程改進得更完善。

切斯基著迷於所有和迪士尼相關的東西。他和同仁展開想像顧客體驗的流程，並雇用皮克斯動畫工作室（Pixar）的一名電腦動畫師，把這些想像的 Airbnb 顧客「感動時刻」繪製成分鏡。切斯基把這種內部想像顧客體驗的流程取名為「白雪公主」。[1] 這些分鏡描繪種種從房東或從房客角度思考的情境：房東想著把房屋或房間出租後，額外賺到的所得可拿來做什麼；房客興奮地散播有關 Airbnb 服務體驗的好口碑。這些故事分鏡板被鑲在羅德島街 Airbnb 辦公室主會議室的牆上，取名為 Air Crew。

剛從混亂的雅虎公司離開不久的薔茞，對這些創新觀點感到很驚豔，「我愛極了這裡的創造力，」她說，「這裡有這麼多機會，能夠對上位者說『不』，這就是一家有光明前景的公司和一家可能迷途的公司之間的區別。」

薔茞在 Airbnb 的正式頭銜是法務長，但身為切斯基雇用的第一位高級要員，她變成更像是一位軍師。她幫助切斯基招募 Airbnb 最早的財務長、先前任職財捷財會軟體公司（Intuit）的史溫（Andrew Swain），以及前臉書工程副總裁柯提斯（Mike Curtis），柯提斯幫布雷卡齊克管理工程師團隊和快速擴大規模的全球網站。切斯基信賴蕾苼，也與她成為好友，他們兩度和一群朋友及同事一起參加在內華達州沙漠舉行的火人節，切斯基說他們「天天交談好幾次」。[2]

雇用一位經驗豐富的律師，是切斯基首次嘗試自外部延攬重要人才，這不是沒有原因的，這家公司在世界各地正遭遇愈來愈多的監管挑戰。在舊金山、巴塞隆納、阿姆斯特丹，尤其是當時 Airbnb 的最大市場紐約，公司自認正當有理的強烈使命感，正面臨日益升高的敵意。

整個 2012 年，蕾苼看到卡蘭尼克在華盛頓特區、舊金山及其他城市的躁怒戰鬥，她認為 Airbnb 應該採取和 Uber 不同的態度和作為。

她談到一些縹渺的概念，例如「有法紀的品牌」（regulatory brand），主張「真誠闡述這是一家怎樣的公司」，要反映出 Airbnb「以有原則的方式營運」。她採取的第一步，是和具有影響力的立法者進行多回合的面對面懇談。她堅持：「我們必須和城市建立正面的信任，長期而言，這樣比較有利，但最重要的是，這樣才忠於我們創辦人的品行。」

但她被批評為思想太崇高，太天真的以為這種商業謀略能奏效，一年後，紐約一位政治人物的反應顯示，實際情勢遠比她想像的更具敵意。此前，她已經雇用同樣從雅虎出逃的韓曼（David Hantman），讓他領導 Airbnb 的公共政策團隊。韓曼及其團隊在紐約市到處遊說，試圖散播 Airbnb 對社區具有正面影響的福音，然後，他們遭遇克魯格（Liz Krueger）這位來自曼哈頓、多年來致力於打擊紐約市非法旅館的州議員。

克魯格的辦公室接到許多憤怒的鄰居對 Airbnb 的投訴，也收到在 Airbnb 平台上張貼短期出租的房東抱怨。這些房東（本身是房屋或公寓的承租人）收到地主房東的驅逐通知，因為紐約市的許多房屋出租合約上明訂，承租人不得以任何形式把房屋或房間轉租出去。

克魯格似乎不相信 Airbnb 的使命、「有法紀的品牌」、公司價值觀、「白雪公主」想像情境，或三位創辦人的純潔之心。她對韓曼及其團隊的推銷遊說之詞，下了一個令人氣餒的評論：「我從未遇過像 Airbnb 這樣虛偽的公司。」

貪婪的短租房東

欲了解何以一些立法者對 Airbnb 的觀感迥異於該公司自認的良善，我們必須回顧這家公司的發展，從羅德島街時髦有型的辦公室，回溯至第十街的辦公室，再回溯至原先勞許街 19 號的公寓，那是 2009 年初期，蕾茔加入的兩年前，Airbnb 還是 Airbedandbreakfast.com 時。

有抱負、創業一年來戰疤累累的切斯基和傑比亞，當時在

Y Combinator 新創公司學校受訓，他們接到一位兼差演員、紐約市著名的派對籌辦人兼住宅房東的電子郵件，此人的活動將為 Airbnb 未來在紐約市的擴張計畫奠下不幸基調，他的姓名是陳家源（Robert "Toshi" Chan）。

生長於舊金山的陳家源，父母是來自中國的移民，他就讀哥倫比亞大學時主修數學，後來在花旗銀行擔任政府公債交易員，賺了不少錢。但七年後，他覺得那種賺錢生活太束縛且沒沒無名，便展開大概只有在紐約市能夠辦到的改造行動，不再使用他的英文名字，改名為 Toshi（那是他高中時代班上人氣最佳的一位日裔同學的名字），開始當起演員。「二十五歲時，我有著『宇宙主宰』的自負，心想，我既然能交易幾十億美元的公債，有何理由我不能贏座奧斯卡金像獎，」陳家源告訴我。

陳家源富有魅力，努力不懈的自我推銷，贏得在電視劇「法網遊龍」、脫口秀節目「柯南秀」，以及史柯西斯（Martin Scorsese）執導的電影「神鬼無間」演出的機會。在「神鬼無間」一片中，他飾演一名總是緊張兮兮的黑幫成員。不過，他的名氣主要來自一年舉辦數次的大型火辣派對，有上空、塗布彩繪的 Toshi 女郎，門票一張要價 1,500 美元[3]，《紐約晨報》說：「他是不眠城之王。」[4] 陳家源用他在華爾街賺的錢，買下位於布魯克林威廉斯堡南區一條安靜街道上的建物，這四層樓建物曾是一所猶太經文學校，陳家源把它整棟改建，並增建了裝潢奢華的兩層挑高十八英尺的閣樓。

隨後將影響紐約州住宅法及 Airbnb 未來的事件，開始於

2007 年。在演員工作有一搭沒一搭，且愈來愈難為他的奢華派對取得飲酒執照及場地的情況下，陳家源基本上失業了。他當時的未婚妻張嘉（Cha Chang）回憶，陳家源大約在此時把閣樓的一間客房出租給一位來自瑞典的朋友，幾星期後這位朋友離開，他在 Craigslist 網站上以一晚 150 美元張貼出租訊息。

像陳家源這麼聰明投機的人，想必立刻看出短租有明顯的經濟效益，他可以出租公寓，一個月租金 1,500 美元；但在網路上，他可以對觀光客索費每晚 150 美元，若一個房間一個月租出二十天，一個房間就能收入 3,000 美元。很快地，他用實惠價格租下隔壁的六層樓建物，在網路上張貼短租廣告，觀光客開始湧入。張嘉設計了一份供應給房客的早餐菜單，一份早餐收費 5 美元，或是提供他們附近餐廳的訊息。

紐約市房地產的不景氣在 2008 年開始更加惡化，房東紛紛開放名下公寓招租，但很多承租人付不出房租，這是陳家源的大好機會，他以年租方式承租附近十幾間便宜的兩房公寓，在 Craigslist 網站上招短租。但在這個線上布告欄張貼多則廣告時，使用起來很麻煩，陳家源乾脆自設網站 HotelToshi.com，同時也轉向使用一些觀光服務網站，例如在歐洲知名的 FeelNYC.com，以及在那年開張、專注於紐約市公寓出租的網站 Roomorama。後來，張嘉讀到一篇有關 AirBed & Breakfast 的報導，也把這個網站加入他們的張貼站。

2009 年初，Airbnb 仍在 Y Combinator 育成計畫下時，陳家源及其助理開始和切斯基通訊，切斯基建議陳家源一年支付 29

美元，升級為高級會員，這是 Airbnb 當時短暫實施的方案，讓房東張貼訂價超過 300 美元的出租物件。「我們的許多高級會員是我們的最佳房東，」陳家源向我出示切斯基在那年 2 月寫給他的電子郵件，「我很樂意和你洽談此事，為你做安排。你打算張貼多少物件？」儘管 Airbnb 後來試圖和那些張貼多物件的房東保持距離，但在當年，切斯基及其共同創辦人是歡迎他們的。

陳家源回憶，切斯基和傑比亞在他位於布魯克林一間公寓住了一晚，還有一次，他在曼哈頓下城翠貝卡區（Tribeca）的一間壽司餐廳和切斯基、傑比亞以及投資人麥卡杜共進晚餐，他們討論的主題包括如何簡化房客入住流程。2009 年 6 月，Airbnb 在紐約市只有八百個張貼物件，其中陳家源就提供了至少五十件。[5]

金融危機惡化時，陳家源加快他的計畫，找了一個共同投資人，在布魯克林和曼哈頓上城西區承租了兩百多間其他公寓。他甚至在他的閣樓頂上搭了個帳篷，擺張雙人床，在 Airbnb 以一晚 100 美元價格出租，「他讓房客使用他的公寓浴廁間，」《紐約日報》的一名記者寫道，該記者 7 月住了那帳篷屋後，寫了這篇報導。[6]

業務成長後，陳家源把辦公室遷出他家，搬到附近威廉斯堡區一棟建物的地下室，這棟建物有三十五個單位，他把半數單位承租下來。Hotel Toshi 沒有讓房客自行來取鑰匙，而是派自行車快遞鑰匙給在出租公寓外等候的房客，後來改用一輛小貨車遞送鑰匙，貨車車身繪了一幅陳家源頭枕在枕頭上的卡通圖案。成為 Hotel Toshi 員工的張嘉回憶，協調打理所有雜務的工作真是忙亂極了，尤其是辦理房客入住事宜，以及天天取得和供應足夠的乾淨床單，簡直是夢魘般的工作。最糟糕的部分是，建物裡的長久住戶不停打電話來怒吼抱怨，他們這麼生氣是可以理解的，因為觀光客川流不息，房客深夜喧嘩聚會。

巔峰時期，Hotel Toshi 有超過一百名員工，他們全都懷疑這事業的合法性，因此終日惶惶不安，擔心這家公司會被關閉，他們會被逮捕。張嘉說，先後曾有兩人向陳家源勒索，威脅要向市府當局舉報，陳家源都付錢了事。被問到此事時，陳家源說：「這是做生意的成本，不付錢給他們，後果更糟。」

但實際上，市府已經盯上 Hotel Toshi 及類似業者了。早在 Airbnb 創立之前的五年間，彭博市長的市府團隊就已經尋求方法，要對付貪婪的地主房東騷擾和驅趕低所得承租戶的情事，這些地主房東想把公寓改造成非法旅館或產權獨立公寓，迎合觀光區附近對住房附帶廚房的市場需求。

2006 年左右，紐約市住屋維權團體及民選官員和州政府當局開始開會討論這問題，專案小組最終提案修訂 1968 年通過的「多戶住宅法」，規定公寓大樓長久住戶不得把他們的住家出租給承租少於三十天的房客。這項等同於把紐約市的短租及轉租民宿變成不合法的法規修訂案，在 2010 年夏天於紐約州州議院付諸投票表決，當時正是對 Hotel Toshi 和 Airbnb 的投訴達到高峰之時。

切斯基說，他在投票表決日的幾天前才聽聞這項法規修訂提案，為了反擊，他動用 Airbnb 的第一位說客——紐約州首府奧巴尼市（Albany）著名律師吉斯克（Emily Giske）。吉斯克立刻開始拜訪該州立法者。另一方面，陳家源在紐約市中心的弗萊法蘭克律師事務所（Fried Frank）和一些紐約最大的土地房東會商，討論可能的因應選項，最終協助成立一個名為「拯救轉租」（Save Sublets）的倡議團體，試圖阻止紐約市的修法行動。

7 月 21 日，地主房東和一群公寓出租張貼網站組織一場在市政廳外的抗議行動，Airbnb 共同創辦人傑比亞飛到紐約參加此活動，發推特文號召他的支持者加入，拯救轉租。[7] 陳家源回憶，他和傑比亞一同前往示威，揮舞抗議牌，請人們簽名連署請願，但他說，傑比亞告訴他：「Toshi，或許你最好別出現在前頭，他們討厭你。」

多戶住宅法修訂案通過

陳家源在曼哈頓二十六街和百老匯街交叉口的弗萊特隆旅館（Flatiron Hotel）的閣樓，回憶這一切，他在 2011 年投資於這間精品旅館，並於 2014 年成為最大股業主。旅館大廳旁有個名為 Toshi's Living Room 的夜總會，讓賓客可以在晚上來此聆聽爵士四重奏。閣樓裡有個宴會廳，外面露天平台裝飾了一個陳家源的卡通肖像。陳家源靠著沙發椅背，一邊撫摸著他的白色馬爾濟斯、約克夏混種狗彭祖，一邊沉思回憶，「我在短短幾年內從每月賺 5,000 美元變成每月收入 1,200 萬美元，很瘋狂。」

但好景不長，「Hotel Toshi 肆虐太甚，每個鄰居都討厭我，我就像是個反基督的人，在他們眼中，我比希特勒還糟，」他帶點淘氣地說，「地主房東把原承租人趕走，把公寓租給我，那是不好的事。回想起來，隨著年紀增長，你會學到社會責任。」

陳家源並不是突然獲得這個啟示。「多戶住宅法」修訂案通過，州長派特森（David A. Paterson）已簽署，但要到 2011 年 5 月才會正式實施。[8] 陳家源沒有關閉他的業務，他繳罰款，把公司名稱改為 Smart Apartments，部分是因為 Hotel Toshi 這個品牌已經招來太多惡評。他試圖繼續在 Airbnb 張貼出租物件，但他說，在「多戶住宅法」修訂案通過後，該公司取消了他的張貼，「他們把我當燙手山芋般地丟掉，我可以理解，那是明智之舉，」他說。

但對切斯基和傑比亞來說，認知到他們和一個討人厭的人物扯上關連，恐怕已經太遲了。在政府和媒體眼中，Toshi 品牌和 Airbnb 品牌密切關連。2011 年 10 月，紐約市長設立特別執法處，專門負責解決非法旅館之類影響居民生活品質的案件，該處控告陳家源違反消防法規，經營不安全且非法的客宿。[9] 陳家源說，這樁官司「具有雷神索爾之鎚的力量」，大鎚向他而來，他最終以 100 萬美元及關閉 Smart Apartments 的條件庭外和解，「惡名昭彰的 Airbnb 旅館業者 Toshi 繳付百萬美元給紐約市政府，」《紐約觀察報》的報導標題這麼寫。[10]

切斯基和傑比亞一向與陳家源友好，他們住過他的一間公寓，和他共進晚餐，促進他的業務。因此他們無法那麼容易撇清和他的關聯然後繼續前行。在紐約市，他們現在必須面對陳家源及其他與他類似的人助長催生的一條束縛法規。

給 Airbnb 房東的警告

到了 2012 年，蕾荏及她的同事知道，他們面臨一個巨大障礙。Airbnb 在紐約的許多最佳顧客基本上是非法營運，更糟的是，Airbnb 拿不出辦法來改變那套它認為超嚴格的法規。當這修訂法案通過時，傑比亞曾試圖號召支持者和他一起到市政廳抗議，但 Airbnb 當時規模太小了，沒有一個堅實的社群可以支持它。崔維斯法則當時還無法適用於 Airbnb。

有個明顯的解方，儘管此解方將使 Airbnb 的房東有違法之虞，但 Airbnb 並未告知房東，他們在做違法的事。當時，Airbnb 試圖在紐約拓展業務，贏得用戶歡心，目的是促使 Airbnb 用戶站出來擁護 Airbnb，影響該市官員。「我們需要變得夠大，才能贏，」當時和 Airbnb 共事的一位律師說。

Airbnb 自認已經得到紐約市和紐約州官員同意（儘管 Airbnb 對此的措詞籠統），修訂後的「多戶住宅法」只適用於離開住家、把這個住家出租給觀光客少於三十天的房東，這類無房東同住的出租構成非法短期轉租。根據紐約州官員所言，這類房東的行為就像是旅館業者，不是提供床加早餐的房東。Airbnb 相信，若你仍住在家裡，但把多出不用的房間或沙發出租，就像那些宣傳他們使用 Airbnb 網站來結識人們、同時賺點錢以補貼支出的人，就絕對合法。但是，跡象顯示，紐約市也想遏制這類活動。2012 年，政府辦公室接到愈來愈多居民投訴 Airbnb 及其他短租網站，市議會把違反「多戶住宅法」的罰鍰從原本的不到 3,000 美元提高到 25,000 美元。[11]

Airbnb 面臨立法者的強烈敵意，找不到可以捍衛自己或其房東社群的方法。後來發生了一個事件，2012 年 9 月的一個下午，紐約市東村區的三十五歲居民華倫（Nigel Warren）回到家，接到房東凱瑞（Abe Carrey）怒氣沖沖的電話，這位住在皇后區、平時人很溫和的老先生怒罵：「你把我的公寓租給誰？那裡到底發生了什麼事？」華倫嚇到胃往下沉。

華倫是個時髦、說話溫和的網路設計師，就是那種典型的紐約東村區居民。過去一年，他只使用 Airbnb 三次，在出外旅行時把他的房間租出去，他的室友茱莉亞也曾出租過一次她的房間。他們的出租經驗感覺不錯，而且很賺錢，一晚為他們賺 100 美元出頭，可以適度補貼他們這兩房一衛、六樓無電梯的 3,000 美元月租。凱瑞打電話來的一個星期前，華倫和朋友去科羅拉多州五天，他用 Airbnb 把他的房間出租給一位來自俄羅斯、不太會講英語的觀光客。茱莉亞在家，一切都沒問題，這位俄羅斯人只是含糊的提及他在走廊碰到一些警察，「沒發生什麼糟糕的事，一切都很好，」華倫說。

其實不然。有人（或許是惱怒的鄰居）向特別執法處通風報訊，說華倫和他的室友把他們的房間轉租出去（一名前特別執法處人員後來告訴我，他們有理由相信華倫基本上是另一個陳家源，但事實證明並非如此）。檢查員來到時，朱莉亞不在家，他們在走廊詢問這名俄羅斯房客，並指出這公寓違反一些安全法規，之後就離去了。

然後，他們寄了一張通知到皇后區的凱瑞家，說住在 5G 公寓的承租人在經營非法的短宿旅館，並違反安全法規。罰鍰可能會超過 40,000 美元，華倫對惱怒的凱瑞保證，他會承擔責任並處理，但他當時是自由接案業者，沒有穩定收入，「這件事帶來的壓力如影隨形了好幾個月，」華倫說。

華倫把他的大部分憤怒投向 Airbnb。當他坐下來研究他被指控違反的法規時，他發現 2010 年通過的「多戶住宅法」法條，但 Airbnb 網站上並未警告顧客有這些法條。在該網站上刊登的一萬兩千多字條款中，有些細小字體告訴房東，他們必須自負了解當地法規的責任，但華倫當然沒有閱讀這冗長的文件。

華倫的姊姊建議他找個律師。律師研判，華倫可能不必繳罰鍰，因為那俄羅斯房客停留期間，朱莉亞在家。然而，一小時 415 美元的律師費只平添華倫的財務困境。為了省錢，他決定自己辯護。第一次預審因為珊迪颶風來襲而取消，這導致接下來一段長時間的延期，使華倫誤以為他過關了。後來，他再度被住屋法庭傳喚，市府想嚴懲華倫，殺雞儆猴，遏止人們使用 Airbnb。

當時，Airbnb 正享受一波正面的媒體報導，以及由創投家、PayPal 共同創辦人、臉書早期投資人提爾（Peter Thiel）領頭的 2 億美元投資。這令華倫很不是滋味，Airbnb 享受這一切讚美奉承，而像他這樣的房東卻陷入法律麻煩，他決定採取行動。他做了兩件事，首先，他寫電子郵件給 Airbnb，抱怨：「這整個狀況使我震驚不已，我完全不知道，在紐約市絕大多數地方，當個 Airbnb 房東是違法的事。」

Airbnb 在五天後做出回覆，一名客服人員瑪莉亞（Maria C.）回覆電子郵件：「很遺憾聽到你歷經這困難狀況。我們建議你熟悉本身的情況，並遵守任何及所有長租、短租、共同產權公寓（co-op）合約，以及適用的地方、州、國家及國際法規。在出租時，可能也必須繳納特殊的地方稅與州稅，遵守所有這類法規與稅負是房東的責任。」瑪莉亞毫無助益的結論：「我們很高興看到你隨時了解與警覺。」

華倫做的第二件事產生了較好的結果。一位朋友把他介紹給《紐約時報》「你的錢」（Your Money）專欄作家李柏（Ron Lieber），華倫把他的故事告訴李柏，於是《紐約時報》在 2012 年 11 月 30 日刊登了一篇報導，標題是〈給 Airbnb 旅客房東的一個警告〉。「許多人以為，生活在網路上，就賦予他們舊法律管不到的高貴階級身分，」李柏寫道，「這種自大令你歡喜過頭，直到你發現，企業的策略有多聰明。若你不忽視每一個有八十年悠久歷史的都市分區法，也不試圖改變那些你明知你的顧客將違反的法律，你就根本不會開張做這門生意。」[12]

李柏的文章刊出幾個小時後，華倫接到一位 Airbnb 客服人員較為懺悔的電話。下一次預審時，華倫同樣沒請昂貴的律師，但有一名全國公共廣播電台的記者隨行記錄他的故事。

到了法院，華倫很驚訝，他遇到韓曼及兩位律師。他們告訴華倫，Airbnb 跟任何一家網際網路公司一樣，無法提供法律諮詢或財務支持，因為這麼做可能會樹立一個先例，使該公司必須負責幫助每一個使用其服務的顧客。但他們說，他們已經為華倫擬了一份訴狀，想觀察訴訟過程。

Airbnb 認為，它的紐約市用戶至少有權在他們仍住在家中的情況下，把房間出租給他人，在這種信念下，這案件對 Airbnb 其實是非常重要的。「一個糟糕的決定，可能樹立一個可怕的先例。若因為某個判決而改變了法律，那將是個大問題，」一名參與訴訟的律師告訴我。

在更多的預審及延期後，華倫的案子排定於 2013 年 5 月審理。他仍然為了省錢，而獨自現身位於曼哈頓下城一棟建物十樓的環境控制委員會審訊室，那裡跟車輛管理局的辦公室一樣單調。儘管事關 Airbnb 在紐約市的命運，華倫笨拙的進行法律程序，應對證人（包括那天和俄羅斯房客交談的檢查員）的交叉訊問時出錯，不停的被要求改述提問，而 Airbnb 高價聘請的律師在這整個過程只是安靜坐在聽眾席，「我真是難以理解，太荒謬了，」華倫回憶。

預審五天後，華倫接到法院電話：法官已經駁回違反安全法規，撤銷華倫經營短宿旅館的指控。但基於有點奇怪的理由，法官判決華倫確實違法，因為那位俄羅斯觀光客和茱莉亞彼此「互不相識」，而且這位觀光客並不使用該公寓的每個空間（在此指的是茱莉亞的房間），因此，嚴格依法來說，此觀光客並不是「住在永久居留的家庭中」[13]。最終判決違法罰款 2,400 美元，華倫認為漫長苦難結束，開心地付了罰款，「在我看來，那是我的勝利，」他說。

但這不是 Airbnb 的勝利。若說華倫違法了，那麼紐約市的每一個 Airbnb 房東也違法了。這麼一來，Airbnb 的問題就大了，它在紐約市將沒有合法生意，永遠無法大到能夠改變規則。

因此，該公司內部爆發激烈辯論。蕾茌和韓曼認為 Airbnb 不能讓這判例成立，因為這會影響其他正在考慮對快速成長中的共享經濟設限的城市，對公司帶來嚴重後果。其他律師則是提出忠告，公司必須考慮：若真的上訴，可能會被迫涉入其他與 Airbnb 房東有關的案子。

切斯基做出最後決定：Airbnb 當然應該為它的房東挺身而出。「我們必須捍衛我們的社群，」蕾茌說，「我們清楚看出，這是對法律的錯誤解釋。」Airbnb 雇用紐約市吉布森鄧律師事務所（Gibson Dunn）上訴華倫案。跟 EJ 案一樣，Airbnb 踏出重要的另一步，不當一個冷漠中立的平台，朝向捍衛其房東、願意站在他們立場設想的一家服務公司。

上訴流程花了三個月，面對代表 Airbnb 出馬的能幹律師，環境控制委員會現在發現，「多戶住宅法」的確沒有要求短租房客得和長期居住者有個人關係，這案子被撤銷，華倫終於獲判免罰。事後，韓曼在 Airbnb 的公共政策部落格上寫道：「這項決定是共享經濟和那些使 Airbnb 社群活躍與壯大的無數紐約客的一次勝利，」[14] 科技新聞網站如 TechCrunch 和 the Verge 也慶賀這個勝利。

或許，唯一不慶賀的人是華倫這個當事人。「我滿意，但並不感激他們，」他說。他在位於布魯克林的群眾募資網站 Kickstarter 的一間安靜會議室裡，回憶這整件奇怪的故事。他從 2014 年起在這家公司擔任產品經理。我問他是否認為 Airbnb 在這個事件裡表現得令人敬佩，「我不認為這裡頭有什麼可敬的成分，」他說，「有些公司在一些情況下，會站在市場需求考量之外，展現可敬行為。但在這事件裡，我認為他們的行動純粹是實利主義。」

「Airbnb 只是為了他們必須做的事站出來。我不怪他們，他們的目的很明顯，他們必須保護在紐約的事業，」華倫說。

重新定位 Airbnb

判決出來幾天後，Airbnb 網站張貼一篇得意洋洋的文章，標題是「我們是誰，我們支持什麼」，切斯基用華倫案的勝利發出戰鬥吶喊，對自己公司的正當性提出觀點。在一張一群年輕人注視日落紐約東河的照片下方，他寫道：「我們全都同意，非法旅館對紐約有害，但那不是我們的社群，我們的社群是由數千個善良好人組成的。」[15]

「我們想像一個更容易親近、更多人可以去造訪的紐約，人們住家的多餘空間將不會浪費，數百萬訪客將惠顧所有五個行政區的社區和小型商業，」切斯基寫道，「這將是一個為攝影師、導遊、廚師之類的人們創造數萬個工作機會，以支持這欣欣向榮的新生態系的城市。」

他還在文中說，他想幫助紐約市徵收和繳納 Airbnb 租屋或租房收入的旅館稅，他渴望幫助這個城市根除導致住宅區被騷擾的不良行為。對此，他的提議是設立一支天天二十四小時的申訴熱線。

但是，在紐約市和紐約州官員眼裡，這篇冗長文章根本不中看。那位抨擊 Airbnb 很虛偽的紐約州議員克魯格說，當時她的辦公室被來自選民的投訴淹沒了。在紐約房地產開始復甦之際，地主房東想盡各種藉口騰出被短租控制的公寓，以更高的市場價格把房子再度長租出去。

克魯格會見 Airbnb 的代表，敦促他們在網站上用明顯的語詞警告房東，他們可能同時違反紐約州法律及他們的租約。克魯格說，Airbnb 代表的反應是輪流端出一堆解釋，說為何那麼做太複雜，或是將如何使這家公司暴露於法律責任〔據媒體網站高客（Gawker）的一篇評論，一年之後，Airbnb 網站上仍然未適當地警告紐約顧客[16]〕。

民主黨籍的克魯格是資深的紐約州議員，有著不露痕跡的機智，不認同那些試圖按自己的規則來玩的矽谷新創公司。她指出一個更簡單的解釋：Airbnb 其實是不想減弱它在紐約市的快速成長。她嘲笑在社區設立二十四小時熱線這個點子的荒謬，當紐約居民在深夜或週末打熱線抱怨時，這家加州公司能夠做出具體奏效的反應嗎？

另一方面，紐約州最高司法官員、州檢察長史奈德曼（Eric Schneiderman）的檢察官們偏向克魯格的看法。他們覺得，儘管 Airbnb 聲稱想幫助紐約市，但該公司實際上抗拒當局打擊非法旅館經營者的要求，也並未認真致力於徵收 14.75% 的旅宿稅。[17]

雖還未公開，但這位州檢察長正在挑戰切斯基。2013 年 8 月，史奈德曼發傳票要求 Airbnb 提供紐約州所有 Airbnb 房東的姓名、地址、聯絡資訊、房客住宿日期與期間、從 2010 年初至今收取的所有費用。Airbnb 在私下會議中拒絕，但華倫一案判決後，史奈德曼再次發出傳票，措詞稍有修改。[18] 史奈德曼沒打退堂鼓，他想知道，在 1 萬 5 千名於 Airbnb 網站上招租的紐約客當中，有多少確實符合 Airbnb 自封的共享經濟良善先驅面貌，有多少根本就是違犯 2010 年通過的「多戶住宅法」，賺取不法所得，並在過程中導致市場上的居民住屋供給減少。換言之，他想知道，紐約市的 Airbnb 房東比較像陳家源抑或華倫？他們是旅館經營者，抑或供應床加早餐的房東？

這下，切斯基面臨自山沃兄弟戰役和 EJ 危機以來最困難的決策，Airbnb 應該回應這傳票嗎？這些冷硬的資料將向世界揭露這個事業的什麼真實性質呢？

突破千萬的訂房數

回到舊金山，這家公司業務蒸蒸日上。它在那年推出新的行動應用程式，在「白雪公主」流程中改善精進，推出一種名為

「即時訂房」的功能，讓房客能夠以訂旅館房間的方式來預訂 Airbnb 上的物件，不需再耗費時間跟房東來回通電郵。[19]

這些新產品帶動業務成長，Airbnb 市場具有驚人的結構性動能，是該公司投資人及主管不曾見過的。這種結構性動能的背後驅動力，來自幾乎無限大的全球各地房間、公寓及住屋供給，以及人們對一種新型、由網際網路促成的真實旅遊體驗的興趣。此時的 Airbnb 就像不斷加速的飛輪，房東吸引房客，房客吸引更多房東，有關這個新穎點子的無盡報導促進這整個良性循環。

切斯基擁抱這時刻，他的微笑面容出現於 2013 年 1 月的《富比士》雜誌封面，旁邊標題寫著：「他想成為億萬富豪」。這位五年前還充滿自我懷疑的年輕執行長，如今是個擅長結識知名導師的高手，這些導師包括巴菲特、貝佐斯、迪士尼執行長艾格（Robert Iger）。根據多位談到公司史上這段混亂時期的前員工所言，切斯基決心要比任何同事及敵人想得更宏大，也更大膽。2013 年時，Airbnb 年營收 2.5 億美元，但切斯基當時已經想要朝年營收 20 億美元邁進。這個網站已經累積了一千萬夜的訂房量，但切斯基催促員工要在隔年達到兩千萬夜訂房量。Airbnb 當時有五百名員工，但切斯基預測，只消幾年後，公司員工數一定會達到兩千人。一位不願具名的資深員工說：「若把 Airbnb 比為一個人體，布雷卡齊克是大腦，傑比亞是心臟，而切斯基則是膽。」

當時的切斯基主要仍是居住在舊金山各處的 Airbnb 房，但他擁抱成功帶來的誘惑。2012 年末，他和投資人演員庫奇及他未來的太太女演員庫妮絲（Mila Kunis）去亞洲和澳洲旅行，在日本推出日語版的 Airbnb.com 時，他們花公司經費 15,000 美元買了兩把配對武士刀。一名前員工說，切斯基和庫奇買了這兩把武士刀，後來試圖退貨，但沒成功；不過該公司說，切斯基當時並不知道買了這兩把武士刀。

2013 年 1 月，切斯基雇用了信念與他投合的阿金（Douglas Atkin），擔任新的社群主管，這位前廣告公司主管在 2005 年寫了一本書《品牌信仰力》（*The Culting of Brands*），闡釋他從奎師那（Hare Krishnas）之類狂熱宗教汲取的商業啟示。「現在是創造信徒品牌的最好時機，」阿金在該書結語中寫道，「太多行銷者採取防衛態度，但實際上，他們正處於可以創造出品牌與顧客緊密連結的關鍵時刻。」阿金強烈相信，Airbnb 不只是一家公司，也代表一種思想和全球性運動，存在於一個超越地方法規、從截然不同的時代中打造出來的領域。

進入 Airbnb 後，阿金首要採取的行動之一，是協助創立一個名為 Peers 的獨立團體。由 Airbnb 提供資金，其使命是支持共享經濟的會員。Peers 在 Airbnb 及其他同儕新創公司遭遇政治阻力的城市舉辦聯誼，組織政治行動以影響立法者。對於在紐約的戰役，阿金給切斯基的建議很明顯：他希望公司站出來迎戰史奈德曼。並非所有人都認為和紐約州最高司法當局對槓是明智之舉，但最終，蕾荎和 Airbnb 的其他律師都覺得，司法當局要求提供 Airbnb 用戶的所有資料，是令人不快的侵犯。蕾荎後來告訴我：「公司被傳喚提供資訊是常有的事，有些公司會配合了事，有些公司會私下談判。我們的決定是，這傳票要求的資訊過廣，我們必須捍衛房東和我們社群的隱私。這件事將會公開，我們這麼做才是正確的。」

因此，2013 年 10 月，在顧問群建議、公司業務不斷成長、正當性，或許再加上自覺戰無不勝等支持力量之下，切斯基決定抗拒州檢察長的傳票。Airbnb 非但沒有交出資料，還在紐約州法庭上發動對抗，主張傳票要求過廣，會侵害顧客隱私。基本上，他是叫紐約州檢察長滾一邊去。現在，世界各地城市的立法者密切觀察此事，包括洛杉磯、舊金山、巴塞隆納、阿姆斯特丹、柏林、巴黎等等。他們目睹 Airbnb 也在他們的城市擴張業務，都對民宿出租網站明顯顛覆當地經濟而後果未知的現象感到憂慮。

兩類房東素描：貪婪 vs. 共享

傳票以及伴隨而來的大量媒體報導，令紐約市的 Airbnb 用戶不寒而慄。新聞工作者波吉斯（Seth Porges）自 2010 年就開始把他位於威廉斯堡區的兩層樓公寓裡閒置的一個臥室租出去，當時威廉斯堡還不是個時髦的熱門景點。他的公寓地理位置非常不便利，他必須在網站上聲稱他的公寓靠近紐約地鐵 L 線，說他想實現：「當個郊區小旅館主人，並與來到這裡閒逛的形形色色人們相會的奇異夢想。」

兩年後，他被任職的男性雜誌《美信》（*Maxim*）裁員，他的 Airbnb 收入使他得以從事他熱中的計畫，不必找另一份全職工作，於是他成為這個網站的熱烈擁護者暨福音傳播者。「Airbnb 讓我有餘裕去仔細思考我的人生選擇，深思熟慮地考慮，並且冒險，」波吉斯告訴我。他向房客收費一晚 100 美元，收入足以繳付房貸後還有剩餘，最後還讓他可以在客房旁邊增設一間衛浴。多虧 Airbnb，讓他現在得以免費住在紐約市。

在 Airbnb 收到傳票的消息公開後，波吉斯和許多其他房東一樣，突然間必須應付強烈的焦慮感和一堆錯誤訊息。「有人訂了房間後，傳訊問我：『我仍然能去住嗎？現在怎樣了？』」波吉斯回憶。他對這些人提供溫和保證，雖然以特定方式使用 Airbnb 服務是違法的，但不必擔心：「這裡不是北韓，不會有警察來敲門，他們的目標是更大型的非法旅館經營者。」

恰爾默斯（Rich Chalmers）是一家女性服飾公司的包裝工程師，和兩名室友租下 C 大街上知名酒吧 Alphabet Lounge 樓上的無電梯三樓三房公寓後，開始使用 Airbnb 網站。恰爾默斯說，租下這公寓後，他發現「吵到我根本待不下去」，因此他經常去市區另一邊的女友住處。在 Airbnb 網站上把他的房間出租給趕時髦的觀光客，開始成為他很不錯的額外收入來源。

一年後，仍然承租著那個房間的同時，恰爾默斯也在東村區介於第一大街和第二大街之間的第九街租下一間一房公寓，他自己在兩地及朋友的家來來往往，在 Airbnb 網站上把兩間公寓房都租出去。新租的公寓每月租金 1,850 美元，他出租一晚收費 165 元，假日一晚 250 元，用短租收入來支付月租，綽綽有餘。「到了 2011 年，我變得更積極了，」他說。他把朋友的、女友的公寓也加入輪流出租，當他們出城時便張貼到 Airbnb 招租。恰爾默斯懷疑他這麼做可能有違法之虞，因此在網站上使用自己的舊照片，以降低被人認出的可能性。

隨著這副業的複雜度升高，恰爾默斯把他的公寓備份鑰匙寄放在附近熟食店及酒店店主那裡，讓抵達的房客找他們取鑰匙。每一處也有一位女佣，可以花幾小時在房客之間巡迴服務。

恰爾默斯估計，這個副業在三年間大約獲利 20 萬美元，還外加一些精采故事。有一天，他抵達朋友傑夫的公寓，他在 Airbnb 把它租出去了，於是來這裡打掃，準備讓一位新房客入住。但恰爾默斯驚訝的發現，前房客仍在，「他們來自維吉尼亞州，來紐約賣香菸和大麻。我進去後大驚，心想怎麼回事？當然，他們太嗨了，」他回憶。有些人大概會把這視為可怕的 Airbnb 故事，但恰爾默斯不這麼想，「我後來把他們帶到另一間公寓，非常瘋狂，那些女生很迷人，大家開起派對來，」他說。

史奈德曼發出傳票的消息公開後，恰爾默斯的反應不同於波吉斯，他認為該是退出的時候了。一位當房地產經紀人的朋友告訴他，這樣操作副業太危險了，一些地主房東已經變聰明了，開始嚴格執行禁止承租人轉租。若租金管制法限制他們對出租物業索取市場供需下的租金，他們一定會確保他們的承租人不能透過 Airbnb 轉租，獲取市場行情租金。恰爾默斯於 2012 年停止在 Airbnb 張貼招租，也支付他的 Airbnb 收入的全部旅宿稅，甚至寧可謹慎至上而申報一整年度。

當切斯基拒絕配合傳票要求，迫使州檢察長回頭向法院為他的傳票辯護時，切斯基試圖保護的就是這種真實房東與明顯投機份子皆有的顧客結構。他在 2013 年 10 月 7 日寫給 Airbnb 房東的一封電子郵件中寫道：「這些房東大多是偶爾想分享他們住家的尋常紐約客，這傳票牽連過廣，我們將盡全力反抗它。」[20]

接著，該公司委託並公布它自行調查的 Airbnb 對紐約市經濟影響統計，說它一年幫助該市創造價值 6.32 億美元的經濟活動，其中約有 15% 在曼哈頓區以外。[21] Airbnb 旅客平均在紐約市停留 6.5 夜，在當地消費近 880 美元；反觀特色投宿旅館的旅客，平均停留該市 4 夜，消費 690 美元。

這些自行調查的統計並沒有打動紐約市官員。對於這項紐約及許多其他城市必須做出的最困難抉擇之一，他們是裁決者：該為居民保障負擔得起的住屋，抑或為外來訪客提供新型旅館房間？ Airbnb 的抨擊者認為，它導致市場上的居民住屋供給減少，且刻意模糊房東同住與否之間的分界。

史奈德曼和 Airbnb 在 2014 年 4 月重回法庭，Airbnb 贏得暫時勝利，法官判決史奈德曼發的傳票太廣泛，因為涵蓋了紐約州所有房東，而非僅是那些違反「多戶住宅法」的紐約市房東。[22] 一天後，史奈德曼再申請修正版本的傳票，這下，Airbnb 已無退路，只能同意交出 16,000 位紐約市 Airbnb 房東的匿名資料，包括 124 名張貼多物件的房東的詳細資訊。[23]

檢察長辦公室研究這些資料，五個月後發布一份重要報告，結論指出，紐約市的 Airbnb 租房中有超過三分之二違法，少比例的多物件張貼房東占了 Airbnb 在該市營收的 37%。接著，檢察長辦公室和幾個紐約市政府部門（包括執法過度延伸的特別執法處），組成一個聯合任務小組，調查並關閉紐約市五個行政區的違法旅館。[24]

切斯基與卡蘭尼克，誰更勝一籌？

切斯基和卡蘭尼克在紐約初次見面後，接下來數年，兩人維持淡淡的友誼。每年幾次在舊金山共進晚餐，起先只有他們兩人，後來加入其他創業者或他們的女友，討論這兩家公司如同雙胞胎式的成功，以及它們和監管者與立法者作戰的經驗。「我想，我們藉由觀察彼此，學到很多，」切斯基說，「在這世上，和你的處境相似的人並不多。」

Airbnb 和 Uber 的員工對這些晚餐記憶猶新。一名和 Uber 員工也很親近的 Airbnb 主管說：「布萊恩回來後會說：『我們得更強硬些！』崔維斯回去後會說：『我們得更友善些！』」

看到 Uber 因擁抱共乘服務而陷入的爭議，Airbnb 的主管堅稱，Airbnb 採取的方法不同於 Uber，比 Uber 更溫和，儘管這說詞令人懷疑。2014 年，進入 Airbnb 擔任行銷長的米爾丹赫爾（Jonathan Mildenhall）說：「Uber 有他們追求成長的方法，至於我們，我認為，我們的社群以及我們社群的和善，驅動了很多我們所做的事情。因此，我們以高度同理心和高度的開放合作來應付任何棘手狀況或挑戰……，我們不想以欺凌方式走向成功，我們想用合作方式。」[25]

這個說法和薔萑所謂的「有法紀的品牌」相吻合。但是，當 Airbnb 對付紐約及其他城市的不友善政府時，這個新創公司或許更近似於 Uber，其近似程度是切斯基及其同事不願承認的。

這兩位執行長都以革命熱情來談論他們的公司，他們的輔佐者現在都極力避免他們親自涉入和監管當局的對戰，Uber 這邊擔心卡蘭尼克可能太爭強好鬥，Airbnb 這廂則是擔心切斯基太甜如蜜、太熱情。這兩位執行長都在追求激發社群行為的改變，而這些改變對社會有何影響，他們不可能充分了解。這兩人都相信，最佳戰術就是成長，然後利用其用戶群的政治影響力來形成大到無法監管的地步。

在這段建立王國的期間，切斯基的聲譽遠優於卡蘭尼克。Uber 執行長拋棄政治禮儀，偏好激烈辯論與據理力爭，為他贏得好鬥資本主義者的形象。Airbnb 執行長比較謹慎，在政治上比較狡黠，這是言行無所節制的卡蘭尼克必須學習的特質。但是，跟卡蘭尼克一樣，面對他認為不公或只是不利的法律時，切斯基毫不退縮。他的事業對市場的顛覆破壞性絲毫不亞於 Uber，也一樣會產生新經濟中的贏家與輸家。

回顧 2011 年至 2013 年，有人可能會覺得難以論斷這兩家公司當中，哪一家公司的經營比較有道德。當競爭者似乎可能攻占灘頭堡時，Uber 開始猛烈衝撞當地交通法規。切斯基明知 Airbnb 違反紐約市及其他地方的嚴格住屋法規，但仍然繼續推進，刻意漠視，不阻止其用戶違法。這兩位執行長以強烈決心去抓住他們眼前的巨大機會，暫停時間僅足以轉個身去修補他們呼嘯而過時留下的一些瘡痍。

現在來到了2014年，矽谷及華爾街以外的投資人開始了解到這些新創公司的特別，他們也想摻一腳。遠在中國的機會主義創業者注意到了，歐洲的計程車業者、全球性連鎖旅館、旅館業工作者工會，以及他們在政府裡的強大盟友，全都注意到了。卡蘭尼克與切斯基這兩個新創家即將在矽谷以及世界各地，引發就連他們自己都想像不到的事件。

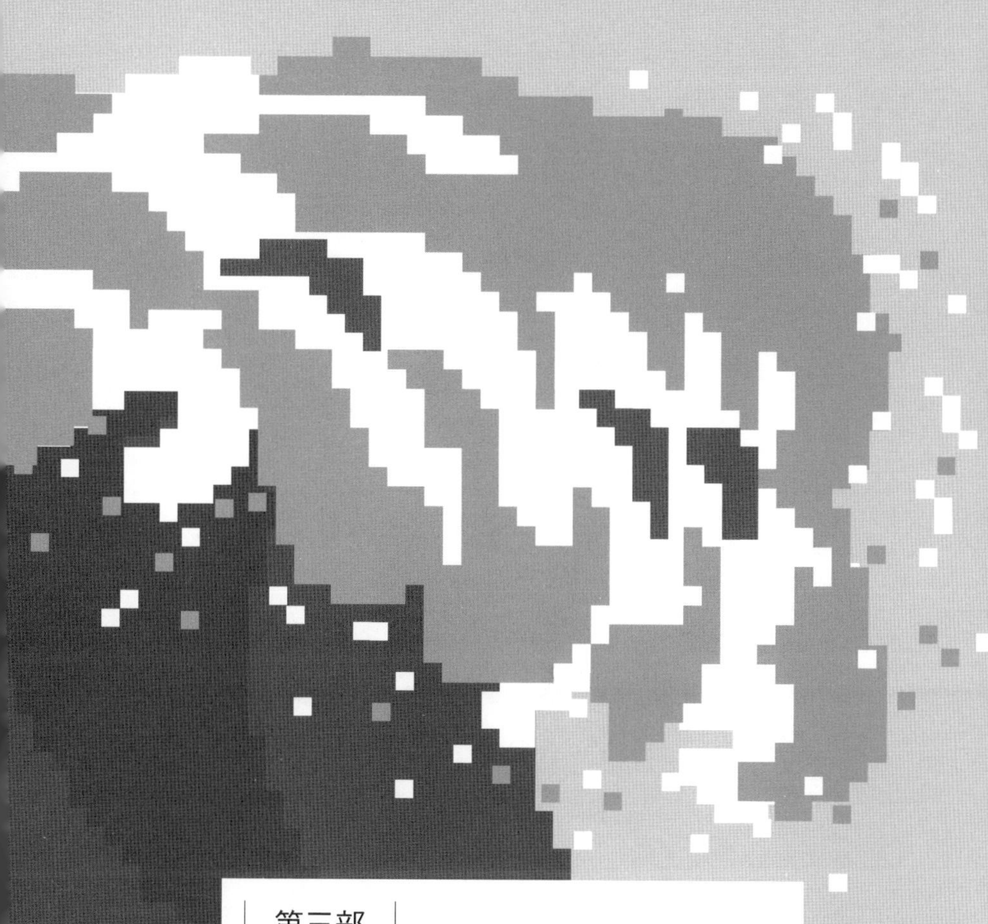

第三部

新創家的考驗

最成功的衝浪手 Uber、Airbnb，
該怎麼做才能維持第一？

Chapter 10

天眼系統

Uber 的野心與危機

那些言論明顯缺乏領導力，也欠缺人性，
更偏離 Uber 的價值觀與理想。
我相信，犯錯者可以從錯誤中學習，
包括我自己在內。

——Uber 共同創辦人卡蘭尼克

2012 年 5 月 18 日，臉書股票公開上市首日，卻陷入困窘局面。那斯達克股票交易所出了技術問題，導致交易延遲三十分鐘。上市第一天，臉書股價幾乎沒上漲，然後就一路溜滑梯。新創公司股票首度公開上市，是一場重大測試，反映外界對矽谷及其快速發展中的科技革命是否看好，但從臉書股票掛牌第一天的股價表現看來，他們的評價似乎很嚴苛。

不過，接下來一年，臉書的主管們和他們那頑強不屈的領導人祖克柏很爭氣。他們調整事業方向，利用智慧型手機浪潮，使該公司的廣告銷售興旺，四個季度之後，臉書股價上揚。2013 年 6 月 31 日，臉書股價超越其 IPO 價格，到了那年年底，已經漲了 45%，這意謂著就連後面幾輪集資才入股該公司的投資人，如俄羅斯投資人米爾納、微軟、高盛集團，也都獲利甚豐。

臉書及其金主的勝利，將改變矽谷所有新創公司的創業之路。每向前一步，評論家就宣布：投資人太瘋狂，他們在投資社交網路公司時的估值太高了。但是，傳統智慧之見錯了，那些樂觀的投資人獲得了可觀報酬。

投資人往往輾轉在兩種相反的焦慮中，既怕投資下去會虧錢，又怕錯過機會。臉書的成功顯示，在數位時代的黎明階段，過度謹慎是錯的。但是，對於那些進行型態比對的投資人來說，找出並下注於下一個臉書，並不那麼容易的事。現在，新創公司熟知辦理掛牌上市和上市後每季必須公布財報是多麼頭痛的事，因此最優秀的高科技新創公司會選擇把公開上市時間延後，而投資人的最佳機會（或許也是唯一機會），就是想方設法進入最夯的未上市公司前幾輪募資。

所以，在臉書股價上漲後的接下來幾年，以往一向投資上市公司的投資公司，開始尋求有潛力的未上市公司，新資本湧入矽谷，推升入股未上市公司的交易競爭激烈，也使得這些公司募集資金時的估值不斷升高，到了令人咋舌的地步。僅僅六個月的時間，共同基金公司富達投資（Fidelity Investments）領軍的相片分享網站 Pinterest 新一輪集資，把這家公司的估值推升到 35 億美元；而由投資管理公司貝萊德（BlackRock）領軍的線上儲存新創公司 Dropbox 募集資金，把這家公司的估值推升到 100 億美元。

這些令人瞠目結舌的市場估值，過去從未發生在未上市公司身上。矽谷存在強烈的不理性氛圍，與第一次網路公司榮景時彌漫的氛圍相同。但與當年不同的是，成功搭上這波大浪的新網路公司大受消費者歡迎，賺得可觀的廣告和訂閱收入。在網際網路和智慧型手機滲透率在世界各地快速成長之下，這些公司令使用者著迷，讓投資人難以抗拒。

Uber 和 Airbnb 就在充沛資金湧入及市場信心下崛起，成為這個新紀元的兩個巨人。到 2014 年初，Airbnb 已經募集了 3.2 億美元的創投資本，投資人對該公司的估值為 25 億美元；Uber 募集了 3.1 億美元，投資人對該公司的估值為 35 億美元。但相較於後來的估值，這些數字根本不算什麼。

接下來兩年半，華爾街迫切想投資成功的新創公司，以及中國的共乘服務巨人滴滴出行雄心勃勃挑戰 Uber 的全球霸權，

Airbnb 和 Uber 兩家公司合計募集超過 150 億美元的資金；在股票尚未公開上市前，它們的估值合計就已逼近 1,000 億美元。

伴隨這兩家公司的規模、估值及雄心持續膨脹，外界也愈來愈憂心它們帶來的影響。在 Airbnb 方面，該公司對住屋價格、居住社區的影響，以及偶爾想與大城市妥協的尷尬企圖，引發新一波來自政治人物及監管當局的反對。而 Uber 使用簽約司機而非全職員工，挑戰傳統的就業概念，在適當查核司機背景、提供適足保險、保障司機與乘客安全等方面數不清的爭議，也招來不斷增加的抨擊者。在全球各地無數城市，生計被 Uber 及其他共乘服務壓縮的計程車司機及他們的代表人士，憤怒發起火爆的反 Uber 抗議行動。

Uber 和 Airbnb 成為共享經濟反對者經常抨擊的對象，在這兩家公司強勁成長期間，它們成為全球審判的被告者，爭論主題很嚴峻：它們宰制市場的益處是否大於媒體報導的壞處？它們對城市的實際影響是什麼？它們對社會有益，抑或有害？面對這些質疑，甩脫以往包袱的卡蘭尼克和切斯基必須為他們的公司提出可信證詞。

Uber 首先遭遇這高聳的質疑之牆。在 2013 年推出 UberX 服務後，卡蘭尼克及其同事飛黃騰達，過去，在與競爭者和監管當局交手時，他們原本就已相當自大傲慢，他們的持續成功更加滋長這些心態。Uber 的主管們從高處俯瞰，看到眼前的歷史性機會，試圖征服世界，然而這世界的人們抬頭看了好一會兒，不是很確定是否喜歡他們看到的景象。

新一輪集資：谷歌與 TPG 入股

2013 年夏天，矽谷投資人從樂觀轉趨積極進取，卡蘭尼克決定進行 Uber 第四輪集資。他的同事回憶，卡蘭尼克自己親自洽談與處理，他主動和五、六個重要投資人討論，展開猶如競價拍賣的流程，不僅要尋找估值最高的最大資本，也要找能夠幫助 Uber 未來全球擴展的強力夥伴。米爾納的數位天空科技投資集團、創投業者通用催化（General Catalyst Partners）都加入競標，但卡蘭尼克的注意力擺在谷歌身上。

卡蘭尼克先和谷歌的投資單位谷歌資本（Google Capital，譯註：2015 年已改名為 CapitalG，成為谷歌改組後成立的控股公司 Alphabet 旗下子公司）洽談，但後來被歷史較久的谷歌創投（Google Venture，後改名為 GV）及其合夥人克蘭（David Krane）吸引。愛穿設計師彩色球鞋的克蘭，早年是谷歌的公關經理，後來轉為投資人，他以谷歌六萬名員工的活力，以及他們的 20% 上班時間可用來幫助 Uber 的志業，吸引卡蘭尼克。能夠和谷歌結盟，這想法令卡蘭尼克心動，但他想要有來自谷歌高層的保證，要求和谷歌創辦人暨執行長佩吉見面。

2013 年 8 月的一個晚上，卡蘭尼克進住東帕羅奧圖四季飯店一間由谷歌預訂並付費的套房睡一晚，準備翌日早上十點和矽谷最有權勢的人見面。克蘭安排了令卡蘭尼克驚奇而難忘的一個體驗：當這位 Uber 執行長來到大廳時，旅館門前停放了一部來自 Google X 實驗室的無人駕駛車原型，等候載他前往山景市。前座坐了一位谷歌工程師，可以回答卡蘭尼克對這部車的所有疑問，那是卡蘭尼克第一次搭乘無人駕駛車上路。

在谷歌園區，卡蘭尼克會見了佩吉、谷歌首席法律顧問律師杜魯蒙（David Drummond），以及克蘭當時在谷歌創投的上司馬利斯（Bill Maris）。佩吉向他保證，兩家公司可以合作發展Uber應用程式賴以導航的谷歌地圖，但卡蘭尼克沒有說太多，也沒有停留很久。那天產生的更重要後續影響是，卡蘭尼克覺察了可能徹底改變Uber事業的一項技術。

「你們的無人車變得普及的那一刻，就不再需要前座的司機了，」卡蘭尼克在會後興奮的告訴克蘭，「我稱此為利潤率擴張。」卡蘭尼克算計，付給司機的錢是目前Uber賺不到的營收，無人駕駛車既然是將會實現的未來，這對這個事業來說真是太重要的發明。

克蘭和卡蘭尼克及Uber的財務長、前高盛主管古普塔（Gautam Gupta）商談四小時後，以為他為谷歌創投敲定了獨家投資。但不然，那天晚上，卡蘭尼克打電話給克蘭，他還想在這一輪加入第二個投資人：TPG資本（TPG Capital）。這家舊金山私募基金公司融資收購過許多企業，例如大陸航空、潔可露服飾公司（J. Crew）、漢堡王等等。卡蘭尼克想借重對方的經驗，以及著名的TPG共同創辦合夥人邦德曼（David Bonderman）的人脈。邦德曼當時是通用汽車的董事會成員，卡蘭尼克認為他對Uber在全球各地遭遇的監管問題將有助益。

後來，該輪集資，谷歌投資了2.58億美元，杜魯蒙進入

Uber 董事會，克蘭則成為董事會觀察員。TPG 投資 8,800 萬美元，直接買下 Uber 共同創辦人坎普手上的股票，根據一位熟知此交易的人士，雙方還簽定一項條款，若 Uber 估值降到低於 27.5 億美元時，TPG 可以再取得更多股份。TPG 顯然是對投資於一家新創公司感到緊張，因此要求避險，並獲得一個選擇權，讓它可以在六個月內以相同價格再投資 8,800 萬美元。

邦德曼也成為董事，他的同事、協調這次投資事宜的特魯吉羅（David Trujillo）則成為董事會觀察員。基準資本公司在這輪再投資 1,500 萬美元；嘻哈歌手暨創投家傑斯同意投資 200 萬美元，後來匯了 500 萬美元給 Uber，希望持有更多股票，卡蘭尼克雖對此舉很感動，仍然退回多出的錢。

現在，Uber 資金滿滿。這一輪集資結束之後，卡蘭尼克、邦德曼、TPG 共同創辦人寇爾特（James Coulter）、特魯吉羅、投資人皮謝瓦及他的合夥人史丹佛（Scott Stanford），一行人搭乘 TPG 的灣流噴射客機走訪亞洲各國，評估 Uber 在這些國家的擴張機會。

世界似乎廣開大門，但卡蘭尼克及其投資人在 2013 年秋天對未來所做的每一個假設，幾乎最終都證明至少有部分不正確。谷歌不願把它的無人駕駛車研究成果交給另一家公司，而且很快就會變得看起來更像 Uber 的死對頭，而非盟友。不出一年，邦德曼將離開通用汽車董事會，而通用汽車將在 2016 年大筆投資 Uber 的勁敵 Lyft。

根據多位熟知這一輪集資交易的人士，當 TPG 可再以相同估值投資 8,800 萬美元時，該公司猶豫不決，一直等到最後一刻才試圖動用手上的選擇權。但是，卡蘭尼克吝惜於給出 Uber 股票而稀釋現有投資人的股權，拒絕了這筆交易。以 Uber 在這一輪集資後，到 2016 年年底這段期間的價值巨漲來計算，TPG 因當時對 Uber 缺乏信心，導致該公司少賺了好幾億美元。

最大的算計錯誤，應該是卡蘭尼克本身。亞洲市場遠比他預期得更富挑戰性，代價也更高，他更誤判了矽谷的募資氛圍，未能看出其中轉變。在簽定谷歌和 TPG 的投資之後，他歡欣地告訴 Uber 新任事業發展副總裁麥克（Emil Michael）：「我們再也不需要募集資金了。」

進一步驅動 UberX 成長

對於卡蘭尼克認為 Uber 不需再募集資金的想法，麥克感到失望，他認為募集資金是他的強項之一。麥克出生於開羅，襁褓時就隨家人移民美國，畢業於紐約州新羅謝爾市的高中，取得哈佛大學學士學位和史丹佛大學法學院學位，在 1999 年的網路公司泡沫高峰之際轉戰矽谷前，曾短暫任職高盛集團。

在矽谷科技業工作的十年間，麥克建立了有成效、忠誠、樂觀開朗的聲譽。他和卡蘭尼克初識於 2011 年，當時，他暫別高科技業，前往白宮工作，擔任國防部長蓋茲（Robert Gates）的特別助理。卡蘭尼克嘗試招募他加入 Uber，但當時的 Uber 看起來像個豪華車市內接送服務事業，不像個全球交通運輸業巨擘，麥克懷疑它能否發展成一個大事業。

但麥克仍然和卡蘭尼克保持友好，到了 2013 年秋加入 Uber 時，麥克已經認知到，Uber 的前景比他原本認為的更光明。雖然 Uber Black 服務的費率仍比傳統計程車貴 1.5 倍，但 UberX 服務平均便宜 25%，並且開始在新興的共乘市場中取得優勢。

Lyft 和 Sidecar 較早推出共乘服務，但 Uber 在 2013 年於美國市場和 2014 年於歐洲市場開始強勢推出此服務後，這兩家公司漸顯不敵。Uber 有更穩固的品牌，更多銀彈，也有較高階的產品線如 Uber Black 及 Uber SUV，該公司可以拿這些業務賺到的錢來補貼 UberX，向新乘客提供經濟誘因。

拜 UberX 之賜，Uber 此時每月成長 20%，近乎一夜之間在舊金山、洛杉磯、華盛頓特區及波士頓變得無所不在。那年秋季，Uber 從霍華街的辦公室搬遷到幾個街區外的米慎街 706 號九樓，位於舊金山現代藝術博物館附近的新辦公室更寬敞，卡蘭尼克的辦公桌在麥克的辦公桌對面，兩人經常在電腦螢幕前抬眼對望，驚歎新的成長統計數字。

「我們經常互問：『你看到了嗎？』驚人數字不斷出現，」麥克回憶。

一些美國城市如奧斯汀、拉斯維加、丹佛、邁阿密等，拒絕讓不受管制的共乘服務進入；有趣的是，紐奧爾良市在 Uber 還未於當地開始營運之前，就對該公司發出了禁制令。[1] 但卡蘭尼克仍然信心滿滿，他有那本可靠的教戰手冊，還有他的政治理論「崔維斯法則」——人們會施壓政治人物接受他們覺得明顯更好的任何服務。

2013 年 10 月，Uber 的四百名員工絕大多數飛到邁阿密進行另一次的工作兼度假，住在南海灘區豪華的海岸俱樂部飯店。員工享受豐盛晚餐，在飯店游泳池畔舉行派對（特地弄了一個巨大的 U 字映照於游泳池水面）。他們去海灘上散發 Uber 明信片，在電線桿上張貼支持 Uber 的海報。為鼓吹民眾支持共乘服務在佛羅里達州南部合法化，該公司設了一個網站、一個 Instagram 網頁，以及一個推特主題標籤：#MiamiNeedsUber。

邁阿密對 Uber 來說，是個富挑戰性的市場，當地法律規定，受雇接送的禮車與豪華轎車必須在接送乘客的一小時前預訂，且收費必須高於 70 美元。當地計程車車隊支持這法規，意在保護它們免於遭到管制寬鬆的禮車和市內接送出租車的競爭。但當地計程車業根本無法抵擋市場對共乘服務的強勁需求，先是 Lyft，然後是 Uber。舉辦那次工作兼度假的幾個月後，Uber 在邁阿密戴德郡（Miami-Dade County）開張營運。[2] 雖然依法來說，這些公司的服務仍屬非法，法院也只是偶爾對乘客開罰單，警方並未關閉 Lyft 或 Uber 的服務。到了 2015 年，立法者已經準備著手修法。

「需求太大了，」邁阿密市長吉曼尼茲（Carlos Gimenez）告訴《邁阿密先鋒報》，「我不打算把 Uber 和 Lyft 拉回二十世紀，我認為計程車業必須進入二十一世紀。」[3]

此時的 Uber 正進入青春期，贏得政治戰，並快速成長，需要增添主管人才。在麥克加入公司的幾個月前，卡蘭尼克也雇用了一位新的技術長范順（Thuan Pham）。

范順在年幼時和家人一起逃離越南，在印尼的難民營待了十個月，接著來到美國，後來就讀麻省理工學院，成為線上廣告公司 DoubleClick 及雲端公司 VMWare 的優秀技術主管。要進入 Uber，成為高階主管，必須歷經累人的面試流程，包括與卡蘭尼克一對一談話，這些談話累積起來約三十小時。范順改組 Uber 的技術團隊，加速招募工程師，督導該公司派車演算系統及資料儲存系統全面改版，以跟上每六個月成長一倍且毫無減緩跡象的公司業務量。

范順對 Uber 的影響顯現於跨年夜。過去三年，年年這一晚的瘋狂活動，令 Uber 的系統招架不住。到了 2013 年最後一天，當天稍早，卡蘭尼克告訴范順：「要是我們的系統當機，我會動脈瘤破裂死亡，我的死亡，你必須負責。」但那晚 Uber 系統首次相當平順的熬過跨年夜，幾天後，卡蘭尼克帶范順及其技術團隊去吃慶祝晚餐，給了一點罕見的讚美：「幹得好，」接著一句是卡蘭尼克典型的風格：「從現在起，任何你能預期到的事，我都期望你能搞定。」

接下來幾個月，卡蘭尼克實行兩項措施，進一步驅動 UberX 成長。第一項是幫助 Uber 司機取得購車貸款，這是前高盛大宗物資交易員、Uber 紐約辦公室新任司機業務經理恰平（Andrew Chapin）的提議。恰平觀察到，許多潛在 Uber 司機面臨的最大障礙是沒有車子，他們當中有很多人是信用不良，或沒有信用紀錄的移民，因此無法擁車。[4]

恰平構想，Uber 可以幫助司機取得購車融資，然後讓他們把一定比例的收入拿來繳貸款。這種安排能帶給 Uber 好處，不僅可以有更多 Uber 車在路上，還可確保效忠 Uber，不會轉投競爭對手的共乘或遞送服務。「市場存在需求，若我們不幫助我們的夥伴及司機取得車子上路，徒有需求也無益，我們的業務無法成長，」卡蘭尼克在那年說。[5]

為尋求可能對此方案感興趣的業者，Uber 主管拜訪全美各地的汽車公司和汽車貸款公司，它們的初步反應是懷疑，「汽車公司的反應類似這樣：『Yoober？你們是誰啊？你們不是市內接送出租車公司嗎？』」麥克回憶。卡蘭尼克、麥克以及 Uber 投資人葛利，造訪福特汽車公司那棟常被稱為「玻璃屋」的底特律辦公室，拜見該公司董事會執行主席福特（William Clay Ford Jr.），他也不置可否。卡蘭尼克和這位亨利．福特的曾孫合照了一張相片，也參觀大廳展示的該公司歷史照片與故事。葛利回憶，卡蘭尼克讀那些故事讀到入神。

最終，通用、豐田、福特都加入這方案，汽車經銷商和汽車貸款業者也加入，後來 Uber 透過自家設立的子公司 Xchange Leasing，自己承辦汽車融資。此方案後來遭到非議，抨擊 Uber 提供高利率汽車次貸，當司機未能準時繳交貸款時，就把車子收回。[6] 麥克說，這方案幫助了信用不佳或沒有信用額度而別無選擇的司機，「我們造福那些原本無法取得貸款的人，」他說，「利率當然不低，但他們至少有了機會。」

為司機提供貸款，有助於增加 Uber 車供給；而卡蘭尼克實行的第二項措施是為了促進需求，但同樣引發爭議。2014 年初，為了刺激每年冬天淡季的市場需求（人們在冬季的夜晚減少外出），卡蘭尼克在亞特蘭大、巴爾的摩、芝加哥、西雅圖等美國城市把 UberX 費率降低 30%。[7] 理論上，降低價格，顧客就會多使用 UberX 服務，減少使用計程車、公車、地鐵，乘客增加，司機的未載客閒置時間減少，載客量增加的收入可彌補費率降低的損失。

這計畫雖有道理，但實行時，造成司機不滿。在那些費率降低，卻未激發更多需求的城市，Uber 不得不恢復原費率。儘管如此，這項措施的確加快 UberX 成長，或許更重要的是，迫使銀彈較少的 Lyft 跟進，降低費率和對司機的抽佣。[8] Uber 發現了新創業界權威所謂的「良性循環」：較低的費率吸引更多乘客及更多使用量，這引領更多的車輛供給和更忙碌的司機，使得 Uber 可以進一步降低費率，對競爭者造成更大壓力。

就連 Uber 的最熱烈支持者，也還未領悟到這個事業的實際潛力。Uber 不僅搶走傳統計程車的生意，它正在壯大整個付費交通運輸市場。

「我知道 Uber 將會變得很大，但我不知道它會變得這麼大，」創投家葛利說，「我們開始試營較低費率時，真的嚇到了，價格彈性的效果真令人大開眼界。」就連卡蘭尼克也驚訝於業務的成長速度，「我不知道 Uber 的商機規模這麼大，我沒料到私募基金和創投界會如此熱烈的爭搶這塊大餅。」

現在，沒什麼可以阻擋 Uber 的銳勢了，除了它自己。

面對死亡車禍，卻冷血卸責

2013 年 12 月 31 日，跨年夜晚上接近八點時，年輕媽媽鄺歡華帶著她的兩個孩子走在舊金山市田德隆區波克街（Pork Street）的行人穿越道上，一輛右轉波克街的灰色本田 Pilot 運動休旅車撞上這一家人，六歲女兒劉家怡喪命，鄺歡華和劉家怡的弟弟受傷。這名五十七歲司機穆札法（Syed Muzaffar）加入 UberX 服務約一個月，車上沒有乘客，但他告訴警方，他當時正在查看 Uber 應用程式，等候 Uber 派生意給他。這位悲痛的母親後來告訴一位當地電視台記者，她當時可以看到手機的光反射在那司機臉上。[9]

媒體持續報導這事件，以及令人不舒服的一個事實：Uber 起初堅稱它和這起事故無關。卡蘭尼克在事故發生翌日下午發出一則推特文：我們可以確定，這起事故並未涉及使用 Uber 系統的車輛或載客服務者。[10] 但更多事實浮現後，Uber 發布了措詞較為謹慎的卸責聲明，先是向家屬致哀，但接著端出冷酷算計的法律邏輯。「事故當時，肇事司機並非在 Uber 系統上提供載客服務，」這篇在事故發生翌日下午張貼於 Uber 部落格的聲明指出，「該司機是 Uber 事業夥伴，他的帳戶已立即被停用。」[11]

對此悲劇事件，任何有點常識的看法，都不會端出像 Uber 這樣的蔑視態度。

這家公司賺大錢，但顯然不想為這起事故承擔半點責任。然而，Uber 以有利可圖之夜來誘使像穆札法這樣的司機上路，提供他們智慧型手機應用程式，布署一套系統，要求他們在路上時對任何通知及簡訊做出立即回應。穆札法的車上或許沒有乘客，但他正在為 Uber 執行一項重要服務：開著車在社區到處跑，開啟著應用程式，等候載客。

這事件還有令人不安的其他事實。十年前，穆札法曾因在佛羅里達群島的公路開車時速達一百英里而遭法院傳喚[12]。據報導，為 Uber 執行司機背景調查工作的 Hirease 公司，只調查前七年的個人犯罪紀錄。[13] Uber 對每件事故投保 100 萬美元責任險，但只適用於從司機接受 Uber 應用程式上的載客任務，到乘客下車的這段時間內。在一年前，加州公用事業委員會舉辦的那場爭吵激烈的公聽會上，他們都沒有考慮到司機已登入 Uber 系統，但車上沒有載客、還在等候乘客的這段時間。承擔龐大醫療費的劉家怡家屬，必須仰賴穆札法僅僅 15,000 美元的個人保險，甚至可能收不到這筆錢。這種悲劇是明顯可預期到的，但 Uber 顯然還沒為此做好準備。

附帶一提，該事故發生三個月後的那年 3 月，Uber 及 Lyft 都推出了上限達 10 萬美元的補充保險來填補這落差。[14] 加州在 2014 年通過立法，規定這些公司必須對司機開啟應用程式尋找乘客這段時間，投保 20 萬美元責任險。[15]

事故發生後，穆札法被依駕車過失殺人罪逮捕受審，陪審團在 2016 年 4 月陷入僵局[16]。截至本書撰寫之際，他還在等候再審。劉家以過失致死罪控告 Uber，主張該公司負有責任，因為它的智慧型手機應用程式導致穆札法開車時分心而肇禍。Uber

在 2015 年 6 月和劉家私下和解，和解內容沒有公開，且該公司仍然不認錯。[17] 但是，Uber 聲譽受損程度，遠高於任何不透露的私下賠償金額。該公司首度被外界視為沒有能力或不願意控管，在世界各地展開的交通革命所造成的後果。

代表劉家怡家屬向Uber提告的舊金山律師多蘭（Christopher Dolan）說：「Uber 的主管們沉浸在賺錢與成長的旋風裡，他們的表現極度不成熟，他們在巨大的商機驅使下向前，根本不願停下來思考他們的責任。」

一再失言的執行長

劉家怡的悲劇事件，引發了長達一年沒有休止的負面媒體報導，Uber 從此背負惡劣聲譽：具侵略性、為獲利不顧一切、有時殘酷無情的一家公司。該公司在全美城市及歐洲與亞洲各國快速擴張時，批評者抨擊它助長未經詳盡背景調查的司機的危險行為，也批評該公司明顯破壞競爭的手法，以及該公司員工偶爾不當的公開言論。許多人對 Uber 的不佳印象，在 2014 年更加惡化，那是該公司最充滿挑戰的一年，在業務成長的同時，卡蘭尼克及其團隊的犯錯似乎更加嚴重。

劉家怡悲劇事件發生後不到一個月，共乘服務新創公司彼此間有個極為不當的競爭手法引起大眾譁然。Uber、Lyft、Sidecar 以及很多規模較小的公司都知道，願意使用它們應用程式的司機愈多，它們就更強大，於是不僅持續爭搶新司機，也彼此侵犯。這是赤裸裸的激烈競爭，是卡蘭尼克喜愛的那種摔角格鬥，所以，Uber 很擅長。該公司內部稱它為「蠻幹」（slogging），後來才把這個字加工成一個名詞的首字母縮寫：促進長期營運成長（supplting longt-term operations growth）。[18]

主要方法是提供免費汽油卡、提供加入獎金等等福利，吸引競爭對手的司機叛逃，加入 Uber，但有時候它會採取更過火的手段。2014 年 1 月 24 日，以色列的新創公司 Gett 舉報，在該公司推出黑頭車服務的紐約市，Uber 員工在三天之內向 Gett 預訂、然後取消了一百多趟服務，藉此取得 Gett 司機的手機號碼，以便發簡訊給這些司機，試圖誘使他們轉換至 Uber 服務（不同於其他共乘服務公司。Gett 愚蠢的未使用 Twilio 之類的服務來掩飾司機的電話號碼）。Gett 的美國區執行長赫爾曼（Jing Wang Herman）把 Uber 這種手段比喻為駭客攻擊，並發簡訊向 Gett 司機致歉，還以大寫字體寫道：「我們向 Uber 開戰」。她向媒體提供使用真名向 Gett 訂車再取消的 Uber 員工名單，其中包括 Uber 紐約辦公室總經理莫勒。[19]

面對確鑿證據，Uber 只得立刻道歉，「這種銷售手法太過火，」該公司部落格上的一篇文章寫道。卡蘭尼克後來告訴我：「紐約團隊努力想爭取更多司機加入系統，因為這是追求成長，並以優質、可靠、好價格來服務該市顧客的唯一途徑。他們有時有點過火，令人遺憾。我們道歉，並讓全公司記取這教訓。」

但是這事件後，Uber 在那年引爆的爭議愈來愈多。2 月時，《GQ》一篇訪談卡蘭尼克的報導中，作者形容他為「年輕有為的技客」，當作者逗弄卡蘭尼克，說 Uber 的成功提高了他對女性的吸引力時，卡蘭尼克說：「對，我們稱那為 Boob-er。」[20]（譯註：Boob 指女性胸部，Boober 與 Uber 韻腳相同，卡蘭尼克用女性胸部來形容 Uber，把 Uber 戲稱為 Boober）

5 月，在編程研討會（Code Conference）演講時，卡蘭尼克的言詞更加有失為一位高知名度執行長應有的格調。當時，我就在聽眾席上，他對現有計程車公司的攻擊，強烈到令人們對計程車業者心生同情。卡蘭尼克說，Uber 正在參與一場政治競選：「Uber 是候選人，對手是一個名為計程車的混蛋，沒人喜歡他，他不是個好東西，但他與政府機構關係太密切了，很多人欠他。」卡蘭尼克說，Uber 必須「把計程車的黑暗、危險和邪惡真相公諸於世」。

被問到有關應用在無人駕駛車時，卡蘭尼克說他對此技術很期待，因為這技術可以使價格降低。但對於司機將因此失業，他沒表示關心。「Uber 之所以昂貴，是因為你們不僅對車子付錢，也付錢給車裡的另一個傢伙（指司機），」卡蘭尼克說。至於那幾萬名仰賴他的公司來養家活口的司機，他不在乎的聳聳肩，「世界就是這樣啊，世界並非總是很棒，我們全都得設法改變啊，」他說。

卡蘭尼克就是這樣自我，直率而不察（或許也不關心）他的言論可能被 Uber 本身的重要顧客如何看待。Uber 在 2014 年發生的問題反映了這家公司執行長的性格，雖然幫助他熬過職涯早年艱辛的長處，卻也反映出他有時令一些投資人及同仁反感的缺點。這其中，最主要的是他那強烈的爭強好勝傾向，他總是想贏，不僅是玩 Wii 網球，在商場上也如此，一定要想方設法除掉競爭者。

2014 年和 Lyft 的繼續纏鬥，就是另一個例子。2012 年，在等待加州監管當局制裁共乘服務之際，Lyft 已站穩腳步。這讓卡蘭尼克的懊惱耿耿於懷，擔心 Lyft 可能贏過 Uber，又擔心可能更有經驗的公司會收購它。

約莫此時，他在舊金山科技界只有會員能參加的炫耀社交俱樂部 The Battery 用餐時，槓上 Airbnb 執行長切斯基。當時，切斯基正在和當地律師安格斯（Sam Angus）喝酒，卡蘭尼克來到他們桌邊，要求知道 Airbnb 是否打算買下 Lyft。

「沒有啊，我們做的是旅行業，」切斯基回憶他當時是這麼回答的。

「我們都是做旅行業！」卡蘭尼克回嘴。事後，他說他不記得當時只是在開玩笑，或是因為聽到了一個謠言。

Uber 與 Lyft 爭鬥惡化

Lyft 曾在 2014 年有過短暫的放棄念頭，派出代表去找 Uber 談兩家公司合併的可能。據當時私下參與談話的三位人士說，卡蘭尼克及麥克前去和 Lyft 總裁季默以及安德森賀羅維茲創投公司合夥人歐法瑞爾（John O'Farrell）共進晚餐，儘管兩家公司激烈競爭，那場晚餐倒是一團和氣。不過，Lyft 的期望很高，它的金主要求，若把 Lyft 賣給 Uber，必須換取 Uber 的 18% 股權。Uber 這邊只願給 8%，卡蘭尼克本來就不喜歡合併，也不願把他的珍寶割出五分之一。兩方都不讓步，這交易就此破裂。

Lyft 快速復原。那年春天，在非尋常源頭的資本湧入矽谷下，Lyft 從一群投資人那兒募集到 2.5 億美元，這群投資人包括蔻圖資金管理公司（Coatue Management）、中國的電子商務巨擘阿里巴巴、PayPal 共同創辦人提爾與其他人創立的創辦人基金（Founders Fund）。有了資金挹注，Lyft 進軍二十四個新的美國城市，其中十三個是 Uber 尚未營運的中等規模城市。[21]

雙方戰事再起。幾星期之後，Uber 倉促進行了 12 億美元的 D 輪集資，投資人包括富達投資、威靈頓資產管理公司（Wellington Management）、貝萊德、創投公司凱鵬華盈（Kleiner Perkins Caufield & Buyers）。集資流程花了三星期，卡蘭尼克發揮最大魅力，向投資人推銷誘人的 Uber 前景。

「若你能夠讓人們符合經濟效益，不開自己的車，或是賣掉他們的車，把交通運輸變成一項服務，這是相當大的事業，」那一輪集資結束後，他這麼告訴我。卡蘭尼克也踏出不尋常的一步，他私下告訴投資人，若他們希望有機會投資 Uber，就不該考慮去和 Lyft 談。[22] 當我詢問卡蘭尼克有關這戰術時，他說：「Uber 只是對 Lyft 的投資人說：『聽著，我們開放交易，也接受投資，』那些談話就只是如此而已。」但是，在別人聽來，卡蘭尼克是在採取焦土戰略。

Lyft 的聲譽較好，卡蘭尼克想必認為這不公平。儘管就某些方面來說，Lyft 更為進取。它率先在舊金山、邁阿密及堪薩斯市推出不受管制的共乘服務，但該公司創辦人葛林和季默的事業行動，往往表現得像真誠的理想主義，不是掠奪性野心。「每一次的 Lyft 載乘，都是一次有益的人際互動，」在一次接受 CNN 訪談時，季默語帶感情的說，「我也感覺很幸運，能夠改變交通運輸的未來，這將帶來一個更以人為本的未來城市。」[23]

那年 7 月，Lyft 開始準備在紐約市推出共乘服務，Uber 在這裡的營運只使用領有營業牌照的司機，Sidecar 在前一年曾試圖在這裡推出共乘服務，但它的司機發出求救，他們的車被紐約市計程車與禮車管理委員會（TLC）給扣押了，Sidecar 急忙打退堂鼓。[24] Uber 在紐約市推出 Uber Black 和 Uber Taxi 時也看到，TLC 是個可怕的阻力，不能容忍他們破壞該市已經壅塞的街道。

但 Lyft 總裁季默心意堅定，他公開宣布 Lyft 將在皇后區和布魯克林區推出服務。[25] 接著，季默與 Lyft 的政府法規事務副總裁艾斯特拉達（David Estrada）飛到紐約，和紐約市長白思豪（Bill de Blasio）的 TLC 主委喬西（Meera Joshi）會談。喬西以尖銳語氣告訴他們，Lyft 必須跟 Uber 一樣，註冊成為一個基地，並且只能使用領有 TLC 核發營業牌照的司機。第二天，季默和艾斯特拉達被叫去紐約州檢察長辦公室，十多名檢察長辦公室和紐約州金融服務管理局的官員滔滔講述一長串，羅列若 Lyft 按照其原先計畫行事將會違反的法規。

季默仍然很堅決，當天晚上，他在布魯克林布希維克區（Bushwick）的 1896 夜總會主持開業派對，請來嘻哈樂團探索一族（Tribe Called Quest）成員 Q-Tip 表演，當地科技業人士擠滿舞池，夜總會外頭有十多名計程車司機抗議。「我們覺得 Lyft 來這裡搶我們的生意，」紐約獨立計程車司機協會的索里亞（Nancy Soria）告訴科技網站 Technical.ly。[26]

那夜稍晚，季默和艾斯特拉達聽聞 TLC 正在準備禁制令，和 Lyft 的法務長斯佛切克及外聘律師的視訊會議上，激動的季默主張按計畫開業營運，他願意為此被逮捕。律師們笑了出來，但季默是認真的。他們齊聲勸告，說這是個糟糕的主意。「我不願想到你被關，我承受不了，」斯佛切克告訴他。

Lyft 只能屈服，這是該公司有史以來頭一次推出使用專業司機，而非一般人開自己車的服務。[27] 在紐約，Lyft 將像初始的 Uber 一樣，只使用領有營業牌照的司機。

從此，Uber 和 Lyft 的戰爭更趨惡化。它們公開相互指控對方蠻幹——故意向對方預訂出車服務後又取消；祭出獎勵以誘使對方的司機叛逃。[28] 私底下，雙方上演更惡毒的爭鬥。

Lyft 的營運長范德詹登（Travis VanderZanden）是個有創意的主管，三十歲出頭。他早前創辦的隨選洗車服務應用程式公司 Cherry 在 2013 年被 Lyft 收購。范德詹登在 Cherry 設計了一種巧妙制度，讓最有經驗的洗車老手給予較新進的洗車工指導和評量，該公司招募大批外面的工作承包者，這樣公司本身就不必雇用員工去訓練與監督洗車人員了。[29] 范德詹登把這概念帶到 Lyft，用它來幫助 Lyft 擴張至新城市，讓公司甚至不必派員至當地。他還推出一種類似 Uber Black 的服務，名為 Lyft Plus，企圖搶食 Uber 較有賺頭的業務。

但是，根據范德詹登當時的同事所言，到了 2014 年夏季，在財力更雄厚、擴張速度更快的 Uber 競爭下，他對 Lyft 的前景已經不抱希望了。根據法院文件，在葛林和季默都不知情之下，范德詹登私下找兩位公司董事會成員商談，他想接掌執行長[30]，還開始私下找 Uber 談重啟 Lyft 和 Uber 合併的討論。Lyft 的創辦人得知這些事情時，非常生氣，范德詹登在 8 月辭職，幾星期後就加入 Uber，擔任國際業務發展副總裁。

官司立即開始。Lyft 向加州法院指控范德詹登，在離職前下載該公司的財務及策略文件[31]，范德詹登在推特上否認這項指控，說這是：「無恥的攻擊我的聲譽。」[32] 幾個月後，Uber 向最高法院提起民事訴訟，想找出是誰非法入侵其電腦系統，下載約五萬名司機的姓名及個人資料。根據范德詹登一案中的一份證詞，Uber 相信，入侵者是 Lyft 的技術長蘭柏（Chris Lambert），但蘭柏的律師向路透社否認蘭柏和 Uber 資料被入侵一事有任何關連。[33]

情況迅速演變得很難看，這一切敵對惡鬥情事被公諸媒體，他們意識到這將危害兩家公司的事業發展。因此兩年後，在范德詹登一案即將公開庭審而可能帶來難堪的前夕，兩家公司達成和解。Uber 撤銷其資料被入侵的民事訴訟案。[34] 兩家公司的對抗仍持續上演，但不是在法庭上，不是在推特上，而是在街道上。

遭遇公關大危機

那年夏天，快速成長的 Uber 再度搬遷總部，這是一年內第二次搬遷，也是該公司自創立以來的第七次搬遷。更寬敞的新辦公室位於市場街的前美國銀行大樓，面積 8.8 萬平方英尺，另外還租下更多空間以備後續擴展之需。這棟龐大的水泥大樓占據了一整個街區，樓頂有直升機停機坪，地下室有銀行庫窖。Uber 的新辦公室幽暗，有很多深色木質裝潢、深咖啡色皮革沙發，牆上有白板和呈現 Uber 營運城市的數位大螢幕，開放辦公空間周圍是步道，非常適合卡蘭尼克不停地來回踱步。長長的主管會議室位於整個辦公空間的中央位置，透明玻璃為牆，私下討論會議時，可以按鈕使玻璃牆轉變成不透明，這會議室被稱為「戰情室」，非常吻合公司執行長的好鬥性格。[35]

會議室名稱顯示了根深柢固的好鬥性，不過，那年夏天，Uber 迫切試圖把它的形象變得專業化。那年 8 月，該公司歷經冗長的面談流程，商談對象是政治長才，包括民主黨策士沃夫森（Howard Wolfson）、前白宮新聞祕書卡尼（Jay Carney），最後，Uber 高調宣布聘雇歐巴馬 2008 年競選總統時的經理普魯夫，擔任政策與策略高階副總裁。[36] 卡蘭尼克也決心緩和他的言詞，對公司使命做出較具啟發性的闡釋，不再是意圖摧毀「名為計程車的混蛋」，而是要：「在每個地方為所有人提供如同自來水般可靠的交通。」[37]

卡蘭尼克試圖改變他的風格，但光聘請一位政治巧匠，並不足以重塑 Uber 那已然根深柢固的好鬥形象。Uber 那年最嚴重的公關危機還未爆發呢。

10 月下旬，科技網媒 PandoDaily 記者雷西撰寫一篇文章痛罵 Uber，部分原因是 Uber 的法國里昂辦公室推出了一項荒唐的行銷，提供特別配對服務，讓乘客可以搭乘性感女司機開的 Uber 車，讓人明顯聯想到伴遊服務。[38] 這則廣告上寫著：「誰說女性不懂得如何開車？」旁邊放置了許多衣不蔽體的女性相片。[39] 媒體詢問有關這行銷活動時，Uber 趕快取消它，並刪除里昂辦公室部落格相關貼文。但雷西是個從不畏懼撰寫抨擊文章的媒體人，她宣布刪除手機上的 Uber 應用程式，並譴責 Uber 具有性別歧視的公司文化，危及女性司機與乘客。

「我不知道我們還需要多少跡象，才能看出這家公司根本不尊重我們，也未把我們的安全視為優先，」雷西寫道。[40]

對於雷西這篇抨擊文，Uber 內部反應很糟。里昂辦公室的行銷手法是地方辦公室的一個難堪錯誤，但公司自豪它提供女性當司機的機會，並且讓女性乘客可以安全地預訂接送服務，不必夜間站在陰暗街角等候，希望能攔到一輛經過的計程車。Uber 在那年已經遭到很多非議，雷西的文章是雪上加霜。

三星期後，Uber 邀請許多媒體主管與記者，參加在曼哈頓威佛利旅館（Waverly Inn）舉行的一場私下晚餐。卡蘭尼克坐在長桌的一邊，晚餐後，他簡短致詞，並回答問題。麥克坐在另一邊，對面坐的是《紐約日報》發行人祖克曼（Mort Zukerman）及《哈芬頓郵報》創辦人哈芬頓（Arianna Huffington），坐他們旁邊的線上新聞媒體 BuzzFeed 總編輯史密斯（Ben Smith）在提問與回答階段時，詢問卡蘭尼克對於歐巴馬的「平價醫療法案」（又名 Obamacare）有何看法。後來，晚餐會轉為私下閒聊時，麥克問史密斯為何要提問政治問題，史密斯說，他這麼做是希望卡蘭尼克能夠提出一個自由派傾向的回答。

這使得話題轉趨更廣，談論到新聞媒體及其顧忌，但這些談話內容後來變成一個引發激烈爭議的主題。麥克對那場談話的回憶是，他當時告訴史密斯，當媒體未經查證就對個人做出指責時，這並不切當。接著，他提出一個假設性的構想，即 Uber 斥資 100 萬美元成立一個負責任的記者聯盟，他說，當出現負面報導時，Uber 可以雇用調查者和專業記者去調查那些做出負面報導的記者，搞不好他們也有不為人知的祕密，這樣就可以反將那些記者一軍。

那場晚餐是星期五舉行的，隔了一個週末，到了星期一，聲稱不知道那是一場非正式晚餐、談話不列入紀錄的史密斯，在 BuzzFeed 上發表一篇文章，記述晚餐中的談話內容。這篇標題〈Uber 主管說要挖掘記者隱私〉的文章指出，麥克說，Uber 的打探醜聞者：「將調查你們的私人生活、你們的家人，對媒體來個以其人之道還治其人之身。」史密斯的文章還指出，麥克說記者可以去挖掘雷西的私人生活醜聞，並說對於那些跟進雷西的腳步，刪除 Uber 應用程式後遭到性侵害的女性，雷西應該負起個人責任。[41]

麥克雖私下不認同史密斯記述的那些話，仍然立刻發聲明道歉，聲明中說：「那些有關我在私下晚餐中的談話報導⋯⋯，並未反映我的實際看法，也和公司的觀點或態度無關。不論如何，它們是錯的，我對此感到抱歉。」一天後，《哈芬頓郵報》的白宮線記者、當天坐在附近的坎貝爾（Nicole Campbell）撰寫一篇有關那些談話的文章，她以不同方式來解讀麥克當時說的話。坎貝爾說，麥克當時假設性地說：「雷西應該不會喜歡有人寫有關她的不實報導，或是發表嚴重錯誤的文章，因為我們全都在私人生活中做過我們覺得不光采的事。」[42]

但是，BuzzFeed 的報導中還有一個立即引發對 Uber 強烈反彈的內容。史密斯的文章指出，那場晚餐的幾天前，Uber 紐約辦公室總經理莫勒（就是那年稍早對 Gett 發動蠻幹奧步的總經理）在紐約長島市社區的辦公室外頭迎接來採訪的 BuzzFeed 記者布楊（Johana Bhuiyan），搭乘 Uber 車前來的布楊，很驚訝莫勒怎麼知道她快抵達了，莫勒告訴她，他一直在使用公司的一項工具「天眼」（God View）系統，來追蹤她在 Uber 車裡的行蹤。

天眼系統是 Uber 內部供所有員工使用的一項服務，也是該公司可以如此快速成長的原因之一。位於數百個城市的 Uber 辦公室都可以取用舊金山總部員工可用的工具，因此，該公司能夠以地方分權化模式，根據資料，做出決策。卡蘭尼克認為，透明化的公司文化能使員工對自己的案子擁有所有權，使他們感覺他們在更大的公司裡營運。但是，Uber 使用天眼系統時並未對系統裡的資料做適當的隱私保護，也沒有對員工施以訓練，更沒有訂定大眾隱私政策，告知外界 Uber 打算如何使用這些敏感資訊。這根本是等著爆發的一場大災難。

BuzzFeed 的這篇報導隱含了邪惡的企業行為與濫用顧客資料，報導一出，立刻引爆媒體炸彈。歷經一年的種種 Uber 戲劇化事件，新聞媒體對於任何與 Uber 有關的爭議已相當敏感，因此幾乎各大報章雜誌及電視台都在報導它，遠在歐洲與亞洲的媒體也沒漏掉這則新聞。第二天早上，麥克和卡蘭尼克離開紐約市，前往拉斯維加參加高盛集團舉辦的一場研討會。麥克回憶，他和卡蘭尼克走在紐約拉瓜迪亞機場大廳時，抬頭看到候機室電視螢幕上 CNN 報導出現他的相片。

這一切感覺起來太超現實。在飛機上，麥克和卡蘭尼克並排坐，把他們的筆記型電腦連結到機艙內的 Wi-Fi，觀看麥克那場晚餐談話引發的反 Uber 推特文如洪流般洶湧奔騰。麥克回憶：「我當時試圖使卡蘭尼克分散注意力，我心想，天哪，還沒降落，我就會被炒魷魚了。」他從未以如此公開方式犯下大錯。

換做是以前，卡蘭尼克大概會對線上的這些批評開戰，以捍衛之姿試圖保護他心愛的品牌。但這次他沒這麼做，他看著推特，一旁的麥克試圖不去看他上司的筆電螢幕，卡蘭尼克發出了以下十四條推特文，暫時緩和了這場風暴。然後，他承諾，Uber 將努力成為這世界的更佳公民。

麥克在最近晚宴中的言論很糟糕，但並不代表公司的立場。

他的言論顯示缺乏領導力，缺乏人性，偏離我們的價值觀與理想。

他在 Uber 的職責並不涉及我們的溝通策略或計畫，也完全不代表公司的態度。

我們應該以鼓舞乘客、司機以及全體大眾的方式來領導。

我們應該講述進步的故事，訴諸人們的感情與理智。

我們必須夠開放胸襟，接受批評，向人們展現 Uber 文化核心的正向理念。

我們必須講述 Uber 為城市帶來進步的故事，向我們的支持者展示，我們有原則，立意良善。

我們有責任說明，在麥克的那番言論之前，我們覺得我們一直在秉持這些原則行事。

我向乘客、夥伴及大眾承諾，我們會接受挑戰。

我們會接受挑戰，證明 Uber 將一直是個有益的社群成員。

此外，我將盡我的一切力量，朝向贏得這信任的目標。

我相信，犯錯者可以從錯誤中學習，包括我本身在內。

這也適用於麥克。

最後，我想向雷西致歉。

在拉斯維加斯，麥克留在他的房間，遠離在百樂宮酒店舉行的研討會。那星期稍後，回到舊金山總部後，卡蘭尼克召集員工（許多員工被大眾的反彈搞得心煩意亂），回應整個混亂局面。他說他信賴麥克，他確定這位高階主管失言但沒有惡毒意圖，他不會開除麥克。

但卡蘭尼克也承認，這家公司變得太強大，對都市交通有重要影響，因此公司必須要長大、成熟。Uber 頭幾年中很有助益的那種帶槍蠻幹心態，如今帶來的害處大於好處。若公司想保有用戶的信賴，天眼系統的取用必須嚴格限制與控管。

就連他自己，這位全球最密切觀察的新創公司執行長，也必須改變他的風格，變得更自覺，並且以樂觀和更高的同理心來說明 Uber 快速創造的未來。

啟動無人駕駛車計畫

在卡蘭尼克於編程研討會致詞時，向「名為計程車的混蛋」宣戰的幾天前，他接到谷歌首席律師、Uber 董事會成員杜魯蒙的一通電話。杜魯蒙告訴他，也會在那場研討會上演講的谷歌共同創辦人布林，將做出一項驚人宣布：谷歌計畫用無人駕駛車，推出像 Uber 那樣的隨選召車服務。杜魯蒙想要在事前警告卡蘭尼克，這個搜尋引擎巨擘即將揭露它打算和 Uber 競爭的長期計畫。

那通電話結束後一小時，杜魯蒙再度來電，說那項宣布取消了。布林將完全不會提這事。卡蘭尼克很錯愕，從許多方面來說，谷歌是一家經營有方、令人敬佩的公司，但他看到了這家公司的前後不一致，這往往是導因於該公司創辦人隨興而起的念頭。

儘管如此，這個經驗在卡蘭尼克腦海裡植入了一個不安想法，他在八個月前考慮並與之結盟的投資人，現在隱然變成一個可能的競爭對手。高科技業的歷史中，充滿科技公司前途被依賴性所害的例子。例如，IBM 在 1980 年代對微軟視窗作業系統的依賴；雅虎在 2000 年代對谷歌搜尋引擎的依賴。Uber 需要谷歌地圖，或許有一天也可能需要谷歌的無人駕駛車，因此依賴性將更高。

那年秋天，在公關危機層出不窮的同時，卡蘭尼克背地裡為這可能的未來競爭做準備。他開始經常和公司的新任產品長荷頓（Jeff Holden）及工程師史威尼（Matt Sweeney）開會。能言善道的荷頓是前亞馬遜及酷朋主管，他在 2014 年領導推出另一種共乘服務 Uber Pool；史威尼是早期進入 Uber 的工程師，曾領導 Uber 應用程式全面翻修。10 月時，卡蘭尼克獲得來自谷歌內部的進一步證實，這個搜尋引擎巨擘正在計畫和 Uber 競爭，卡蘭尼克隨即要求董事會成員杜魯蒙及董事會觀察人克蘭停止出席董事會會議。

卡蘭尼克及其主管們開始密謀如何加速啟動 Uber 自己的無人駕駛車計畫，趕上谷歌和特斯拉（Tesla），他們心想，若交通的未來真的是無人駕駛車，Uber 得占有重要的一席之地。

Chapter 11

讓世界更美好

Airbnb 的神話與現實

法國文豪雨果（Victor Hugo）說過：
你無法阻擋時候已經到來的思想。
我們的時候到了。

——**Airbnb 創辦人切斯基**[1]

在 Uber 搬遷至市場街那棟昏暗辦公室的幾個月前，Airbnb 也從波雷羅丘區的舒適窩，搬至五分鐘步程外的布蘭儂街 888 號。這棟華麗的新總部原本是具有百年歷史的倉庫，先後曾做為珠寶批發市場、電池工廠。承租之後，切斯基和傑比亞再度對這建物施展他們的設計才能，規劃了一個陽光斑駁的中庭，這寬敞的中庭有一面 1,200 平方英尺、從一樓延伸至三樓的垂直「綠牆」，種滿了無數植物。新總部有十幾間仿照 Airbnb 網站上張貼的米蘭、巴黎、丹麥等地出租房屋而設計的會議室，還有一間會議室的設計是仿照公司創辦人在勞許街的舊公寓，另一間較大的會議室則是原原本本複製了庫柏利克（Stanley Kubrick）執導的電影「奇愛博士」（Dr. Strangelove）裡的戰情室——有張大圓桌，上方是冷戰年代的環形投射燈。

Airbnb 對新辦公室的裝潢與設施花錢毫不手軟，有昂貴的鋁製 Emeco 椅，有從當地陶器精品店買來的鍍金餐具，還有每週七天供應三餐的美食廚房。據該公司的說法，他們改建花費了 5 千多萬美元，十年租約 1.1 億美元（後來舊金山市的房地產租金飆漲，這租金反而變得相當便宜）。

在一次董事會議上，某位與會人士說創投家安德森對公司過高的燒錢速度表示關切，另一位董事會成員林君叡（他取代前合夥人麥卡杜而進入 Airbnb 董事會）證實，當時的確有討論到公司的揮霍，不過林君叡認為那些揮霍與公司優異的績效表現相比，根本是小事一樁，「成長可以蓋過很多的荒唐，而這家公司的成長十分驚人。」

這棟新總部並非只是設計成辦公室，同時也是一座概念的聖壇。Airbnb 可以把人們匯聚在一起，消除彼此的差異，奉行被許多人諷刺的矽谷精神——把世界變得更美好。在三樓靠近訪客接待的櫃台處有一面路牌，上面寫著「做對的事之路」（Do the Right Thing Way），這是電影導演史派克．李贈送的認證禮物。辦公室的牆面上也掛了很多鼓舞標語，例如「Airbnb 之愛」、「家在四方」，後者是該公司於 2014 年高調推出的新口號，再加上一個新的花體商標 Belo，但被很多人解讀成女性身體結構某部分的抽象圖。[2]

這些作為在在顯示 Airbnb 對自己的重要性有種正大堂皇感，甚至在言詞上也表現出一種自負。在 2014 年 9 月首次舉行的 Airbnb 房東大會上，切斯基致詞時回憶，該公司新任的全球旅館與策略主任康利（Chip Conley）曾預測，Airbnb 社群將在十年內贏得諾貝爾和平獎；康利是除了公司創辦人之外，最善於宣傳公司的人。「聽到這話，我笑了。心想，他瘋了！」切斯基在致詞時說，「可是，後來聽到種種關於我們的故事，我突然覺得：『嗯，我們其實並沒那麼瘋哦！』」[3]

跟 Uber 一樣，Airbnb 這家公司充滿創辦人的雄心與理想主義，並且非常天真地相信大眾將認同他們的理念。2014 年的 Airbnb 與 Uber 相同，如海綿般吸收了矽谷當時的旺盛樂觀，在 Uber 融資 D 輪籌得 12 億美元的幾個月前，Airbnb 從一群投資人那裡募到 5 億美元，包括資產管理公司普信集團（T. Rowe Price）及同樣投資 Uber 的私募基金公司 TPG，還有皮謝瓦新成立的創投基金夏爾巴資本公司（Sherpa Capital）。

這輪集資讓這家年僅六歲的公司估值，提升到令人瞠目結舌的100億美元。

切斯基、傑比亞與布雷卡齊克這三位創辦人分別持股15%，這個新估值使他們每人的帳面財富達到15億美元，這三人和Uber的卡蘭尼克、坎普與葛雷夫斯，在那一年全都躋身《富比士》的富豪排行榜，[4] 而他們全都只有三十幾歲。

然而，這兩家公司卻也有個不幸的相同點。Airbnb就如同Uber，對於自己的事業可能發生的災難毫無心理準備，在Airbnb漠視傳統旅館採行安全保護措施的情況下，那些災難不僅是可能發生，而是無可避免的事故。

基於仁慈vs.法律責任

2013年12月30日，就是舊金山的劉家怡小妹妹被Uber車輛撞死的前一天，來自加拿大安大略省的三十五歲南韓裔女性伊麗莎白（原名Eun-Chung Yuh），在台北投宿的Airbnb房間因一氧化碳中毒死亡。伊麗莎白和友人為了參加一場婚禮來到台北，入住市區一間公寓，出租該公寓的二房東在陽台裝了氣密窗，但並未為熱水器裝設排氣管，也沒安裝一氧化碳警報器。

據《中國郵報》報導，她的四名友人住在隔壁房間，也因吸入過量一氧化碳被送醫急救，在消防員抵達前，伊麗莎白已經死亡[5]（譯註：根據台灣本地報導，隔壁房間住了三人，他們並不是伊麗莎白的朋友，而是前來台北旅遊的泰籍華僑，另外中毒的一人是接到她們的求救電話而趕來的台灣親戚）。當天晚上，伊麗莎白的父親余德昌（Deh-Chong Yuh）發推特給切斯基：

我們的女兒伊麗莎白於2013年12月30日，在Airbnb安排投宿的台灣台北公寓，因吸入一氧化碳而過世。[6]

伊麗莎白這起事故與劉家怡的悲劇事件不同，並未引起西方媒體的注意。我在事發後向Airbnb詢問此事，該公司的一名發言人回覆我一封電子郵件：「我們得知這起意外時，極為震驚，立即和此房客的家屬聯絡，全力提供支援，並表達我們最深切的哀悼。這是一起不幸事件，我們一向看重對家屬提供必要支持，並採取行動，協助避免類似意外再度發生。此外，我們也把該房東從社群中永久刪除。出於對社群成員隱私的尊重，我們通常不會針對我們和他們的談話做出任何評論。」

伊麗莎白的家人（我曾試圖和他們聯絡，但未獲回應）洽詢舊金山專門承接人身傷害的律師史密斯（William B. Smith）。史密斯建議他們提出過失致死訴訟，並質疑Airbnb的十四頁服務條款，條款中載明房東及房客要自負所有風險及遵守當地法律的責任。但不久後，史密斯告訴我，余家通知他，Airbnb提供他們200萬美元解決此事，而他們決定接受，不提告了。

根據史密斯後來在自己律師事務所網站刊載的一份法律文件，Airbnb否認對這起事故有責任，並言明和解金「只是基於人道理由而提供」。[7] Airbnb 的一位律師後來告訴我，Airbnb 不需要為此案和解，但在這類情形下，切斯基著重於做正確的事。然而在史密斯看來，任何「基於仁慈」的示意都是虛偽不實的，他說：「人們可能基於人道理由而給錢，但企業不會，他們付錢是因為法律責任。」

過了將近兩年後，記者史東（Zak Stone）在撰寫一篇文章記述自己父親意外死亡的事故時，提到了伊麗莎白事件。史東和家人旅遊投宿一間在 Airbnb 平台招租的房子，而他父親在院子一棵大樹下盪鞦韆時，被掉落的樹枝擊中頭部致死。

某次我採訪 Airbnb 三位創辦人時，詢問他們對這類悲劇事件的想法，布雷卡齊克回答：「這是機率問題，在一定的規模下，那些極不可能發生的事偶爾會發生，而且實際發生的機率可能更高。當壞事發生時，我們會深入檢討，認真思考……將來可以怎麼做，使服務變得更好。」

事實上，Airbnb 從 2014 年開始在美國發送一氧化碳警報器、急救包、煙霧偵測警報器及安全守則卡，提供房東應急須知建議，[8] 並表示房東們在年底前，必須在自己家中安裝煙霧偵測警報器及一氧化碳警報器。然而，他們無法確定房東是否有確實安裝設備。

伊麗莎白悲劇事件是 Airbnb 自 2014 年起面臨許多爭議事件的縮影。Airbnb 希望被視為一個創新的旅宿業品牌，媒合陌生人，提供真正道地的旅遊體驗。但它也是一個網際網路市集，由於這種市集特性，他們無法充分保證房東必定會展現正直、謹慎的行為，也無法確知房客遭遇的實際情況。

人們看到的事實，往往取決於他們的同理心取向。監管當局、左派政治人物、旅館業執行長、工會領袖、平價住屋運動人士、厭煩房客狂飲喧鬧的憤怒鄰居，全都認為 Airbnb 根本就是那些自大、自以為是的富豪違法事業。至於投資人、房東、想賺錢減輕房貸負擔的屋主、想尋求廉價旅遊的人、高科技業迷，則傾向相信新創公司是意圖良善，想顛覆鈍化、乏味的旅宿業。

儘管 Airbnb 的姿態向來較謙虛，執行長也較有同理心，但接下來仍不免與 Uber 一樣，連連引發爭議。

在各城市遞出胡蘿蔔

2002 年昂格（Steve Unger）因為網路公司泡沫化，失去了在矽谷的工作，遷居奧勒岡州波特蘭市，在配偶達斯提協助下，成為獅玫瑰旅館（the Lion and the Rose）的業主。那是一棟有百年歷史的維多利亞風格建築，有八個房間，拱形窗，環繞整棟房屋的陽台，三樓有塔樓，生意好的時候，一年大約可接待兩千名房客。

為了在波特蘭市註冊成為傳統的住宿加早餐旅館業者，昂格必須花 4,000 美元取得市政府核發的營業許可證——這是為了避免居住社區有過多商業活動而立的法規。因此，當無營業執照的 Airbnb 如雨後春筍般出現在波特蘭市時，昂格跟其他合法旅館業者都非常不滿，尤其是 2012 年景氣復甦後，他的旅館生意竟毫無起色。

2014 年初，當地房東懇求市政府降低住宿加早餐民宿的註冊費，並停止不一致、零星執行的分區法規——每當收到社區居民的投訴，市政當局就會停止一些 Airbnb 房東的營業。昂格參加市議會對此問題召開的會議，看到 Airbnb 及其說客深入參與辯論，他很訝異目睹一些 Airbnb 房東站出來為該公司辯護，他們提出支持 Airbnb 的證詞，說在 Airbnb 平台上能把閒置的房間或孝親房租出去補貼家用，讓他們得以保住房子。昂格把這種情形稱為「好的 Airbnb」，而「壞的 Airbnb」則是那些多物業房東，以及一年到頭極少居住在家，在線上把房子當旅館出租的人，這些人在 Airbnb 平台上從事短租，而不在房屋市場供應長租，Airbnb 不找這類房東出席為它辯護。

儘管面對來自社區居民團體的阻力，Airbnb 及其房東仍成功改變了當地法規。2014 年夏天，波特蘭市成為美國第一個和 Airbnb 達成協議的城市，讓自住屋供給短租合法化，但限制無房東的短租（即房東不與房客同住），一年內不得超過九十天。[9] 民宿註冊費從 4,000 美元降低至 180 美元，房東必須對住家進行安全檢查，通知鄰居，並向市府當局註冊。Airbnb 同意代市府向房東課徵 11.5% 的膳宿稅（lodging tax），把稅收上繳（無需包含房東姓名與地址）。[10] Airbnb 也在波特蘭市設立一支客服電話。

波特蘭紛爭平息了，但昂格不喜歡這結果，「我認為『一年不得超過九十晚』的規定不可能執行，除非 Airbnb 協助，但他們從沒說他們會這樣做。」他告訴我，「他們說必須有這一年九十晚的規定做為協議條件之一，他們希望人們外出度假，好讓他們把整棟房子出租，賺更多錢。」

對 Airbnb 而言，波特蘭的協議是提升公司形象，讓不斷升高的管制敵意下降，也是新宣傳行動的第一步。在宣布波特蘭市協議的同時，切斯基發表一篇部落格文章，推出 Airbnb 的新行動「共享城市」，許諾要讓城市更友善且睦鄰，例如促使房東捐款給當地公益機構，他們捐多少，公司就相對捐出多少。[11]

這提案是在向城市遞出胡蘿蔔，明顯不同於 Uber 的棍棒策略——鼓動顧客出來對抗和自己對立的政治人物。旅館稅現在被 Airbnb 拿來做為換取支持的工具。幾年前 Airbnb 曾說，不該由自己代政府課徵旅館稅，因為 Airbnb 只是一個市集營運平台，[12] 然而，平台上的房東不太可能自發申報、繳交旅館稅。現在 Airbnb 已看出在這點做出讓步的好處，幫忙代課旅館稅，可以換取政府核准短租。「我們免除繁文縟節，代房東繳稅給波特蘭市政府，」切斯基在文中寫道，「這對我們而言是新嘗試，若對我們的社群和城市有幫助，之後可能也會在其他城市實施此方案。」[13]

這果然是前兆，一週後，Airbnb 聲明將開始在舊金山課徵 14% 的旅館稅（又名短期占用稅）[14]，甚至同意付清數千萬的欠交稅款（不過未明確說出數字）[15]。接下來一年，Airbnb 在芝加哥 [16]、華盛頓特區 [17]、鳳凰城 [18]、費城 [19] 以及其他城市，都達成以繳稅換取合法化的協議。阿姆斯特丹是第一個讓短租合法化的歐洲城市，准許居民短期出租自己的住家，但一年出租天數不得超過兩個月，一次最多只能出租給四人。[20] 法國也讓自住屋短期出租合法化，並授權各城市對非自住屋的短期出租設定更多限制。[21]

我們在 2015 年討論這問題時，切斯基十分樂觀，他認為 Airbnb 已經扭轉形勢，並告訴我：「以前所有城市都看紐約怎麼做，然後跟進。現在，我想各城市已經決定自己看著辦，看怎麼做對它們最有利。」

但紐約市仍然是個亮點，在這個最大的市場之一，Airbnb 一開始低估了強大政治勢力，當它初期成功之後，紐約市的政治勢力開始動員起來。2014 年春，Airbnb 和紐約州檢察長史奈德曼的辦公室協商，希望終結在紐約的長期僵持，據熟知這些談判內容的三位人士說，雙方已經快要達成協議，準備解除州檢察長辦公室的追查，同意由 Airbnb 代政府向房東課稅。但是突然來了一個大逆轉，紐約市拒絕完成協議。幾乎一夜之間，Airbnb 在紐約市變成有害的麻煩物，令人避之惟恐不及。

參與談判的人士認為逆轉的原因有兩個。那時 Airbnb 剛完成把其估值提升到 100 億美元的集資，身價超越大型國際連鎖旅館如凱悅飯店、溫德姆國際（Wyndham Worldwide），這些公司震驚之餘，也警覺到威脅逐漸逼近。十天後，代表美國旅宿產業 190 萬名員工的美國旅館業協會發布聲明，表示將開始追蹤 Airbnb 及其他短租網站，吸引各方關注各類議題，例如稅務問題，以及這些業者是否有遵從殘障人士相關法規、住宅區保護法規、社區停車位維護法規等。[22]

與此同時，Airbnb 已和服務業雇員國際工會紐約市分會接洽，希望能讓 Airbnb 的房東隨時可以請來合格的房屋清潔人員為他們清理房屋。此舉惹毛另一個勢力強大的旅館業工會——紐約旅館貿易協會。協會擔心即將達成的協議會使 Airbnb 合法化，因此也展開遏止短租的行動，並出資成立一個名為「更好的分享」（Share Better）的紐約遊說組織。[23]

這下 Airbnb 面對兩個強大的敵人：旅館業者和強大的旅館業員工工會，這兩者都非常有組織且口袋極深，並且與當地政府關係深厚。一名在紐約為 Airbnb 推動和解的律師說，旅館業工會及其代表在一天之內，讓所有可能的協議停擺，他們堅持紐約市不能做出使 Airbnb 合法化的任何事，「當時大家都慌了，紛紛說，我們暫時先別碰這事。」他說。

Airbnb 企圖動員社群成員站出來擁護自己，但並沒有媲美 Uber 的民粹工具，那些一年只出租幾次公寓的房東，不可能在下午三點現身市政廳大樓外示威。於是那年夏天，Airbnb 聘用幫白思豪打贏市長選戰的競選經理海爾斯（Bill Hyers），在紐約市地鐵到處張貼廣告，上頭印了使用 Airbnb 平台賺錢補貼的紐約客（就是昂格所謂的「好的 Airbnb」）滿臉笑容的相片，海報上的廣告標語寫著「紐約客贊同：Airbnb 對紐約市有益」。不過有許多海報遭到塗鴉，寫上反擊與抨擊的話，例如「Airbnb 不承擔任何責任」、「共享經濟是個謊言」。[24]

到了 2014 年底，Airbnb 在紐約達成政治協議的可能性看起來很渺茫了。紐約州檢察長史奈德曼在該年秋季公布的調查報告顯示，紐約市的 Airbnb 租房中，有超過三分之二違反《多戶住宅法》的規定（住家不得從事低於三十天的短租），有 6% 的房東透過 Airbnb 在紐約市出租多項物件，並占了該公司在紐約市營收的 37%。[25]

而其他城市也發生了轉變。一如昂格的預料，Airbnb 打著「共享城市」口號在波特蘭等城市達成協議而通過的法規，竟完全被漠視不理。儘管 Airbnb 炫耀自己達成了這些協議，但當法規要求 Airbnb 房東必須向當地市政府註冊，只有極少人遵照規定而行。

面對此問題，Airbnb 卻拒絕祭出強制其房東遵守的手段，例如要求房東輸入有效的註冊證號，或是禁止一名房東在平台上張貼多物件。Airbnb 主管在接受訪談時辯稱，執法不是一家未上市公司的管轄領域，並抱怨註冊流程往往太複雜且耗時（舊金山的 Airbnb 房東說，註冊必須先和當局預約時間，還得親自去市政廳提出合格文件）。[26] 各城市不可能有人力去調查成千上萬使用民宿出租網站的匿名房東，而 Airbnb 似乎不像它原本聲稱的那麼樂意提供幫助。

Airbnb 當初說想和城市坦誠溝通，願意遵守法規，想成為夥伴，但最終一個無可避免的事實浮現了：切斯基完全是位戰士，絲毫不亞於卡蘭尼克。他深信自己公司的前景，並且會為寸寸山河而戰。

達到脫離速度的境界

2015 年 7 月，我和切斯基及他的多位同事一同前往肯亞首都奈洛比，出席全球創業高峰會，這是美國國務院自 2010 年起每年舉辦的研討會，鼓吹創新及創業。切斯基身為總統任命的「全球創業大使」（Presidential Ambassador for Global Entrepreneurship，簡稱 PAGE）的一員，將與歐巴馬總統會面，在專題小組中致詞，並與非洲的創業者交流。這對 Airbnb 有個額外的好處：這裡是中立地帶，遠離 Airbnb 在歐洲及美國新近惹上的法規爭議與紛擾。

由於這是一趟長途飛行，加上奈洛比的維安嚴密，Airbnb 一行人沒有如往常一般，投宿該市 788 個 Airbnb 房東當中的一處，而是入住費爾蒙飯店，飯店門口設置層層金屬網欄及維安檢查站。這是歐巴馬成為美國總統後首次造訪奈洛比，整個首府戒備森嚴，從機場到飯店的路上，有整排手持自動步槍的士兵，當地居民群集於十字路口，搶著一睹歐巴馬及其他貴賓的風采，到處都可見到歐巴馬的照片看板，上頭寫著：「歡迎回家，歐巴馬總統！」

這是歷史性的一刻，也是切斯基遠離家鄉法規威脅及營運挑戰的一個機會，而他的表現令人印象深刻，鮮少有矽谷高階主管能如此出色地切換轉變。這一刻埋首於事業營運的複雜性，下一刻和政治人物協商，接著把這一切拋在一邊，以動人言詞向學生、其他新創事業創辦人及一般大眾說話。切斯基輕易的做到這一切，不禁令人想起他把公司推上驚人高峰的非凡個人技巧。

研討會那天早上，切斯基與其他的全球創業大使私下和歐巴馬會面。後來我聽說，歐巴馬給切斯基一個兄弟式的擁抱，還提及關於 Airbnb 新一輪集資（這輪集資讓該公司來到新估值：240 億美元）的新聞，歐巴馬說：「看來你現在飛黃騰達了！」顯然就連總統也在留意新貴創業者。後來在研討會致詞中，歐巴馬講完他家族在肯亞的歷史，以及刺激非洲經濟發展的機會後，轉向一位與他同在台上的肯亞當地創業者說：「Airbnb 創辦人在現場，你可以和他談談。他現在很賺錢呢！」引得聽眾哄堂大笑。

切斯基在當天稍晚與另外五位高科技公司執行長，一同參加的一個專題討論中，輕鬆成為最吸引人的演講者。他有一套可靠的劇本，從 Airbnb 的早年歷史中，挖掘出商場的教訓與啟示：「在不是很多年以前，我就只是個失業、但想創業的人，與室友喬伊同住一間公寓。那時我們想不出繳租金的法子，而某天，一場設計研討會在舊金山舉行，所有旅館房間都被預訂光了，我們就想，是不是能把這間公寓變成一間住宿加早餐的民宿，提供給研討會的參加者使用呢？我們稱它為 AirBed and Breakfast。」

所有新創事業的故事都會被改編成神話，Airbnb 的神話已經演進成一個口述史，在各個專題演講、新進員工培訓中被一再複述，甚至可能在該公司的避靜研思營火會中被講述。切斯基說：「我和喬伊及納生創立 Airbnb 時，我看著那些成功的創業者，並不認為自己是那群人中的一份子。他們受到崇拜，似乎都比我更聰明、成功。」

第二天，我們開車前往離市中心 20 英里的一個新創事業育成中心 iHub。縱使在亞熱帶非洲，創業者也找地方群集，研商如何乘上科技巨浪。超過兩百人擠在四樓的一個普通房間裡，空氣很快便潮溼起來並轉趨悶熱，令人感到快要窒息，而切斯基穿著一件前面繡了 Belo 標誌的灰色緊身襯衫，似乎完全不受這悶濕影響，滔滔不絕的講了九十分鐘。

「金融危機期間，人們開始使用 Airbnb 民宿服務，那是我們的一個轉捩點。把時間快速拉到六年後的今天，我們在全球各地有 150 萬間民宿，這房間數量是希爾頓飯店和萬豪國際酒店供房數的總和，今年夏季，我們的民宿一晚最多就入住將近一百萬名房客。」在場這些欣喜於與矽谷顯貴齊聚一堂的聽眾，都爆出如痴如醉的喝采。

聽眾們有很多問題要問，其中一位穿著黃色夾克的肯亞人站起來，詢問 Airbnb 關於法規的問題，顯然奈洛比距離法律爭議戰場並沒有那麼遠。

切斯基的回答很有啟示性，也很樂觀——或許該說是過度樂觀。「當網路上出現很酷的新事業時，這很棒。但是當網路事業走進你的社區、公寓大樓，而你對它卻一無所知時，人們就會有最糟的設想，並且會感到很害怕。

「所以你必須做幾件事。第一，你必須成長得非常、非常快速。要不是讓自己不被雷達掃描到，就是快速成長為家喻戶曉的事業。而最糟的情況就是介於兩者之間：反對者全都知道你，但你的社群還沒大到足以讓人們聽你的。

「你必須達到一個我稱之為『脫離速度』（譯註：脫離地心引力所需的速度）的境界。一架火箭發射出去之後，在抵達軌道前將歷經一段顛簸，接下來才會進入稍稍平靜的狀態。

「第二，你必須願意和城市合作，並講述自己的故事。我們發現最重要的事，就是去會見市府官員。若人們不喜歡或討厭你，你通常是選擇不理會、避開或討厭他們，但唯一有效的解決辦法，其實是和那些討厭你的人會談。俗話說見面三分情，我發現這話真的很有道理，面對站在你眼前的人，你很難去痛恨他們。」

舊金山的短租立法

在旅館稅及房東註冊爭議層出不窮的兩年前，住在舊金山北灘區的關家儒（Peter Kwan），開始出租自己那棟英皇愛德華時期風格住宅陽光充足的一樓客房，那時他的長年室友剛遷居德國，整棟房子只有五十幾歲的關家儒和他的西高地白㹴犬哈利同住。那時教授憲法的關家儒已經半退休，想要結識新朋友，留住這房子，而一樓這間客房很不錯，平時可出租，他的妹妹和外甥來訪時也可以住。於是他決定試試 Airbnb 平台。

Airbnb 在種種方面都超出關家儒的期望。多年來，他結識來自美國各州和世界各國的旅行者，並和其中許多人保持聯絡。「使用 Airbnb 的體驗，比我的想像與期望來得更好，不僅是情感上的滿足，更對經濟有幫助。」他說。

但關家儒是訓練有素的法學家，成為房東幾個月後，他開始懷疑：「萬一房客受傷了，Airbnb 有責任險嗎？它有課徵舊金山市的短期占用稅嗎？這一切合法嗎？」他上 Airbnb 網站詳細查看，但沒有找到答案。關家儒心想，這家新創公司需要一個夠大的律師事務所，才能教育位於各國數千個城市的房東種種法令，而他自己對此做了一些研究。在當時，Airbnb 顯然並不合法，至少在舊金山市是如此。因為民宿業者必須向市政府註冊，支付各種費用，就像波特蘭市的法規那樣（當然，那些法規也沒被嚴格執行）。

關家儒決定召集一群房東，共同交流資訊，研究所謂「住家共享經濟」的複雜性。他在 Cragslist 網站上宣布成立「舊金山住房分享者聯盟」（Home Sharers of San Francisco），並於 2013 年在自家客廳召開第一次集會。這團體後來吸引了 2,500 名會員，為避免任何利益衝突，關家儒決定不讓 Airbnb 員工、舊金山市或加州的政府員工加入團體。

後來這團體成長得太大，無法繼續在他家客廳集會，於是開始改在公共圖書館集會。他們分享房東訣竅，討論有關保險之類的議題，交換糟糕房客的故事（這部分向來是最有趣的討論）。後來，情況變得正襟危坐起來，在 Airbnb 同意代政府課徵旅館稅後，舊金山市監事議會（亦即市議會）開始考慮讓短租合法化，而「舊金山住房分享者聯盟」遊說當局與立法者，讓房東保有姓名與地址隱私，並增加每年可以短租的天數。

撰寫此法案的是監事議會議長邱信福（David Chiu），他和 Airbnb 投資人康威及霍夫曼是長期的政治盟友。[27] 法案在 2014 年 10 月通過，並於 2015 年 2 月正式實施，舊金山市的房東可以把房屋短租出去，而房東若與房客同住，就不受「出租天數不得低於三十天」的限制，但房東如果不與房客同住，一年的出租天數就不得超過九十晚。房東必須向市府當局註冊，並投保責任險，市府同意設立一個短租管理局，專責執行此法規。[28] 舊金山市長李孟賢簽署此法案後，Airbnb 在其部落格上貼文慶賀，說這法案等同於「明理的交通規則」，也是「所有想要分享自己住家及所愛城市的人的一大勝利。」[29]

雖然這看起來是一次勝利，實際上卻是 Airbnb 下一場戰役的開端。

當時的舊金山居民，似乎對科技業在該市的復興日益感到矛盾，這城市以充滿浪漫藝術氣質的過去和獨樹一格的社區著名，現在卻處於幾個趨勢匯聚的中心點：網路經濟蓬勃發展，矽谷新創公司沿著 101 號高速公路遷入該市，千禧世代湧入這城市，結果導致房價飆漲，社區貴族化（gentrification）正快速改變人們深愛的社區，例如拉丁美洲裔占多數的教會區。

這一切激起了人們講不清、說不明的憤怒，其中一些近因包括：載送員工前往谷歌、臉書及蘋果公司的雙層巴士造成了交通壅塞；高科技公司本身；還有那些「科技業爺兒們」（tech bros）——含糊的定義是，那些經常發文說些種族歧視、性別歧視或不長腦的東西，而牽累整個科技業的男性。[30]

另一個便利的替罪羔羊是Airbnb，雖然影響程度並不明確，但它的確對舊金山及其他城市的長租房間及住屋供給造成影響，因為像關家儒之類的房東，選擇把多出來的房間出租給觀光客，而非長期出租或出售。

舊金山面臨的種種問題，導致了新居民與老居民、科技業工作者與非科技業工作者、民主黨中間派與改革派之間的對立，在這對立戰中，Airbnb 是個具有爭議的問題，政治人物或民眾可以打著「平價」（affordability）旗幟做為號召，對抗社區貴族化。儘管新的 Airbnb 相關法規才實施幾個月，反對者已試圖促使立法當局提高限制，雖然行動失敗，但他們爭取到 1.5 萬人連署，提出一項新的 F 提案，付諸 2015 年秋季選舉時讓市民投票表決，民主黨改革派尋求在該次選舉中奪回監事議會多數席次，並擊敗連任的民主黨溫和派市長李孟賢。

F 提案要求把房東不與房客同住一屋的一年出租天數上限，從九十天減少至七十五天，並且將出租孝親房列為不合法，也容許鄰居控告一百英尺內違反這些法規的民宿房東。[31] 這些嚴格的法規，可能導致該市被鄰居間相互控告的官司給淹沒。F 提案的倡議者包括由該市租戶協會及公寓協會支持的三個當地行動組織，他們認為先前通過的法案根本起不了作用，部分原因是房東不可能主動向市府當局註冊，而市府根本無力強制他們遵從法規。

關家儒和他的組織會員動員反對 F 提案，成立了另一個團體「住房分享者民主俱樂部」（Home Sharers Democratic Club），讓房東在這爭議中發聲。他們召開記者會，並打電話教育市民，向他們解釋 F 提案的愚蠢與有害之處。那年我去拜訪關家儒，他煮新加坡式麵條請我吃，而西高地白梗犬哈利就在我腳邊轉來轉去。「我們被塑造為住屋危機的代罪羔羊，」關家儒告訴我，「沒錯，現在的確有嚴重住屋供給短缺與房價過高的問題；沒錯，民宿出租可能真的是導致這些問題的部分原因，但我不認為有誰確實知道，到底這些問題有多少程度是民宿出租造成的。」

Airbnb 也動員反對此提案，雖然在該公司不斷成長的全球業務中，舊金山只占了很小的比例，但 Airbnb 認為這城市具有高度象徵作用，因此支持一個名為「人人的舊金山」（San Francisco for Everyone）組織，並為相關的反對行動投入超過 800 萬美元。那年秋季，這組織在舊金山市到處張貼「No on F」（反對 F 提案）的海報，並樹立寫著「哪個鄰居將會密告你？」的戶外看板，更在電台和電視上大打由那些「好的 Airbnb」房東拍攝的廣告，例如一對上了年紀、靠固定收入維生的夫婦大讚：「民宿出租讓我們能繼續住在這裡。」

另一方面，F 提案的倡議者則是一再端出被那些靠短租增加收入的貪婪房東（「壞的 Airbnb」）趕走的租屋人[32]，並在市區各處張貼「解決 Airbnb 爛攤子」的海報。投票前幾天，七十五名抗議者打鼓、按喇叭，反覆喊著：「別再讓這城市的居民流離失所！」他們占據 Airbnb 華麗總部的中庭九十分鐘，發表憤怒的演講，還朝中庭上空釋放黑色熱氣球，氣球上掛了寫著「逐出」、「違規」等標語的海報，Airbnb 員工則在三樓陽台看著這場好戲。[33]

民調結果顯示勢均力敵，而 Airbnb 的支持者稍微領先。切斯基雖然遠離這場戰役，但在事後提到此役對公司的利弊，「若我們在歐洲十個城市贏了，卻在家鄉輸了，基本上就像完全失去了希望。」他在一場網路廣播中說，「這是非常重要的一役。」[34]

關家儒也認為結果難料，直到 11 月 3 日選舉那天，選民以出人意料的大差距（55%：45%）否決了 F 提案，[35] Airbnb 勝利了。關家儒和「舊金山住房分享者聯盟」成員為此在綠洲夜總會狂歡慶祝；但 Airbnb 本身基於某些理由，在這一刻反而不是很雀躍。

我們搞砸了！

就在選舉日的幾週前，舊金山市各地廣告招牌及公車站出現 Airbnb 的廣告，以厚顏無恥的話語誇耀 Airbnb 課徵稅收行動帶來的貢獻：「親愛的公共圖書館：我們希望用 1,200 萬美元旅館稅收的一部分，讓圖書館開得晚一點」；「親愛的教育委員會：請用 1,200 萬美元旅館稅收的一部分，繼續保留學校的音樂課」。

Airbnb 雇用 TBWA\Chiat\Day 廣告公司宣傳自己的課稅行

動，但是這些宣傳廣告在臉書、推特及全國媒體上引發廣泛批評，人們抨擊 Airbnb 竟自居施恩者，根本不識時務，簡直莫名其妙。課稅本來就是 Airbnb 該做的事，但它似乎傲慢的自認做出了不起的貢獻。在引發人們強烈反感後，Airbnb 快速撤除廣告並道歉，切斯基事後表示，他並沒看過或批准那些廣告，然而傷害已經造成。F 提案為 Airbnb 準備了一頂黑帽，儘管後來 Airbnb 贏得了勝利，卻因這莫名其妙的自我毀滅行動，意外戴上了這頂黑帽。

選舉過後，切斯基召開全體會議，並邀請精選出的舊金山市房東來參加，關家儒也收到邀請，便牽著哈利赴會。員工和賓客聚集於五樓餐廳，切斯基和傑比亞致詞，行銷長米爾丹赫爾（Jonathan Mildenhall）也致詞，他為那些廣告負起責任，向公司致歉。那時關家儒看到一些員工快哭了，不僅是因為那些廣告而感到難過，還有 F 提案引發的仇恨，以及 Airbnb 在媒體上被描繪的模樣。「我想，那是一種被背叛的感覺，」關家儒告訴我，「F 提案引發的種種爭論，使很多人對自己所做的事感到不安，人們對 Airbnb 持續猛烈抨擊，這種情緒的發洩才剛剛開始。」根據關家儒的回憶，切斯基看起來很沮喪，「他毫不保留的說：『我們搞砸了。』」

Airbnb 付出極高代價贏得的勝利，最終也在另一條路上失去了。雖然李孟賢贏得連任，F 提案被否決，但民主黨改革派贏得監事議會的多數席次，並在 2016 年通過更嚴格對付 Airbnb 的立法。

舊金山是個預兆，從這裡可以預見全美及世界各地的城市即將發生的未來。在 Airbnb 家鄉沒形成對抗 Airbnb 的政治結盟，卻在波特蘭、洛杉磯、芝加哥、波士頓等城市逐漸形成。由於預料到這種發展，Airbnb 新上任的全球政策與溝通總監、前柯林頓總統及高爾副總統的強硬政治操盤手勒漢（Chris Lehane），在選舉後舉行一場記者會，宣布 Airbnb 將出資成立 100 個基層政治俱樂部，提倡住家共享，他說：「我們將運用在這裡形成的動能，到全球各地做我們在舊金山所做的事。」

看來 Airbnb 還沒有達到切斯基在肯亞說過的「脫離速度」境界，事實上，它已經引發了一些與之對抗的政治力量，而這些力量將不會在短期內消散。

Airbnb 房東大會

F 提案投票結果出爐後不到一個星期，切斯基與六百名員工前往巴黎，在維萊特公園中那棟以鑄鐵和玻璃建構的大展廳，舉行第二次的 Airbnb Open 房東大會。維萊特公園坐落在巴黎第十九區，公園裡有兩條東西向與南北向貫穿而過的運河，這是 Airbnb 又一次從戰爭現實中驟然切換轉變，短短幾天內，從地方政治泥淖轉向，沉浸在快樂的年度社群慶祝會。

來自 120 個國家的 5 千名房東，每人付 300 美元購買一張門票，參與這為期三天、充滿鼓舞精神的活動。演講者在台上相互擁抱，率領群眾唱歌跳舞，太陽劇團的一位表演者用手以木條架構出一個平衡結構，令人大開眼界。Airbnb 也邀請一些傑出人士參加，例如瑞士作家暨哲學家艾倫．狄波頓（Alain de Botton），他說：「心理上的好客總是勝過物質上的款待。」在活動中，群眾一再起立歡呼，回應那些鼓舞人心的言詞（例如「你們是不折不扣的革命者！」），演講人彷彿在吹狗哨一般。

偶爾聽眾也會被拉回現實的另一面，負責觀光事務的巴黎副市長馬丁斯（Jean-François Martins）在大會第一天上午致詞時說：「這寬宏的概念正在巴黎成長，但需要一些監管來保護它們，以免遭一些人以不是很高貴的手段來使用。」勒漢也上台向群聚的房東致詞，彷彿將他們當成法國海軍陸戰隊：「我們將有更多的仗要打，接下來還有更多戰役。當這個社群有權形成一個運動時，我們不能被打敗。」

現在已經躋身網際網路十億美元富豪之列的三位創辦人切斯基、傑比亞及布雷卡齊克也聯袂上台致詞，然後切斯基和傑比亞又分別上台講話，回答會眾的問題，並且再次複述 Airbnb 的起源傳說。傑比亞的談話最令人難忘，他戴著毛帽、手套、圍巾上台，兩名同事把假雪花灑在他頭上，這奇怪的表演是重現他在 2009 年冬天前往紐約市招募房東的情景。

切斯基在致詞時，宣布一項名為「社群契約」的新行動，這是繼一年前「共享城市」之後推出的新計畫，該公司承諾要把非法旅館業者趕出 Airbnb 網站，並且繳納旅館稅，還要公布自己最大市場的匿名數據，其中包括出租永久住宅的 Airbnb 房東占了多少比例。「這並不是新承諾，但由於人們不相信我們，所以我們決定再說一次，並把它寫下來。」切斯基事後如此解釋。

任何經驗老到的記者，都難以消化 Airbnb Open 房東大會上那種教徒式的崇拜，但那些房東本身卻毫無懸念、興致勃勃的在會場裡閒逛，參加一些名稱稀奇古怪的研討會（例如「待客關鍵時刻」），他們是 Airbnb 最具說服力的佈道者。

這群人熱愛 Airbnb 及它的主張，展現出 Uber 永遠無法在它司機身上看到的那種忠誠度與熱情。來自格陵蘭首府努克市（Nuuk）的波爾（Tanny Por）是我在會場相談過的房東之一，也是 Airbnb 認證的「超讚房東」。波爾的先生在 2013 年獲得一份新工作，她隨先生從澳洲遷居格陵蘭，之後決定把家裡閒置的一間臥室拿來短期出租，這不僅讓他們能結識來自各地的人們，也是一條社交命脈，即使在冰天雪地的北大西洋沿岸，仍能保持和世界各地的連繫。她告訴我：「我們和房客相處的時間，比和任何人相處的時間都來得多，因為在努克市沒什麼能看或能做的事。」

我也和狄拉羅莎（Julia de la Rosa）及歐提加（Silvio Ortega）夫婦相談，他們是與會者中少數來自古巴的房東之一，因此引來媒體的注意與報導，因為 Airbnb 最近才對美國遊客開放古巴這個觀光市場。狄拉羅莎和歐提加在 1990 年代初期的古巴經濟崩潰中失去了工作，之後便開始在歐提加位於哈瓦那郊區有十個房間的老家經營民宿。在使用 Airbnb 平台前，他們只能透過旅行社和隨機的線上布告欄來招攬房客。有了 Airbnb 平台，他們可以看到房客的個人檔案，也能張貼自己民宿的相片，說明實際情形，讓房客到現場不致有太多意料之外的驚訝。

自從在 Airbnb 招租後，這對夫婦已經招待了數十團美國人，其中包括一些大學生及他們的教授。他們發現當房東最大的挑戰，是美國觀光客都想和他們長談，「他們非常友善且開放，渴望了解古巴，這真是奇妙。」茱莉亞說。

我在那星期感受到真切的 Airbnb 社群與他們的魅力，也許只是因為我喝了 Airbnb 在會場大量供應的「酷愛」（Kool-Aid）飲料，不過在那環境與氛圍下，你很難不對這種「讓人們透過彼此視野去體驗世界」的服務產生共鳴。

尤其在大會第二天晚上的事件之後，更讓這個整體印象難以撼動。那是 2015 年 11 月 13 日晚上，有恐怖份子在一座足球場、幾家咖啡館與餐館，以及巴黎的巴塔克蘭劇院同時發動攻擊，總共造成 130 人死亡。恐怖攻擊發生時，我正在距巴塔克蘭劇院不到一英里的地方吃晚餐，切斯基、傑比亞及布雷卡齊克則在當地一間 Airbnb，與他們的家人和公司資深員工一起吃晚餐。

一整夜，在極度狂亂行動和響不停的警笛聲中，所有人都必須留在原地數小時。切斯基事後回憶，他進到安靜的浴室聯絡公司的安全團隊，以及和另一群員工到餐廳吃飯的薔茬，他們分頭聯絡每位員工和巴黎的房東，確認每個人都平安無事。稍後，公司取消了第三天的活動。

那晚我搭乘 Uber 返回在巴黎聖母院附近投宿的 Airbnb，一回到住處，我就接到焦急的房東伊凡打來的電話，想確定我是否平安——雖然我從沒見過他（他出城了，所以直接把鑰匙留給我）。第二天早上，伊凡傳了一封電子郵件給我：「昨天在電話上得知你平安，真是鬆了一口氣，儘管巴黎目前情況嚴峻，仍希望你今天過得愉快。」他還告訴我，如果有必要的話，我可以一直住到巴黎市的交通恢復正常為止。

伊凡的舉動無疑是那週許多簡單仁慈的行為之一，也是 Airbnb 創辦人相信的價值。或許人們在政治計算 Airbnb 對這危險世界的影響時，應該將這些無法被量化的變數考慮進去。

法規跟不上，但新商業模式已確立

在 Airbnb 的發展史中，還有更多的戰役、小勝利及重大挫折，這一切可以匯成一齣精采戲劇。2016 年，柏林市通過立法，明訂把整間住家及公寓短期出租是非法行為，並請市民匿名舉報違法者，罰鍰最高可處 10 萬歐元。[36] 同年，Airbnb 在東京也引發爭議，該市考慮訂定更嚴格的法規，管制這種「民泊」現象。一位立法者很坦誠的向彭博新聞社記者中村友理透露，為何該市會考慮限制日本這 2.6 萬名 Airbnb 房東，他說：「旅館業嚴重關切，因此我們訂定最低天數，以降低他們與旅館業競爭的機會。」[37]

2016 年 6 月，由民主黨改革派主導的舊金山市議會通過了另一法案，每當有房東違法時，Airbnb 將會連帶受罰。Airbnb 立即控告最高法院，表示這法案違反了網際網路法規——網站不必對使用者張貼的任何內容負責。但眼看就要輸掉這場訴訟時，Airbnb 屈服了，同意會確保房東向市政當局註冊，並限制無房東同住的短租天數，一年不得超過九十天。同月，紐約州通過一項法案：在 Airbnb 平台上張貼整間住家或公寓出租，若出租天數少於三十天，而且房東不與房客同住的紐約市居民，最高可處 7,500 美元罰鍰。Airbnb 表示這是不分青紅皂白的法案，同時懲罰了那些「好的 Airbnb」。紐約州州長古莫（Andrew Cuomo）在 10 月 21 日簽署此法案，Airbnb 又向最高法院提出另一起訴訟，控告紐約州檢察長史奈德曼、紐約市長白思豪以及紐約市。

雖然政治情勢對 Airbnb 不利，但切斯基似乎不太擔心，他在那年 7 月告訴我：「我們已經立足 3.4 萬座城市，也就是說，這實驗已在全球各地推行，我們和全球各地一百六十多個城市簽署了課稅協議，我認為形勢已經很清楚了，這是一個已經普及確立的概念。」

Airbnb 遵照承諾，發布了它在大城市的社群結構統計數字，也數度逐出大批在網站上張貼多物件出租的房東。一些人認為這是針對大城市的住屋現象，對本身業務做出修正的誠意之舉，但反對者則控訴，Airbnb 只是藉由趕走一些非法旅館業者，為自己塑造更好的形象，並質疑該公司並沒有坦誠面對管理機構。[38]「除了努力增加營收外，我還沒看到他們展現了什麼行動。」數據分析人士考克斯（Murray Cox）說。考克斯架設一個叫「Airbnb 內幕」（Inside Airbnb）的網站，爬搜 Airbnb 網站，收集房東的獨立資料。

2016年5月，維吉尼亞州首府里奇蒙市的非裔美國人史蘭登（Gregory Slenden）在華盛頓特區狀告 Airbnb 違反民權法，他曾多次向該公司反映，自己在 Airbnb 網站上遭到種族歧視，卻不被理會。[39] 史蘭登的控訴有學術報告佐證，哈佛商學院副教授艾德曼（Ben Edelman）曾發表兩份研究報告指出，統計數字顯示，Airbnb 用戶較不願意接受少數族群的房客或房東。[40]

史蘭登的控告引起騷動，有些非裔美國人使用主題標籤「#Airbnbwhileblack」，在社交媒體上分享自己在 Airbnb 網站上遭到的歧視，許多人作證，他們訂房時發現突然變成沒有空房，或是房東根本就不回覆。美國媒體也深入挖掘此事，《紐約時報》就刊登一篇報導〈Airbnb 助長種族歧視嗎？〉，文章得出的結論對 Airbnb 並不利。[41]

這件爭議挑戰了 Airbnb 極神聖的理想，這公司的事業理應是根除以往的偏見，而非賦予它們新生命；用戶相片原是用來建立信任，而不是為種族歧視者提供判斷區別的機會。切斯基對此拿不出辦法，因為 Airbnb 無法控制房東或房客的個人選擇，驚慌之下，他聘用了前美國司法部長霍德（Eric Holder），以及前美國公民自由聯盟華盛頓特區辦公室主任墨菲（Laura W. Murphy），請他們協助研擬對抗 Airbnb 平台上歧視現象的做法。[42] 2016年9月，該公司發布一份三十二頁的問題解決計畫，承諾將把用戶相片模糊化，並要求房東及房客遵守無歧視政策。「我想我們太遲處理這個問題。」切斯基在那年夏天接受採訪時說，「喬伊、納生和我三個白人男性在設計這個平台時，確實有很多地方，是我們沒有思考到的。」[43]

在 Airbnb 內部，平常不只要應付這些層出不窮、十分傷腦筋的外部對立與爭議事件，也要應付不斷成長的瘋狂節奏。2015 年跨年夜，Airbnb 平台上訂房房客數是 55 萬；2016 年跨年夜，訂房房客數來到 100 萬；到了 2016 年年中，一個晚上的訂房房客數已經達到 130 萬。[44] Airbnb 內部的統計圖呈現持續向右上方延伸的趨勢，該公司正在偏離旅館業的重力場。為了趕上 Airbnb，線上旅遊業巨擘 Expedia 以 39 億美元收購度假租屋服務網站 HomeAway。[45] 2016 年，紐約市旅館價格創下自經濟大衰退以來的新低，一些產業觀察家把這歸因於 Airbnb 之類的新競爭。[46]

Airbnb 有新的投資人、更高的估值、更多的員工，到了 2016 年中，員工人數已經達到 2,600 人，其中超過半數是在過去一年內加入。Airbnb 的部門規模擴增為二到三倍，也讓員工難以找到較正常的工作節奏，一名公司員工告訴我，她所屬的團隊在兩年內已經改組四次，上司換了四個。另一方面，Airbnb 的新任財務長、前黑石集團（Blackstone Group）財務長托西（Laurence Tosi）對過去花錢無節制的文化加以管控，各部門自公司成立以來，首度必須提出嚴謹的年度預算規劃及人員需求預測，並且得遵照這一切行事。到了 2016 年末，幾位員工向我形容，這家公司變得無趣、缺乏創業味了。

這些都是新創公司脫穎而出變得更成熟的明確跡象，並已朝著公開上市的最終目標邁進。Airbnb 跟 Uber 一樣，必須先說服大眾投資人它有能力解決監管問題，並達到切斯基渴望的「脫離速度」境界。除此之外，還要克服隨著企業成長不斷到來的種種挑戰。

Chapter 12

全球大獨角獸生死戰

Uber 對抗世界

我們是這個時代最瘋狂的公司，
但我們內心是理智的。
這是一場科技革命，
我們看到的只是革命的最開端而已。

——**滴滴出行創辦人暨執行長程維**

Uber 也跟 Airbnb 一樣，終究要邁入企業成熟期。不過，在這之前它得歷經尷尬青春期的最後幾年，遭遇更多衝突、更多風暴危機，歷經的風風雨雨要比 Airbnb 來得多。Uber 像個在兩年間長高 30 公分、精力旺盛的運動員，衣服穿不下了，還有進攻手法也太激進。在許多人眼裡，它是非常奇特的非典型創業案例。

2014 年初，Uber 已在 28 個城市推出共乘服務 UberX；到了 2016 年年底，全球已有 450 個城市有 UberX 服務，以及其他版本的 Uber 服務。非職業駕駛人可以開著自己的車在街上載客，已變成一種全球現象，不僅為司機帶來一種新型的彈性工作，同時降低大眾的交通運輸費用，改變了我們的通勤與生活方式。

在更低價格和更高載運量的推力下，原本就已生意興隆的 Uber 業務，出現爆炸性成長。2014 年初，Uber 累積載客 2 億趟，到了 2016 年初，已累積到 10 億趟；這段期間，該公司員工人數從 550 人增加到 8,000 人。2014 年 6 月，以富達投資和貝萊德為首的 14 億美元投資，使 Uber 估值達到 180 億美元，這在當時已是相當瘋狂的數字，但僅僅兩年間，它的估值又高出了三倍，達到 680 億美元，使 Uber 成為有史以來估值最高的未上市科技公司。

然而，共乘現象的興盛，在全球幾乎每一個主要國家與城市都激起相當大的衝突。在 2014 年的公關大災難中，卡蘭尼克已經承諾要展現更負責、更成熟的領導風格，但他的言詞雖變得溫和些，雄心卻絲毫未減，也因此引發更多的管制爭鬥和更激烈的競爭，從來沒有一家新創科技公司像 Uber 這樣，既帶給世界全新想像，卻也充滿爭議。Uber 一再讓自己陷入危機，又從一次次危機中蛻變，但它是否能夠以全新的樣貌走向未來？一切有待時間來證明。

立法者無法阻止網際網路發明

對於共乘現象造成的破壞效應，倫敦是最先發起抗爭的歐洲城市之一。該市有個引以為傲的計程車歷史，招牌的黑色計程車司機必須研讀該市街道網絡三年，以通過「知識大全」（The Knowledge）的測驗。倫敦的計程車司機技能熟練，對自己的工作感到自豪，也賺到中產階級薪資水準的收入。然而，他們強烈抗拒任何改變；當然除了調漲費率之外，他們每隔一段時間，就會訴請主管當局倫敦交通局調漲計程車費率，並且不惜採取罷工威脅。

早在 2012 年 Uber 進入倫敦時，計程車司機就已感受到那些數量不斷增加的 minicab 和載客轎車帶來的威脅。當時乘客還必須用電話或親自到車行預訂這些服務，法規也禁止 minicab 使用計程車跳表計費，或搭載路邊攔車的乘客。

然而，Uber 進入市場後，就把傳統計程車和 minicab 的所有市場區隔給除去，無所不在的 GPS，讓傳統司機的「知識大全」瞬間變得沒價值。Uber 豪華轎車服務在倫敦營運一年後，在 2013 年 6 月又推出 UberX，跟 minicab 的司機一樣，UberX 司機必須取得私雇車營業牌照，投保商業保險，但他們無需通過「知識大全」測驗。但不同於 minicab 的是，UberX 司機在行車時，可查看並回應 Uber 應用程式上的召車乘客。Uber 在倫敦推出 UberX 服務時，並未事先申請許可，該公司逕自認定，五十年的法規沒考慮到電子叫車之類的技術，因此不適用。

UberX 起初悄悄的在倫敦營運，但倫敦的計程車司機敏銳覺察到新的競爭，他們可不會溫文的容忍。他們在 2014 年 6 月 11 日發動罷工，造成嚴重交通壅塞，以此反對這個城市擁抱 UberX。他們堵住跨越泰晤士河的蘭貝斯橋（Lambeth Bridge），並癱瘓整個市中心。[1]

幾個月後，我從希斯羅機場搭車前往蕭迪奇區（Shoreditch）。在車上，司機康諾（John Connor）告訴我：「我開了這麼多年的計程車，人們為了搶搭我的計程車而爭吵。但現在，我能載到客人，就算是奇蹟了。」住在倫敦東區的康諾開了四十四年的計程車，他是參與那次罷工的一萬名倫敦計程車司機之一，「我們必須讓人們知道，他們不能在我們身上拉屎！」他說。

康諾指出，許多 UberX 司機是來自巴基斯坦、孟加拉、索馬利亞、衣索匹亞、厄利垂亞等國家的移民，他們樂意每天工作十八小時，賺取低於最低工資的收入，但他有家要養！移民、全球化、中產階級的焦慮，這些是二十一世紀初令所有西方國家苦惱的問題，康諾說：「我這輩子從未見過像這樣的變化，遊戲結束了，」車子困在車陣裡。

Uber 對外說，那次罷工後，Uber 服務用戶增加了 850%。

計程車司機的罷工反而使 Uber 引起更多注意，到了那年秋季，倫敦的 Uber 司機已增加到 7,000 人。在此同時，性格剛強的 Uber 英國區總經理柏川（Jo Bertram）在網路上遭遇強烈敵意，被迫放棄使用社交媒體。柏川一再勇敢面對好鬥的英國媒體，但推特上的尖酸刻薄言語實在太超過，她告訴我：「辱罵猛烈密集，我的朋友說：『別再讀這些，不健康，』我們只好把它交給一名同仁處理。」

那一年，隨著 Uber 愈來愈受乘客歡迎，計程車司機對倫敦 Uber 的敵意也跟著升高。2015 年，在難以消弭計程車司機憤怒下，倫敦交通局布陣，準備平息 Uber 引起的怨怒，它提出一套管制法規，包括禁止 Uber 在其應用程式上顯示可載客的空車，規定 Uber 司機必須等至少五分鐘，才能搭載已在應用程式上召車的乘客。[2]

這些不合理的要求，主要是想藉此降低 Uber 的吸引力。但倫敦計程車司機的怒氣仍然高漲，我去拜訪有照計程車司機公會祕書長麥納瑪拉（Steve McSamara）時，他告訴我：「那個自以為是的崔維斯，我真想揍他。」

當時處於暴風眼的是一頭亂髮的保守黨倫敦市長強生（Boris Johnson），他後來因為強烈支持英國脫離歐盟而成為國際注目人物。強生陷入為難，他在 2008 年競選市長時獲得計程車司機的支持，甚至計程車車資收據上還印了強生的競選口號。

強生首先指出，Uber 有系統地違反 minicab 法規，讓司機在路上繞行等候乘客；但他也說，科技已經把計程車和 minicab 的市場區隔元素給去除了。在 2015 年 9 月一場公開問答論壇上，他稱坐滿聽眾席的計程車司機為「不想看到新技術的盧德份子，」司機們站起來，齊聲怒吼，在市政廳造成大騷動，最後被逐出。[3]

但是，如同在美國城市的情形，Uber 在倫敦也握有市場主宰力量，因為乘客喜愛它的服務。該公司不僅出動一群老練的說客，還動員 20 萬名顧客連署請願要求倫敦交通局撤銷法規提案，結果交通局在 2016 年 1 月撤銷。強生也說，這些管制「未能獲得廣泛支持」，他說立法者無法「阻止網際網路發明」。[4]

Uber 在歐洲戰場節節敗退

但歐洲大陸可未必認同強生的觀點。在法國，反 Uber 的力量強大。2014 年初，對在巴黎持續成長的 Uber（巴黎當時已是 Uber 的第六大市場），法國立法當局祭出法令，要求 Uber 司機必須在乘客以 App 叫車十五分鐘後才能去載客。雖然法國的一個行政法庭推翻此規定，但這已經預示將有後續抗爭到來，也顯示聯合掌控法國計程車市場的兩家最大計程車公司在施展它們的影響力。[5]

Uber 當時在法國只讓職業司機加入，但營業的私雇車司機執照費高達 3,000 歐元，還有其他旨在保護計程車業的條款，例如要求營業的私雇車司機必須通過一項筆試。為了解放隨選交通服務的潛力，Uber 決定擴增不受此限制的司機供給量。在法國政府不願鬆綁職業司機執照取得資格下，Uber 在 2014 年 2 月於法國推出新服務，讓沒有職業司機執照的駕駛人用自家車載送乘客的共乘服務。由於 Uber 在法國已有 UberX 服務（駕駛是有營業執照的司機），因此該公司把這項新共乘服務稱為 UberPop，這是 Uber 歐洲區總經理高柯提（Pierre-Dimitri Gore-Coty）及同仁選擇的，因為這使他聯想到 P2P（peer-to-peer）。

UberPop 在法國穩定成長，但到了 2015 年夏天，法國各地計程車群起抗議，堵塞公路，推倒 Uber 車，封堵前往戴高樂機場的道路。掌管法國計程車業及司法的內政部，顯然同情計程車司機，並以照顧傳統計程車業利益為優先，他們派員查抄 Uber 巴黎辦公室，對 Uber 司機課處罰款。[6] 2015 年 6 月 29 日，Uber 歐洲區總經理高柯提和法國辦公室總經理辛輔（Thibaud Simphal）遭法國當局逮捕，他們在拘留所待了九天[7]，幾天後，Uber 關閉 UberPop 服務，但仍在該國繼續經營有照職業司機的載客營運。2016 年，法國法院庭審判決 Uber 及其主管「從事詐欺性商業行為及非法營運」，處以罰款。[8]

再來是義大利，米蘭的法庭在 2015 年 5 月判決 UberPop 是不公平競爭，下令停止營業。[9] 在瑞典，三十名司機被判經營非法計程車服務，迫使該公司關閉在該國的 UberPop 服務。[10] 西班牙的計程車公司和力量強大的馬德里計程車公會（Association Madrileña Del Taxi）向法院申請禁制令，法院判決 Uber 從事不公平競爭，勒令該公司停止營業一年，並下令西班牙的網際網路服務供應商封鎖 Uber 應用程式在該國的網路連結。[11] 在德國，計程車業團體向法院提出控告後，法院判決 Uber 違反競爭法，下令 Uber 只能使用有照的職業司機[12]，Uber 退出法蘭克福、漢堡、杜賽道夫等城市的營運，但在柏林及慕尼黑仍然維持使用有照職業司機的服務業務。

Uber 在每個歐洲國家的戰役具有啟示意義。一方面，它反映 Uber 的笨拙進攻手法，它總是大剌剌地進軍那些城市，火藥味十足，不在政府層級建立盟友，最終無可避免的面臨強烈反挫。「我們犯了一些錯，」Uber 的營運主管葛雷夫斯說，「我們太過莽撞衝動。」

另一方面，Uber 的擴張也挑戰各地政府是否願意為一項許多人民迫切想要的服務，修改陳年交通法規，這是對民主體制本身的重要測試，檢驗監管當局與立法者到底更重視人民需求，或是強大的計程車業利益與工會權益。

歐洲大陸國家被這項考驗所困。它們遭遇一個創新、但傲慢的新創公司意圖顛覆一個遲鈍的產業，而它們傾向抵制這個新創公司。但在世界的另一邊，情況就相當不同了。

不同於歐洲，看著 Uber 的全球雄心，亞洲的反應大抵上是起而效尤。事實上，卡蘭尼克即將面對面遇上一個跟他一樣企圖心強烈且積極進取的人。

滴滴打車崛起

2012 年春，英國計程車召車服務公司 Hailo 取得新資本與即將擴展的新聞充斥科技媒體，如前文所述，Hailo 過早宣布進軍美國市場，促使卡蘭尼克快速採取阻擊行動，為 Uber 的召車應用程式在豪華車之外增加車種。Hailo 被迫退出美國市場，回到英格蘭及愛爾蘭專攻計程車服務的市場，該公司最後在 2016 年被戴姆勒收購。

Hailo 的擴張企圖雖以失敗收場，對後續故事發展卻產生另一個更深遠的影響。

在地球另一邊，中國電子商務巨人阿里巴巴的杭州總部，一位年輕有為的銷售部門人員程維在科技媒體上讀到 Hailo 與 Uber 即將一決高下的消息，開始有了創業構想。

程維出生於中國內陸、毛澤東共產黨革命搖籃的江西省。父親是公務員，母親是數學老師。程維在高中時數學成績優異，但他說，在大學入學考試時因粗心大意，忘了把試卷翻到最後一面，結果有三道題目未做答。

他進入北京化工大學，那不是他想進入的頂尖學校，他想主修資訊科技，卻被學校分發到商管系。和多數的中國大學生一樣，程維在大四時開始實習工作。他去賣保險，但一張保單也沒賣出，連他的老師也不買帳。程維說，他的一個老師告訴他：「連我家的狗都已經買了保險啦。」在徵才就業博覽會中，程維申請一家自稱為「中國知名保健業公司」的經理助理職務，來到上海準備報到上班，手上還拎著行李箱，卻發現那只是一家足部按摩連鎖店。

2005 年，剛踏出校門的程維二十二歲，前往阿里巴巴的上海分公司櫃台，開口想找份工作，結果真的獲得銷售部門初級職務，月薪人民幣 1,500 元（約合 225 美元）。「我非常感謝阿里巴巴，」程維說，「他們派人出來跟我談，沒把我趕走，那人說：『我們要的就是像你這樣的年輕人。』」

儘管當年一張保單也沒賣出，程維倒是很擅長向商家拉線上廣告，他一路晉升。他的直屬主管是很健談的王剛。2011 年，王剛因錯失一個晉升機會，很不開心。他把程維及其他部屬找來，一起想創業點子，他們考慮過教育、餐館評價，甚至室內裝潢領域的可能事業模式。2012 年初，他們開始追蹤智慧型手機應用程式「陌陌」，它讓你可以在線上地圖辨識其他用戶的所在地，這種讓你可以在手機上追蹤迷人女性的點子，引發他們對智慧型手機的 GPS 功能感興趣。就在此時，程維讀到 Hailo 即將進軍美國市場的新聞。

Hailo 的新聞對程維是一記醒鐘。美國和英國正為了把計程車業帶入智慧型手機時代而爭戰。程維知道，中國有巨大的計程車市場，但這市場受管制，老舊頑固，既不前進，又高度分裂，每個大城市都有幾十家計程車公司。

程維在 2012 年離開阿里巴巴，把他的計程車叫車應用程式取名為「滴滴打車」，他的上司王剛也離開阿里巴巴，成為程維最早的金主，投資人民幣 80 萬元（約 10 萬美元，到了 2016 年年底，王剛的持股估值為 10 億美元）。

程維和幾位前阿里巴巴同事一開始把公司設在北京北區的一座倉庫裡，很寒酸，一百平方米面積，只有一間會議室。他們發現，為中國的計程車提供一個類似 Hailo 的應用程式服務，這種事業點子其實一點也不新穎，約莫同時，至少有三十組其他的創業團隊要不是也看到了 Hailo 的新聞，就是嗅到以電子方式叫車這項服務的龐大商機，正在著手創立類似的事業。

中國的地鐵擁擠、公路壅塞，長期的霧霾使得步行或騎自行車很不舒服，因此電子方式召計程車快速流行起來。但是一開始，這事業並不是很好做。競爭激烈之外，這類新創公司必須幫計程車司機負擔持有智慧型手機的成本，中國政府擔心交通成本提高，禁止這些新創公司從車資抽取佣金。一些城市甚至判定這類應用程式是違法的，但計程車司機還是照用。他們通常會帶另一支備用手機，碰到執法人員攔檢時，就出示這支沒下載這種應用程式的備用手機。程維說，他從最初的十名員工中，派了兩名去 iPhone 富士康製造廠所在地的深圳推出服務，因為他認為，在中國的所有城市當中，深圳的管制當局態度最開放。結果，滴滴打車馬上就被當地主管機關勒令停業。

戴著眼鏡的程維是個純真憨直的年輕人，把他擺在凌晨兩點時的電玩遊戲店裡，會顯得非常格格不入。他在位於北京北區的寬敞辦公室裡回憶這些往事，辦公室裡擺了很多商管書籍，一張桌上擺放了金魚缸。[13] 當北京天空出現少見的清澄時，他可以望見西北方的山脈。十五世紀時，為防禦蒙古人入侵，中國人再度修建與鞏固這些山脈上的長城。想想接下來發生的事，似乎頗貼切於這築長城抵禦外人入侵的故事。

所有中國早期的共乘服務新創公司都賠錢，那些較晚入市的新創公司，或那些試圖模仿 Uber 初始策略（先推出較貴、較稀有的豪華車）的公司，全都陷入嚴重不利境況。但滴滴打車比絕大多數競爭對手更為頑強好勝。矽谷紅杉創投撐腰的搖搖招車公司，贏得在北京機場招募司機的獨家合約後，滴滴打車的員工退往北京市最大的火車站去推銷該公司的應用程式。他們沒有仿效競爭者那樣發送智慧型手機給司機，這對資本有限的新創公司來說是很燒錢的做法，他們聚焦於提供免費應用程式給那些已經有智慧型手機、更可能為滴滴打車散播口碑的較年輕司機。

2012 年底，暴風雪襲擊北京，街上召不到計程車，居民轉向手機應用程式，該公司的單日訂車量首次破千。這引起北京一家創投公司的注意，對滴滴打車投資 200 萬美元，使該公司估值達到 1,000 萬美元。「若不是那年那場大雪，或許滴滴今天就不會存在了，」程維說。

快的打車有阿里巴巴的資金挹注

2013 年 4 月，一家新創公司建立了一個初期優勢，這家公司不是滴滴打車，而是快的打車。快的打車總部位於杭州，從程維的老東家阿里巴巴集團取得新一輪的資金挹注。[14] 在中國，新創公司想在網際網路取得高市場占有率，途徑通常是和中國的網路三巨頭之一建立最強的關聯，這三巨頭是：娛樂入口網站公司騰訊；搜尋引擎公司百度；電子商務巨擘阿里巴巴。在全世界人口最多的這個國家，這三家公司掌控線上市場，能夠把巨大流量送給它們的事業夥伴。

滴滴打車在北京和廣州等城市贏得了高科技迷的青睞，但程維知道，為了生存，他需要與人結盟。在快的打車和阿里巴巴成交的幾週後，程維從阿里巴巴的勁敵騰訊公司取得 1,500 萬美元的投資，使滴滴打車這家規模仍小的新創公司估值達到了 6,000 萬美元。

在兩個互競的中國網際網路巨擘撐腰下，滴滴打車和快的打車盯緊彼此，激烈競爭。當時發生了如今被滴滴員工敬稱為「七天七夜」的故事。兩家公司都發生斷斷續續的技術性問題，司機和乘客便在兩家公司的服務之間換來換去。為解決技術問題，滴滴的工程師住在擁擠的辦公室裡不眠不休地奮戰，到後來，有位員工的隱形眼鏡黏住眼睛，摘不下來，得動手術摘除。

最後，程維打電話向騰訊執行長求援，馬化騰派出五十名工程師和一千部伺服器支援，還邀請滴滴團隊暫時轉來騰訊較舒適的辦公室工作。

但是，滴滴打車當時還沒賺錢，程維需要募集資本。他在 2013 年 11 月首次來到美國，但被多個投資人拒絕，「我們很燒錢，投資人聽了都『哇』的一聲，」程維說。當時是感恩節，紐約市颳暴風雪，但這回不是帶來幸運的暴風雪。程維回憶，他搭的 Uber 車被困在前往機場的路上，他錯過班機，「回到中國，我非常沮喪，」他說。

但 2014 年初，一切迴然改觀。2014 年農曆新年，騰訊針對中國人的習俗，推出應景的行動應用程式「紅包」，讓用戶發送小筆金額給親友做為過年紅包。這應用程式爆紅。

就這樣，長期相爭的阿里巴巴和騰訊突然發現了一個新戰場：行動支付。為中國的智慧型手機用戶管理他們的線上荷包，可以成為一個強而有力的策略定位，於是兩家公司搶著建立自己的行動支付應用程式。在這場瘋狂競跑中，滴滴打車及快的打車成為可以幫助行動支付業務衝速衝量的代理人。滴滴打車和騰訊旗下聊天應用程式微信的行動支付功能整合起來，而快的打車則是讓乘客可以使用阿里巴巴旗下的行動支付平台支付寶支付車資。阿里巴巴和騰訊都開始分別對這兩家結盟的計程車應用程式公司挹注資金，這兩家新創公司則是對司機提供豐厚的保證收入（補貼），對乘客提供折扣優惠，競相吸引用戶使用行動支付服務。

2009 年至 2014 年間，在智慧型手機使用量大增的浪潮推波助瀾之下，Uber 已經在美國以超快速度擴張。但在中國，推波助瀾的主要力量是科技業巨擘彼此間的激烈競爭，以及它們想推動自家傳訊及行動支付產品，這浪潮近似破壞力強大的海嘯。

據一位投資人說，因為 2014 年的慷慨補貼方案，滴滴打車與快的打車的代理人戰中，滴滴每天燒錢 10 萬美元。那一年，滴滴完成兩輪集資，從騰訊、俄羅斯創投公司數位天空科技投資集團（DST）以及其他投資人那兒募集到 8 億美元；快的打車募集到的資金近乎一樣多，投資人包括阿里巴巴、日本科技業軟銀集團，以及私募基金老虎全球資產管理公司（Tiger Global）。[15]

程維證明自己是個聰敏、適應力強的執行長，但以這種燒錢速度，滴滴和快的之間的戰爭將對彼此帶來財務上的大創傷。

滴滴打車和快的打車的投資人最終認知到，這兩家公司的激烈火拚很愚蠢，因為卡蘭尼克已經開始視中國為 Uber 的下一個大機會，他們敦促這兩家新創公司及背後的撐腰企業休戰。

精明的俄羅斯創投家、數位天空科技投資集團創辦人米爾納，在阿里巴巴和騰訊這兩家公司總部之間奔走，幫助撮合這兩個新創公司合併。拜程維的頑強好勝，以及滴滴平台和微信平台整合之賜，兩家公司合併後，滴滴持股 60%。滴滴的一位投資人說，程維「基本上跟崔維斯一樣好勝，就像個絕配」。

Uber 進軍中國

Uber 已經悄悄地在中國耕耘了兩年。該公司於 2013 年完成 C 輪集資後，卡蘭尼克和 TPG 資本公司的主管一起前往亞洲，做為慶祝之旅，行前要求一群同事到北京與他會合。蓋特、前 Uber 芝加哥辦公室總經理潘恩、居住亞洲的 Uber 主管格爾曼（Sam Gellman）、公共政策部主管歐文斯（Corey Owens），這群主管在北京和卡蘭尼克會合後，一起工作了兩個星期。潘恩回憶他們的工作地點：「在北京某個角落的破爛公寓，我後來再也找不到那地方了。」

對美國的網際網路公司來說，進軍中國向來被視為是個自殺任務，谷歌、eBay、亞馬遜、臉書、推特，全都鎩羽而歸，無法敲開這全球第二大經濟體的門，被中國政府的審查或三巨頭的在地優勢，或兩者結合給打敗。個性頑強的卡蘭尼克自然不會被這些先前的挫敗給嚇阻，他和同事一起弄出一份清單，列舉種種他認為 Uber 不同於那些科技業前輩的理由，結論是，他們有足夠的創意與耐心可以成功。他是個問題解決者，擺在眼前的是個終極問題，不曾有任何一位科技創業家成功克服的問題。

2013 年的那一週，Uber 團隊在北京散開，各自執行任務，他們分別試用當地的計程車召車應用程式，和律師及監管當局會面，了解這個國家計程車業的種種法規與現實。卡蘭尼克和一群新創公司執行長會面，其中包括年輕的程維，在當時，滴滴打車才營運六個月，但令卡蘭尼克印象深刻。

「我還未見程維之前，卡蘭尼克已經跟他見過面，」麥克說，「他告訴我，在所有共乘服務公司創辦人當中，程維很特別，他的水準比這產業的其他人高出一大截。」

Uber 的主管全都發現，北京的交通大不易。潘恩回憶，他為了前往北京市另一頭的地方開會，提早九十分鐘出發，但花了半小時還叫不到一輛計程車，最後他沮喪地返回屋內，改用 Skype 開視訊會議。

他們那星期會見的每一個人，都忠告他們在中國營運要謹慎行事，最好和一個本地公司建立合資企業。蓋特說，這些忠告的要點就是：「慢慢來，別急躁，美國公司在這方面會出錯。」

但是，如同在歐洲的作為，卡蘭尼克沒有「慢慢來」的習慣。這趟行程的第一天，他從行李箱中取出一些備用 iPhone 手機，插入當地 SIM 卡，打電話叫醒人在舊金山的一位工程師，要他快速弄出一套北京版的 Uber 司機應用程式。接著，潘恩和能說流利中文的 TPG 投資人李佩蒂（Patti Li），找到一些願意讓他們試用這套應用程式的司機，於是那天晚上，這群主管成為 Uber 在中國的第一批乘客。「從 GPS 角度來看，簡直一塌糊塗，」蓋特回憶，因為許多谷歌服務被中國封鎖，谷歌地圖在當地不是可靠的導引。

還要再過一年，卡蘭尼克及其主管團隊才會對在中國推出服務的想法感到安心。2014 年初，Uber 在上海、北京、廣州及深圳推出豪華轎車服務，起初只收美元，藉此把它定位為觀光客及僑民的工具。為避免觸怒中國政府，他們刻意不引起任何媒體注意，「我們不想張揚的進入這裡，」蓋特說。

當滴滴打車和快的打車在騰訊及阿里巴巴撐腰下火拚之際，Uber 靜悄悄的在中國行進了一年。然後，2014 年秋季，受到 Uber 於世界各地成功的鼓舞，卡蘭尼克及其主管決定在中國推出共乘服務，「真正的創業家應該這麼做，」麥克說，「我們心想，能發生什麼最壞的情況呢？就放手一搏吧。」

2014 年 10 月，Uber 在廣州、深圳、杭州及成都推出和 UberX 相同的服務，但取名為 People's Uber，讓任何通過背景檢查的司機都可以用他們的車子載客。在此同時，該公司找到一個能夠提供資金、重要技術、與中國政府有政治關係的策略夥伴，它是中國網路三巨頭當中唯一錯過昂貴的計程車應用程式戰役、在行動支付版圖爭奪戰中又遲了一步的百度公司。是年12月，百度宣布投資Uber，中國的Uber應用程式將使用更可靠的百度地圖。[16]

起初，這策略似乎奏效。滴滴打車和快的打車忙於合併之際，Uber的共乘業務開始獲得進展，並且一路攀升。正如它原先估計的，取得30%的中國隨選交通應用程式市場。

然後，同樣的戲碼照例上演了。包括長春、南京、成都在內，多個城市的計程車司機展開抗議罷工，[17]警察查抄Uber在廣州及重慶的辦公室。[18]中國交通運輸部在2015年1月下令，私家車車主不得使用召車應用程式牟利。但奇怪的是，Uber及其競爭者可以繼續營運，看來中國政府沒打算全面鎮壓，它不想消滅一個可望紓解中國嚴重交通苦惱問題的服務。

Uber這下有了力量，卡蘭尼克打算試用一下。在一次前往北京的行程中，卡蘭尼克和麥克造訪新近合併後改名為「滴滴快的」北京辦公室，會見該公司主管，包括程維以及新上任的營運長、前高盛集團亞太區董事總經理柳青。據大家說，會談一開始很融洽，程維歡迎卡蘭尼克時說：「你是帶給我啟發的人，」但後來，氣氛就變得有點緊張。[19]麥克回憶：「他們招待我們的午餐，可能是我吃過最難吃的東西，我們全都只是撥弄著我們的食物，心想，這是什麼戰術嗎？」他以為他們搞不好是在打心理戰（當然不是，柳青後來為了這食物，向麥克道歉）。

會談時，程維走向白板，畫了兩條線。一條是Uber的成長曲線，從 2010 年開始，一路向右上方陡峭上升，代表 Uber 的載客量自創立後就快速攀升。而滴滴的那條線始於兩年後的 2012 年，但顯然更為陡峭，而且和 Uber 的線交會。程維說，有一天，滴滴會超越 Uber，因為中國的市場遠遠更大，而且中國的許多城市為了控管交通與汙染，禁止使用及擁有私家車。「崔維斯當時只是微笑，」程維回憶。

據程維說，Uber 執行長想要投資滴滴快的，他要求讓 Uber 持有滴滴的 40% 股權，他就承諾把中國市場讓給滴滴。後來在一場演講中，程維說，卡蘭尼克揚言，若他拒絕這提議，滴滴在中國將會「輸得很難看」。「從他們看待我們的方式，就可以看出，他們把我們想成只不過是另一個來自四川的本地計程車應用程式，」程維說，「外國公司把中國視為一個想要征服的領土。」[20]

柳青是土生土長的北京人，能說一口流利英語，是滴滴面對全球商界的首席公關。她說，卡蘭尼克擺出惡霸威嚇姿態，「想像某人來到你的辦公室，說：『把你公司的股份給我多少，不然，我就跟你打仗。』」她說。但 Uber 後來的說法與滴滴那邊的回憶不同，他們說那次會談「非常融洽」。[21]

滴滴主管拒絕 Uber 的提議，並且很快在中國推出自己版本的共乘服務，以及併車服務（carpooling）、通勤巴士。滴滴後來證明自己是強大在位者，能夠募集數十億美元的創投資本，與 Uber 打肉搏戰，用優惠價吸引中國的司機與乘客。在這個舉世最大的交通運輸市場上，即將上演一場全球大獨角獸生死戰。

Uber 紐約戰事再起

2015 年 6 月 3 日下午，Uber 邀請地方記者前來位於舊金山市場街的公司總部，參加 Uber 對司機與乘客啟動應用程式的五周年慶。坎普首先上台，驚歎「一個瘋狂點子」已經發展成遍及全球的重磅事業；蓋特和葛雷夫斯分別回想當年，在泛美金字塔附近借用別人的辦公室，當時僅有的幾名員工圍繞著一張狹窄的會議室桌子打拚。

接著，卡蘭尼克上台，看起來緊張且激動，他的父母坐在台下第一排。接下來二十分鐘，他尷尬的看著提詞機，承認進取好鬥把 Uber 塑造成如此兩極化的一家公司，「我知道，我成為一個激進的 Uber 擁護者，」他說，「我也知道，有些人以 a 開頭字眼（指 asshole）形容我。」

接著，卡蘭尼克以他前所未見的圓滑之詞為公司做出政治辯護。他說，Uber 為那些傳統計程車沒能提供良好服務的低所得社區，帶來新的交通選擇；Uber 為失業者、移民、想賺錢繳學費的學生提供彈性工作機會；Uber 的共乘服務 UberPool 使私雇車的服務價格進一步降低，可能也減少了路上的車輛，有助於降低二氧化碳排放量。「我們相信這帶來徹底改變，這些是我們未來將繼續努力的事，」他說。

這場事先寫好劇本的活動，意圖展現一個更內省且樂觀的卡蘭尼克，有著普魯夫領導的專業溝通團隊精心雕琢的痕跡。順便一提，不久後，前谷歌公關與公共政策主管惠史東（Rachel

Whetstone）接替了普魯夫的職務。不過，除了出席此活動的記者，卡蘭尼克的這一番話還有另一個目標對象——歐洲以及紐約市的監管當局和立法者，尤其是紐約這個美國最大的計程車市場，此時正集結新一波對抗 Uber 的攻勢。

儘管計程車應用程式公司獲准在紐約市營運，但白思豪市長執政下的紐約市，基本上仍敵意看待 Uber，一如他們也對 Airbnb 不假辭色。2015 年初，為了限制加成計費上限的立法，[22] 以及 Uber 是否應該把其載客數據呈交給計程車與禮車管理委員會（TLC），[23] 紐約市當局和 Uber 鬧得不可開交。那年 5 月，TLC 考慮推出嚴格規定，讓他們有權審查 Uber 應用程式的任何修改。

雙方都對彼此不信任。市府當局指控 Uber 毫不妥協，拒絕遵守法規；Uber 及其代理人聲稱，白思豪的計程車業朋友在他競選時捐獻了不少錢，因此白思豪對他們言聽計從。[24] 雙方的指控可能都是事實，此外，紐約市的計程車隊現況也出現危險變化，計程車牌照市場價格在 2013 年時曾漲到超過 130 萬美元，只有能夠取得銀行貸款的車行老闆，或是多位計程車司機集資，才買得起；但是，到了 2016 年，計程車牌照市場價格已經跌到一半以下。[25] 在 2010 年至 2014 年間擔任 TLC 主委、後來成為 Lyft 顧問的亞斯基（David Yassky）告訴我，他覺得新限制「純粹是保護主義」。

Uber 動員其司機和乘客到市政廳抗議，要求市府放棄新限制。2015 年 6 月 18 日，TLC 似乎退讓，衝突短暫緩解，雙方在媒體上讚美彼此。[26] 但是，二十四小時後，接替亞斯基的新 TLC 主委喬西打電話告訴 Uber 的公共政策經理阿勒葛瑞提（Michael Allegretti），表示將會在市議會遞交一項立法提案，在有關曼哈頓下城交通壅塞的研究報告出爐前，要限制發給 Uber、Lyft 以及其他應用程式公司新的私家受雇車營業牌照數量。「你們無法阻擋這個，支持票不動如山，」喬西告訴阿勒葛瑞提。

第二天提出的這項立法案，比 Uber 想像的還要糟。法案建議，在曼哈頓下城交通壅塞研究報告結果出來前（可能得花上一年或更長時間），Uber 和 Lyft 的司機供給量每月只能成長 1%。[27] 限制 Uber 的司機供給量，最能凍結它的成長，也為其他地方如倫敦和墨西哥市的反 Uber 行動提供參考。紐約市議會打算在二十一天後對此法案投票表決。

Uber 主管認為這是惡毒毀謗，紐約市中心交通真的很壅塞，但這是許多因素造成的，包括自行車車道增加、速限降低、經濟繁榮、電子商務送貨車增加、新建設等等。Uber 必須用老方法來對抗：發動戰爭。

2015 年夏天，Uber 在紐約街道上發動的三星期戰事，呈現一個嶄新面貌——財力雄厚、組織有條理、十足的政治操作。

這行動從左翼攻擊進步民主黨派市長白思豪，攻擊主張是紐約郊區居民需要工作機會和適當的交通管道，這些對於把他送上台的選民而言很重要。Uber 的動員行動包括郵件、自動語音電話、在皇后區號召司機、當月在紐約地區狂打非常有效的電視廣告。

這些廣告內容是許多非裔及拉丁美洲裔 Uber 司機，對著攝影機鏡頭外的記者說話，他們說 Uber 為他們提供工作，他們對計程車業及市長做出一些間接指控：

「在以往無法叫到車的地方，現在可以叫到 Uber。」

「這裡是紐約，我們住在五個行政區！」

「市長屈服於計程車業。」

「他應該知道多數紐約客歷經的困難，認清人們需要工作的事實！」

「市長競選時承諾提供工作機會。」

端出少數族群面孔，這是不難理解的手段：Uber 用隱含的種族訴求來重擊白思豪。現在已成為 Uber 董事會成員暨顧問的普魯夫努力宣傳這訊息，他現身電視上，和報紙編輯委員會見面，和一群非裔美國人社區領袖在哈林區著名的 Sylvia's 靈魂食物餐廳一起舉行記者會。

Uber 還使出高明的政治柔道，在它的應用程式中增加一個取名為「白思豪的 Uber」功能，向 200 萬名 Uber 紐約用戶展示一個反烏托邦未來——要等上二十五分鐘才召得到一部 Uber 車。這點子是 Uber 溝通團隊的資淺員工杜爾柯許（Kaitlin Durkosh）想出來的，給報導這些紛擾的媒體來點調劑，Uber 應用程式告訴其用戶：「若白思豪市長對 Uber 設限的法案通過，紐約市的 Uber 就會變成這個模樣，」然後請用戶寫電子郵件給市政府，讓市政府知道他們的不滿。

Lyft 說客的行動也很積極，但比較低調些。該公司的代表在那個月拜會市議員，動之以理，強調該公司的併車服務 Lyft Line 有助於紓解交通壅塞問題，但他們最具成效的論點是：凍結私雇車司機營業牌照核發數量，只會鞏固 Uber 的優勢。Lyft 的一位主管說，這論點引起市議員的共鳴，他說：「我們拜會的人，全都說：『聽著，我討厭那些 Uber 傢伙。他們最差勁，幫我想想看，如何可以只讓 Lyft 合法。』」

在 Uber 發動的戰爭中，白思豪的結局來得既快又羞辱。投票前一天，曾經為了特許學校和上層所得階級加稅議題，和白思豪公開槓上的紐約州州長古莫宣布，他反對這法案，還表示州方面可能干預。古莫說：「我認為政府不應該試圖做限制工作機會的事，」這話同樣把插入他的政敵身上的那把刀，再轉了一下。[28]

翌日中午，Uber 的公關主管阿勒葛瑞提接到電話，市長辦公室要找他談話。阿勒葛瑞提和 Uber 美國東區總經理霍爾、紐約市辦公室總經理莫勒以及 Uber 公關部領導人金茲（Justin Kintz）等人來到百老匯街 250 號的市政廳，和白思豪的政治主任、副市長以及其他官員會談。談話很簡短，市長打算暫停設限條款，等到交通壅塞研究報告出爐（後來出爐的該研究報告指出，導致曼哈頓下城交通堵塞的最主要原因是觀光、建設工程增加以及送貨卡車增加）。[29]

這是 Uber 又一次勝利，而且是大完勝。在不到一個月的時間內，該公司形成了一個難以做到的結盟，把紐約五個行政區的富有乘客和少數族裔司機結合起來。它證明，崔維斯法則在美國仍然可以奏效，只要人們喜愛 Uber，他們就會為它而戰，只要計程車業沒有多少朋友。後來在其他爆發共乘服務爭戰的美國城市，例如拉斯維加斯、奧斯汀、波特蘭、邁阿密等等，這項啟示也都派上用場。Uber 將在這些戰役中贏多輸少，證明它仍然有資本、政治人脈、為數眾多的狂熱顧客，還有趨向它這一邊的歷史軌跡。

不受控的文化 vs. 14 條核心價值觀

2015 年秋天，卡蘭尼克招待五千名 Uber 員工一趟四天的拉斯維加斯奢華之旅，費用全由公司買單。這有部分是全員會議，有部分是炫耀的慶祝……，到底慶祝什麼，不是很清楚，或者該公司根本不需要什麼慶祝的理由。但是，Uber 的公關團隊認知到，這趟奢華之旅可能令媒體及 Uber 司機觀感不佳，因此再三叮嚀參加者不得在社交媒體上張貼任何有關此行的東西。

該公司還製作了一個特別的標誌——一個方格中畫兩個 X，這是為了不讓旁觀者認出他們是哪一家公司。儘管如此，英國的《每日郵報》仍然報導了這活動，幾名 Uber 現任及前員工和我分享當時的情形。[30]

五千名員工，兩人一房，分住於拉斯維加斯大道上的五家酒店。早上舉行供給成長、事業發展等等主題的研討會，或是自由前往參觀當地的食物賑濟發放中心；下午，在華氏 90 度的沙漠熱浪下，員工待在酒店泳池飲酒作樂。晚上是晚餐及談話，包括一場由卡蘭尼克、媒體創業家哈芬頓以及一位未來的 Uber 董事會成員主持的問答會談，另一場問答會談則是由 Uber 投資人葛利和皮謝瓦主持。之後就是舞會，以及泳池旁狂歡，但顯然不是人人都喜歡這些，「我在那一刻認知到千禧世代公司是什麼模樣，」一名受不了公司內部節奏、在幾個月後辭職的員工說，「我已經三十五歲了，我不想再熬夜到凌晨三點，我覺得我老了。」

星期四晚上是這趟旅行的主活動，這場活動預示卡蘭尼克正努力把這家新創公司推進至成年期。員工坐滿好萊塢星球賭場飯店的圓形劇場，穿著一件實驗室白袍的卡蘭尼克站在舞台上長達兩個半小時，揭櫫公司的新文化價值觀。

文化價值觀可做為大公司的一個方向舵，用以校準成千上萬分散各地的員工，以一套嚴謹定義的理想來招募新員工。

Airbnb 在 2012 年時制定了它的六項核心價值觀（當個慇懃待客的主人等等），幫助該公司在面對意外危機與管制紛擾時，以更和善的態度來處理。Uber 在其早年歷史中略過了這一步，從該公司面對意外障礙時更魯莽、更挑釁的態度及手法，可以明顯看出這個缺陷。

卡蘭尼克把他這套新價值觀稱為「工作理念」，他說他花了幾百小時和同事研議，包括 Uber 的產品長荷頓在內。荷頓是前亞馬遜公司主管，是貝佐斯的門徒，因此 Uber 這套新價值觀當中，有許多類似於亞馬遜這個廣受敬佩的科技業巨人的信條，而且跟亞馬遜一樣，Uber 的價值觀也有十四項。卡蘭尼克在台上逐一討論這些價值觀（括弧裡的說明是我加上去的）：

· 顧客至上（以顧客的最佳利益為出發點）
· 製造奇蹟（尋求經得起時間考驗的突破）
· 大膽下注（冒險，為未來五到十年撒下種子）
· 由內而外（找出大眾認知與事實之間的落差）
· 致勝心態（盡全力克服逆境，把 Uber 帶到終點）
· 樂觀領導（能激勵他人）
· 超振奮（這是葛雷夫斯被卡蘭尼克取代執行長一職後，在推特上說的話；這世界是得以用熱忱解開的謎）
· 當個擁有者，而非承租者（真正的信仰者才能革命成功）
· 精英導向，不畏觸怒（最佳概念必定勝利，別為了團結而犧牲真理，勇於挑戰你的上司）
· 讓創造者創造（授權人們創造事物）
· 總是拚勁十足（工作得更好、更賣力、更聰敏，這三點缺一不可）
· 為城市喝采（我們所做的一切，都是為了使城市更進步美好）
· 做自己（人人都應該展現真我）
· 有原則的對抗（有時候，這世界及其制度必須改變，才能迎接未來）

卡蘭尼克用幾張投影片及一段影片來說明每一項價值觀，然後點名一位主管用一個故事或觀察來例示這項價值觀。Uber 歷史中的一些要角——葛雷夫斯、蓋特、霍爾、潘恩、荷頓，全都輪流上台，用麥克風分享他們個人和這家公司的故事。

「那是我在 Uber 最感動的時刻之一，」蓋特說，「你可以看出我們有多大，我們代表多少不同的國家和形形色色的人們，真了不起。」

結束後，員工排隊上巴士，被載到另一家夜總會，DJ 奇哥（Kygo）和庫塔（David Guetta）在台上表演。第二天晚上，幸運的 Uber 員工獲得 Uber 投資人巨星碧昂絲的私下表演招待。

降低費率，引發司機抗議

幾個月後的 2016 年 2 月 1 日，數百名 Uber 司機聚集於紐約長島市社區的 Uber 辦公室門前，抗議 UberX 最近一次的調降費率。Uber 近期在許多城市把費率降低 15%，部分是為了在每年冬天的淡季刺激需求，增加搭乘頻率，當然，無疑地也是為了進一步對其國內勁敵 Lyft 施加財務壓力。一張抗議牌上寫著：「逐底競爭，沒有贏家」，另一張：「把費率調回來，Uber 真無恥！」

令那天在皇后區抗議的 Uber 司機感到憤怒的是，他們現在的收入看起來比最低工資還糟，Uber 不斷提高抽佣比例，他們必須工作更長時數才維生。Uber 承諾，若司機收入低於一定水準，Uber 會支付一個最低時薪；但司機們說，該公司找一堆理由剝奪他們取得保證工資的資格。他們也抱怨，Uber 不同於 Lyft，堅持不允許乘客在應用程式上給他們小費。

一位來自巴基斯坦的司機默辛說：「在美國，沒人想工作更多卻賺得更少，這是現代版的奴隸，」他身上佩戴一個銀色徽章，他說那是鄂圖曼帝國的標誌。

另一位抗議司機安格爾四十歲，他說他預期他的收入將比去年少 20%，「我把你的年薪砍掉 1 萬美元，你會做何感想？」他說，「我們現在是做雙倍工作，錢卻賺得更少。」安格爾說，Uber 在紐約市的布告欄及巴士廣告上招攬新司機，市場已經過度飽和了，司機更難載到客人。

Uber 堅稱降低費率將對司機有益，並承諾若降低費率沒有帶來更多載客量及更好的收入，他們會調回原費率。但是，那些承諾似乎是空言，至少對發聲的皇后區 Uber 司機而言是如此。他們覺得無力、工作過量，甚至懷念起由政府訂定費率的傳統計程車業。

若說司機對 Uber 懷抱不切實際的期望，那至少有部分是 Uber 本身造成的。該公司提出的一個核心前提是，電子召車將解放司機，使他們擺脫計程車車行老闆的苛政及強制十二小時輪班制，卡蘭尼克經常說：「我們與乘客擊掌，但我們給司機擁抱。」該公司在 2014 年張貼的一篇部落格文章中聲稱，紐約市的 Uber 司機平均一年賺 90,766 美元，舊金山的 Uber 司機則是賺 74,191 美元。[31] 記者很容易就能揭穿這些數字的不實，調查顯示，這些是灌水數字，尤其是把商業保險和車子貸款納入計算後，假象就破滅了。[32]

Uber 稱其司機為小型企業業主、創業者，但誠如創業的車行業主多年前就已經認知到的，在堅決不使用中間商、由公司和司機建立直接關係的 Uber 平台上，不可能維持任何規模的業務。司機根本不是小型企業業主，他們最像是由一個遠方的主人隨興操控的計程車司機，這個主人的首要目標跟任何一家企業一樣：建立一個盡可能更大的事業。

從這點來看，Uber 是一種已經上演了數十年的美國商業趨勢的一份子：唯利是圖的公司把工作者歸類為兼職性質的工作承包者，而非公司的全職員工。自 1980 年代初期開始，為了繞過法定最低工資及其他對員工的保障與福利（正職員工報稅時使用 W-2 表格），很多企業把他們改為獨立的工作承包者類別（報稅時使用 1099 表格）。多年來，一再有勞工團體及律師，代表卡車司機、服務生、房屋清潔員、豔舞表演者甚至傳統計程車司機告上法院，要求索回受雇員的權益。這些官司大多敗訴，不敵深口袋的企業，而且 2011 年的一項法院判決准許公司強迫其員工簽署仲裁條款，防止他們採取集體訴訟。

Uber、Lyft 以及其他所謂的共享經濟型公司讓原告律師有一個受矚目的機會，可以再次主張工作者被剝奪了應得的保障權益。2013 年，波士頓的原告律師李斯賴爾登（Shannon Liss-Riordan）在加州及麻州對 Uber 及 Lyft 提起這類訴訟，她認為在這兩個州的法律之下，最有勝算。她過去曾經對聯邦快遞和幾家計程車公司提出四項類似控告，但大多敗訴。Uber 主張該公司促進一種全新的網際網路型隨選工作機會，李斯賴爾登不認同這種主張，「有彈性並不代表執行工作的人不應獲得受雇者的福利與保障，」她說，「這就是我們有這些法律的理由。」

Uber 及 Lyft 頑強地打這些官司，辯稱它們的絕大多數司機實際上並不認為他們是全職司機，他們想維持可以承接其他工作的獨立與自由。

這些官司引起媒體的廣泛注意，並形成一種不切實際的期望，認為這些官司可能會改變共享經濟的性質，破壞 Uber 的事業模式（這是不太可能發生的，因為集體訴訟並不會改變法律）。當李斯賴爾登在 2015 年 3 月贏得受到矚目的勝利時，這種認知更加深了，當時，兩州法官均裁定這些官司可以進入陪審團審判。

但一年後，巡迴上訴法庭第九庭同意聆聽 Uber 的主張——這起官司是不符資格的集體訴訟，違反司機與該公司簽署的仲裁協議。李斯賴爾登曾經因為這種上訴理由而輸了很多這類官司，她知道有麻煩了。因此她利用前面的勝利，和 Uber 及 Lyft 進行和解談判。Uber 同意對一萬名司機支付 1 億美元和解金，並制定新政策，例如當司機違反該公司規定而被禁止使用其應用程式時，將讓司機有辯解的機會，該公司將為這類決策建立一個申訴流程。但是，和解協議中列有條款，Uber 及 Lyft 司機仍然被歸類為獨立承包商，而非受雇員工。（譯註：李斯賴爾登

代表近40萬名司機提出集體訴訟，但這其中的絕大多數司機和公司簽約時也連帶簽署了仲裁條款，同意不參與集體訴訟）

卡蘭尼克在一篇標題為「成長與成熟」的部落格文章中宣布此和解協議，他寫道：「司機重視他們的獨立性，他們想要自由的按一個應用程式鍵，而非按鬧鐘，他們想同時使用 Uber 及 Lyft，想自由決定一週工作多天或僅工作幾小時。」他在文中承認，他的公司「並非總是在應對司機方面做得很好，」但他重申：「Uber 提供了一種新的工作方式：人們可以用一個按鍵，自由選擇他們想何時開始工作，何時停止工作。」

2016 年 8 月，這和解協議遭到一位聯邦法官駁回，他認為和解金不夠。照情勢看來，司機是否獲得合理待遇，或他們是否應該被視為公司員工，這個問題愈來愈不可能在法庭上獲得解決。

在芝加哥經濟境況較差的南區，Uber 夥伴支援中心位於一座用柵欄圍起的廢棄購物商場對街，一位前海軍陸戰隊隊員戴維斯（Robert Davis）在此中心工作，招攬新 Uber 司機，向那些對科技一竅不通的人解說如何使用 Uber 應用程式及智慧型手機。成長於附近奧本葛瑞斯罕社區（Auburn Gresham）的戴維斯說，Uber 為社區帶來工作與交通，這社區長久以來沒多少工作機會與交通服務。

他說，過去一年，他簽下的新 Uber 司機有單親媽媽、需要多賺點錢的大學生、想找點事打發時間的寡婦。為 Uber 開車對一些司機而言是主要工作，但對許多司機而言是次要工作，賺錢補貼他們生活中想做的事（事實上 Uber 說，60% 的 Uber 司機一週上路載客時間在 10 小時以下）。「我可以看出兩邊的情形，」戴維斯告訴我，「我不知道這為何會有爭議，在我看來，這似乎是針對 Uber。Uber 幫助那些需要多賺點錢的人。」

Uber 入股滴滴，退出中國市場

另一邊，大獨角獸在中國激烈對戰。Uber 一度擁有難以超越的優勢，它有技術更穩定、更好的應用程式；2015 年初，投資人對 Uber 的估值達到 420 億美元，約為滴滴當時估值的十倍。「在當時，我們感覺我們就像人民解放軍，只有最基礎的步槍，被飛機和飛彈轟炸，」程維說，「他們有非常先進的武器。」

程維讀過很多軍事史，尤其喜歡英勇對抗戰，例如二次大戰時的松山戰役，國民革命軍從山下挖地道至高地，圍攻入侵中國的日軍。Uber 主管在舊金山的「戰情室」召開作戰會議，程維每天早上和他的「狼圖騰」高級主管團隊開會，這名稱取自《狼圖騰》這本敘述文化大革命時期知青到內蒙古生活情形的著名小說，帶有積極進取的含義。狼圖騰團隊研究滴滴的每日營運績效，調整給予司機和乘客的補貼，程維經常警告員工：「若輸了，我們就沒命。」

2015 年 5 月，程維轉守為攻，滴滴說它將祭出 10 億人民幣補貼，但 Uber 也跟進。程維和他的顧問研商在自家國土上對抗美國公司的方法，他們認為 Uber 就像隻章魚，觸角延伸至世界各地，但它的身體在美國。滴滴最早的投資人暨董事會成員王剛在一次會議中建議：「直接刺向它的腹部」。

王剛說，滴滴謹慎思考進軍美國之計，但決定採取迂迴策略。2015 年 9 月，該公司對 Lyft 投資 1 億美元，並和 Lyft、印度當地共乘服務新創公司 Ola Cabs、東南亞地區共乘服務新創公司 Grab Taxi 等業者，建立共同對抗 Uber 共乘業務的同盟，這些公司一致同意分享技術，整合彼此的應用程式。王剛說，這策略的主要目的不是打擊 Uber，而是取得談判力量，「他們抓住我們的一把頭髮，我們揪住他們的鬍子，這麼做的真正目的不是要殺死對方，兩方都只是想贏得未來談判的力量。」

在對戰最熾熱時期，滴滴和 Uber 在中國戰場上各自一年燒錢超過 10 億美元，硬著頭皮賠錢，對司機和乘客給予補貼。如同卡蘭尼克所料，中國的共乘業務市場太龐大，Uber 載客量前十大城市當中有六個是中國城市，這種規模的補貼使得每家公司都迫切需要新資本。Uber 在 2016 年募集超過 40 億美元資金，其中包括一筆引發爭議的 35 億美元投資，來自一個令人意想不到的投資人——沙烏地阿拉伯的公共投資基金，這使 Uber 得以延後公開上市，並挹注資本給其中國分公司。

滴滴此時已經從滴滴快的改名為滴滴出行，堅決和 Uber 戰到底，在 2016 年集資 70 億美元，員工數增加到超過 5,000 人，其中有大約四分之一在北京中關村科技園區一棟五層樓預製建築裡工作。那年夏天，滴滴已經在中國取得 85% 的市場占有率，在四百個中國城市營運，Uber 只在一百個城市營運。Uber

的大型機構投資人很擔心，開始催促卡蘭尼克展開休戰談判。[33]

程維說，Uber 首先喊出休兵；Uber 的麥克則聲稱，來自沙烏地阿拉伯的投資迫使滴滴上談判桌，他說，這筆投資暗示，Uber 可以取得無窮盡的資本挹注。不論如何，雙方都認為該是止血、讓公司轉向賺錢並投資於未來技術（例如無人駕駛車）的時候了。「這就像軍備競賽，」程維說，「Uber 募集資金，我們也募集資金，但我心裡知道，應該把錢用在更有價值的領域。這是我們最終能夠和 Uber 攜手合作的原因。」

麥克和柳青用兩星期敲定交易條件，Uber 同意退出中國，把營運交給滴滴，換取對方 17% 股權，以及滴滴對 Uber 投資 10 億美元。此外，兩家公司各自在對方董事會取得觀察人席位。

麥克及柳青在北京一家飯店的酒吧和卡蘭尼克及程維會合，舉杯慶祝，喝的是高粱酒，席間兩位執行長相互推崇彼此歷經的艱辛。「我們是這個時代最瘋狂的公司，」程維說，「但我們內心是理智的，我們知道這是一場科技革命，我們看到的只是革命的最開端而已。」

在投資人會議室和戰場上辛苦奮戰，程維的頑強絲毫不亞於 Uber，這位中國的企業執行長擊退一個外國入侵者，以光榮的條件終結全球大獨角獸生死戰，使滴滴出行在新創業新貴行列中贏得一席之地。「程維是個強悍的競爭者，他具有優勢心態，」卡蘭尼克告訴我，這是他提倡的公司文化價值觀之一。

這是向來爭強好鬥的卡蘭尼克能夠給予一個勁敵的最高讚美了，但這背後隱藏了一個事實：他也完成了不小的成就。Uber

在中國花了超過 20 億美元，但它取得的滴滴持股及 10 億美元投資，現在價值約 72 億美元（至少帳面上是這個數字），這是很驚人的資本報酬率。Uber 及滴滴的投資人告訴我，以卡蘭尼克在 Uber 的持股來換算，他現在在滴滴的持股近乎等同於程維，因為不斷的合併與募集資本，程維在滴滴的個人持股已經被稀釋了。

Uber 的同事說，卡蘭尼克花了好幾個月才想通，同意在中國市場投降。在過去，他只知道一種營運模式——好勝進取；現在，跟他的公司一樣，卡蘭尼克也漸漸成熟，屈服於多變時代的教訓：務實戰勝使命的狂熱，選擇性的夥伴關係勝過單打獨鬥。無組織、分權化的計程車產業被征服，但新挑戰、新的危險競爭者總是不斷隱現於地平線的那一頭。歷經近乎衝突不止的八年洶湧，在完成滴滴交易後，這位舉世最富有、身價最高、最受矚目與審視的新貴，終於鬆開自己和同仁，迎向未來。

後記

Uber 與 Airbnb 如何因應未來挑戰

到了 2016 年年底時，Airbnb 和 Uber 看起來已不再像高瘦的青春期新創公司，它們各自有數千名員工，在世界各地有辦公室，有閱歷甚豐的主管。在許多城市，它們仍然面臨嚴重的管制障礙，但它們現在有政治大軍可供動員作戰，在此同時，它們也小心地為必將轟動的公開上市奠定基礎。

不過，評量一個創業家的真正標準，是看他是否善於辨識新機會，不意外地，2016 年秋天，切斯基和卡蘭尼克都談到了未來。

Airbnb 推出 Trips 服務

我在 10 月造訪 Airbnb 位於布蘭儂街的忙碌總部，一如往常，園丁搭著剪刀式升降機，正在照料中庭那三層樓高的綠牆。當時是午餐時間，公司餐廳裡擠滿員工，這餐廳是不久前移到一樓的，旁邊緊鄰一間高檔西班牙菜餐廳。我在樓上一間會議室和切斯基碰面，他穿著一件非洲色彩、上頭繡有 Belo 標誌的公司 T 恤，正在處理他已經忙了幾個月的一場說明會影片。

不論從哪方面來看，Airbnb 都是欣欣向榮。8 月時，該公司締造生意最旺的一晚，來自全球各地的訂房人數一晚達到 180 萬。現在，Airbnb 網站的即時訂房功能提供超過 100 萬個租屋或租房選擇，這數目大致相當於全球最大的連鎖旅館萬豪國際供應的房間數，訂房者再也不需要和房東進行來來回回的電子郵件通信。

切斯基準備把這一切孤注一擲於一個雄心更大的願景：Airbnb 不僅能夠仲介公寓及房屋短租，也可以為旅遊者仲介獨特的體驗。在公司內部的討論中，他把這項行動取名為「奇妙之旅」（Magical Trips），這是他的偶像迪士尼最喜愛的用語之一，九年前，正是迪士尼的傳記啟發切斯基離開洛杉磯，來到舊金山。現在，他準備在這年秋天於洛杉磯舉辦的年度房東大會 Airbnb Open 中推出這項新服務，正式名稱是 Airbnb Trips。

這項行動的重頭戲是完全改版 Airbnb 應用程式及網站，新網站上除了「房源」（Homes）這個類別，還要新增「體驗」（Experiences）和「攻略」（Places）兩個區塊。在「體驗」這個類別，旅遊者可以購買獨特的戶外活動，例如在佛羅倫斯覓松露，造訪哈瓦那的文藝地標。當地的創業者及名人將會自行規劃與帶領這類旅遊行程。這類戶外活動行程的平均價格約 200 美元，但切斯基向我展示一項由前日本相撲力士小錦八十吉

（Konishiki Yasokichi）規劃的800美元高級體驗行程，行程包括造訪相撲訓練場、和相撲力士共進一餐（食物的質量絕對驚人）、小錦八十吉的一場相撲比賽的貴賓座。

其他類別也是相同概念的變化。切斯基把「攻略」這個類別稱為：「我們版本的旅遊指南」，由房東和當地知名人士推薦當地最佳景點與活動。理想上，他們會提醒旅客別去乏味的觀光陷阱點，提點他們去看看當地的農夫市場、劇場演出、當地人喜愛的餐廳，參與附近的慈善活動。切斯基想像最終要讓旅客在Airbnb應用程式上進行餐廳訂位、訂票以及預訂種種交通工具，公司則從中抽取佣金。

這項新服務的背後有個概念：Airbnb可以幫助遊客避開擁擠的、人為的、膚淺的旅遊項目，把他們導向更廣泛的當地社區原真體驗。切斯基告訴我：「一位前羅馬市市長說，大眾旅遊是個問題，有太多人進入羅馬競技場，但這類古蹟根本無法容納這麼多人。」

切斯基認為，Airbnb Trips的規劃行程與背書有助於分散大城市的遊客，引導他們去原本不可能造訪的地方。「多數人不會到Airbnb平台上說：『嘿，我想去底特律市度假，』但我們認為那裡有非常多有趣的文化，這個城市其實可能是個很棒的旅遊地點，而且花費遠遠更低，」他說。

切斯基說，Airbnb的願景一向都是在房東與房客之間建立特別的關係，或者如他所言，提供「一種人對人的文化與外交」。他認為Airbnb Trips將為旅客提供另一條和當地人交流的途徑，並非只和他們的房東，還包括當地的創業者、手藝工匠、當地居民。

當然，這也是一門好生意，可以向 Airbnb 的大量顧客群銷售其他的產品與服務，在以往，這就叫做「向上銷售」（upselling）。但是，一如既往，切斯基用崇高使命辭彙來架構這項新服務。在我們的談話中，他以愈來愈誇大之詞描述 Airbnb Trips——每天可以在陌生人之間產生數百萬個新友誼；為城市增添活力，提振手藝匠人及創業者的微型經濟；甚至可以在機器人取代所有工作之後，為人們提供有意義的新工作。

「好消息是，我不認為我們會有如魔法施威般地，突然間生活於人類史上第一個你跑遍地球都找不到工作可做的時代。我是個樂觀的人，我認為有很多事是人可以做的，但我想，簡單說吧，人將會做只有人能做的事。只有人能開車嗎？我不知道。但只有人能夠以主人身分接待他人，只有人能夠提供關心照料。若你想要手工製的東西，只有人能夠做這東西。」

他甚至以宏偉之詞來描繪 Trips 對 Airbnb 本身的效益，他說這項新服務可以為這個愈來愈專業的八歲公司，注入其創辦人多年前在勞許街公寓時具有的創業活力。他還把 Trips 之於 Airbnb 的重要，比擬為亞馬遜在 1990 年代末期從只賣書轉變為也賣其他產品，以及蘋果在 2007 年首度推出 iPhone，顛覆手機產業，「我想對旅遊業做猶如蘋果對手機業做的事，」他說。

切斯基的 Trips 說明會歷時一小時，一如既往，它把瑟夫以及 2007 年時 Airbnb 的其他最早房客也編進去了；而且一如既往，他還是夾雜著崇高浮誇之詞。但我必須承認，這也是一個誘人的願景：實在的生活於一個城市，而非只是去造訪、觀光，這很有趣；在日本和一位相撲力士共進晚餐，聽起來很美味。

卡蘭尼克：進步終會找到它的路

幾星期後，Uber 在中國的戰役終於結束，我去該公司舊金山總部造訪卡蘭尼克，這是為撰寫本書的最後一次訪談。不同於切斯基，他沒推銷任何東西，但 Uber 也同樣在積極重新思考它的未來。卡蘭尼克以他慣常的敏感自衛態度，回答我的最後一輪提問。

可談的東西很多。Uber 現在有將近一萬名員工，半數在舊金山，該公司即將在舊金山米慎灣區破土興建一座有兩棟建築的新園區，也已經在海灣另一邊的奧克蘭市買下有九十年歷史的西爾斯大樓，坐落於重建復甦中的北商業區。

我先詢問卡蘭尼克有關中國及大獨角獸生死戰，他說當這場戰爭顯然可能無止境進行下去時，他同意出售他的業務。「我們可以一直鬥下去，兩邊可以繼續對戰，只是時間問題罷了，」他說，「對我們來說，共乘服務事業之戰將是全球性的，我們的中國競爭者獲得美國科技業的資金，中國的主權財富資金流入我們的全球競爭對手。所以情勢看起來，我們必須合作，這麼做明智多了。」

但我很好奇，以往美國網際網路公司進軍那個國家的結局那麼糟，他為何還會在中國下那麼大的賭注？

「那就像個浪漫的念頭，」卡蘭尼克回想，「我們想參與這些地方並學習，也試試我們是否能夠做些有趣、漂亮的事，我不想錯過這樣的學習與經驗。還有，這麼做也有經濟和商業理由。競爭能使你變得更強壯，因為這意謂著你將對乘客及司機提供更好的服務。身為創業者，你會想看看你打造的東西是不是可行。有時候，直接收購一個競爭者，那真的很容易，但我們不想這麼做。」

Uber 在過去兩年募集了超過 100 億美元的資金，這對任何一家公司來說都是非常龐大的金額，更遑論一家未上市的新創公司。卡蘭尼克對此做何解釋呢？

「不這麼做，將對策略不利，尤其是當你正在全球擴張營運時，」他說。他指出，其他競爭者如滴滴和 Lyft 也利用狂熱的資本環境來募集資金，以支應它們的作戰費用。他說：「並不是我偏好這樣建立一家公司，但當可以取得資金時，必須這麼做。」

Uber 何時可以賺錢？「我們在一些城市已經賺錢多年。我們募集了很多錢，投資於我們的營運，我們也可以停止投資，那樣就能賺錢，」他說。我指出，現在仍然有人懷疑共乘服務公司的經濟模式是撐不下去的，都是靠創投資本在支撐著。

「那請問，我們 2 月時在美國是怎麼賺錢的？可能 3 月也賺錢，我不清楚，」他說，「這兩者怎麼可能同時成立呢？」

接著，他談到 Lyft，據報導，Lyft 在美國幾個大城市使用進取的補貼策略，試圖搶奪 Uber 的市場占有率。「我們不會盲目地跟著他們跳進湖裡，但我們總得拿出個應戰方法，」卡蘭尼克說，「當你的競爭者在非週末打六折、五折時，你不能坐視不理。」

我問，當 Lyft 同樣也得進入能賺錢的營運模式時呢？卡蘭尼克說，他迫切期待那個時候的到來，「所有企業都必須有節制、有條理，以可長可久的方式營運，這是身為創業者的我的 DNA，所以，我也想回到我的快樂園地……，那是我身為創業者的甜蜜點。」

我改變話題。叫車共享業務在歐洲沒指望了嗎？

卡蘭尼克不這麼認為。「進步終究會找到它的路，」他說，「尤其當理想境界和現況差距那麼大、那麼明顯。我們的確遭遇問題與摩擦，也還未進入一些地方，例如日本、南韓或德國，但那意謂車輛共享在那些地方永遠行不通嗎？不，一定會實現。我最近去了德國，在德國，最需要的就是耐心。」

Uber 司機持續在法庭上對該公司提出他們的抗爭，在西雅圖他們甚至贏得組織工會的權利。Uber 是否合理對待司機呢？

對於這個提問，卡蘭尼克稍稍含糊其詞。他不再聲稱當 Uber 降低費率時，司機的收入可以提高，只說他們的收入仍然穩定。但他似乎仍然真心把司機視為 Uber 的顧客，「我會說，最重要的是，我們必須盡一切方法證明司機的收入是穩定的，」他說，「Uber 必須設法消除可能存在於這平台上的工作壓力與焦慮。」

最後，我問：Uber 的未來是什麼？有多少可能的未來是我們已經看到的？

卡蘭尼克一開始說，以「對數的時間平方」，Uber 離它的目標只走了半途。說這話的人是格蘭納達丘高中的數學技客，我不了解他用的那個數學術語。但他進一步說：「人們將面臨的東西還沒到來呢，我們的城市將承受的那種影響，有 95% 或 98% 都還未發生。要是我說，五年內，美國任何大城市都將不再有交通壅塞問題呢？」

「那可不容易實現哦，」我說。

「會實現，我認為可能實現，我們才剛剛開始，但想想那種情境，那將不得了。」

「能實現那種情境，是因為 UberPool 和 Lyft Line 之類的共乘服務，或是無人駕駛車嗎？」我問。幾星期前，Uber 開始在匹茲堡的街道上測試採用自動駕駛技術的十四輛福特 Fusion 車款，最近也宣布和富豪汽車公司（Volvo）合作發展無人駕駛車技術，並且買下由前谷歌工程師研發無人駕駛卡車的舊金山新創公司 Otto。[1]

「不論是人駕駛的運輸工具、共乘、共乘通勤、無人駕駛車，這些全都會發生，」卡蘭尼克說，「這類車子將會上路，它們將遠遠更有效率，更安全，也將占用更少的空間，我們的城市將交還給我們，我們的時代將交還到我們手上，我們的城市體驗將會非常、非常不同。我們才剛起步而已。」

如何從成長到成熟

卡蘭尼克和切斯基，這兩人都做出了重大許諾：要消除交通壅塞，改善城市的宜居性，帶給人們更多時間和更原真的體驗。若這些承諾都得以實現，那麼，他們的旅程中發生的不幸與錯誤將會是值得的，甚至他們的破壞所造成的巨大代價也將會是值得的。

若他們的崇高目標未能實現呢？抑或，若激烈的競爭把他們推向更無節制、不惜一切代價求勝的心態呢？那麼，Uber 和 Airbnb 便坐實了外界對它們的最嚴厲的批評——它們只是在使用科技和聰明的事業計畫來取代一些大公司，並在過程中搜刮驚人的財富。

我個人比較樂觀看待，我相信新創公司的力量與潛力，也經常欽佩它們的執行長有謀略，有調適力。但這也取決於我們是否要讓他們實踐承諾。他們是二十一世紀的新建築師，影響力不亞於政治領袖，他們現在完全投入於一個他們不時激烈爭戰而建立起來的事業。

八年前，他們參加歐巴馬的就職大典，見證一個新時代的到來，在當時，他們的事業構想並不是全新的發明，但他們把這些事業概念發展到近乎完美，憑藉聰敏、剛毅、堅強的意志力，他們贏得龐大的使用者社群，說服至少一些政府讓出路來。現在，這些新創公司有機會做出更顯著的影響。

但首先，冬天來臨，伴隨而來的是挑戰，以及一位新美國總統上任後帶來的許多不確定性。從現在起，他們將永遠記得要攜帶保暖的外套。

誌謝

撰寫一家快速成長、充滿祕辛的科技巨擘，就已經夠困難了，更何況是兩家這樣的公司，而且它們腳下的競技場天天持續變動中，要把它們的故事編織起來，艱辛無比。

所以，我非常感謝從本書構思到完成期間支持我的編輯、同仁及家人。我的經紀人 Pilar Queen 是無比珍貴的顧問，不僅提出實用的建議，也一再撫平我的焦慮。在 Little, Brown 出版公司方面，我的編輯 John Parsley 自始至終都相信這本書，並在每個環節提供有見地、明智的意見。我還要感謝該出版公司的執行長 Michael Pietsch，以及 Reagan Arthur、Nicole Dewey、Tracy Williams、Michael Noon、Lauren Harms、Gabriella Mongelli 等人力挺本書歷經構思過程，感謝 Tracy Roe 對本書的原稿做出優秀的編輯。我也要特別感謝 Transworld Publishers 的 Doug Young 在英國大力支持本書。

感謝 Airbnb、Uber 及 Lyft 這三家公司裡每一個重視此書的人，他們相信深入檢視矽谷歷史中的一個重要時代，是件有意義的事。在 Uber 方面，感謝卡蘭尼克和他的主管們，以及 Jill Hazelbaker、David Plouffe、Nairi Hourdajian。在 Airbnb 方面，感謝切斯基、傑比亞、布雷卡齊克、薔荎以及他們的團隊，以及 Kim Rubey、Maggie Carr、Mojgan Khalili。在 Lyft 方面，感謝 Brandon McCormick 無比耐心地回答我的詢問，也感謝季默和葛林慷慨撥冗分享他們的回憶。

感謝 Gina Bianchini、Mark Casey、Margit Wennmachers、Robin Chan,、Hans Tung、Paul Kranhold、Om Malik，這些矽谷人士提供我寶貴洞察與意見。我也感謝 Anne Kornblut、Michael Jordan，以及 Ethan Watters 等人的指導及友誼。

彭博新聞社 John Micklethwait、Reto Gregori、Ellen Pollock、Brad Wieners、Jared Sandberg、Kristin Powers，他們提供一個致力於各種新聞工作形式的專業環境，能夠在擁有新聞業界最佳技術團隊的彭博公司工作，我感到非常幸運。Tom Giles、Jillian Ward、Peter Elstrom、Nate Lanxon、Aki Ito、Emily Biuso、Alistair Barr，他們是很棒的同事，當我被追查隱晦真相、苦思字句連貫條理的工作纏身時，他們總是為我的正職工作提供支援。Eric Newcomer、Ellen Huet、Mark Milian、Jim Aley、Max Chafkin 等人閱讀本書原稿，提供寶貴意見。Lulu Chen 協助提供有關於滴滴出行公司的報導，我在應付述說此故事的挑戰時，我善體人意的好友 Emily Chang 提供我支柱。每當我需要找到我的立足點與新視角時，我的長期同事兼死黨 Ashlee Vance 總是給予我鼓舞，提供必要的支持。

感謝 Nick Sanchez 提供出色的研究協助，他的努力使我得以寫出本書中的一些重要情節（當然，如有錯誤，責任在我）。Diana Suryakusuma 在照片方面提供協助，並回答電話——縱使當時她在世界另一頭工作。

在本書撰寫期間，我的家人給予我無比的耐心與體諒，Carol Glick、Robert Stone、Luanne Stone、Bernice Yaspan、Brian Stone、Eric Stone 以及 Becca Stone，他們現在已經很善於應付一個只顧專注於自己工作的作家了。Harper Fox、Maté Schissler、Andrew Iorgulescu、Essence Kelley 以及 David Lewis，他們非常親切熱情，儘管我們支持的棒球隊不同。

本書撰寫期間，女兒 Isabella Stone 和 Calista Stone 雖偶爾對老爸的心不在焉感到無奈而嘆息，但仍然給予我很多的鼓勵與體諒。

最後，對我的太太 Tiffany Fox 致上無限的感激，沒有她的愛與無限支持，我無法完成此書。

注釋

除非特別註明，本書中引述的內容係作者親自訪談所得。

前言

1 "Extreme Inaugural Experiences," *Good Morning America*, aired January 20, 2009.

2 "Real Time Net Worth," *Forbes*, May 24, 2016, http://www.forbes.com/profile/brian-chesky/; http://www.forbes.com/profile/joe-gebbia/.

第 1 章

1 YouTube video, September 20, 2012, https://youtu.be/jpxInV9es6M.

2 Nathaniel Mott, "Watch Our *PandoMonthly* Interview with Airbnb's Brian Chesky," *Pando*, January 11, 2013, https://pando.com/2013/01/11/watch-our-pandomonthly-interview-with-airbnbs-brian-chesky/.

3 同上。

4 Episode 109, *American Inventor*, ABC, aired May 4, 2006.

5 Brian Chesky, "View Work by Brian Chesky at Coroflot.com," Coroflot, July 16, 2006, http://www.coroflot.com/brianchesky/view-work.

6 Squirrelbait, "AirBed & Breakfast for Connecting '07," Core77, October 10, 2007, http://www.core77.com/posts/7715/airbed-breakfast-for-connecting-07-7715.

7 Mott, "Watch Our *PandoMonthly* Interview."

8 "Greg McAdoo, Partner at Sequoia Capital, at Startup School '08," YouTube, January 29, 2009, https://www.youtube.com/watch?v=fZ5F2KhMLiE.

9 Brian Chesky, "7 Rejections," *Pulse*, July 13, 2015, https://www.linkedin.com/pulse/7-rejections-brian-chesky.

10 Erick Schonfeld, "AirBed and Breakfast Takes Pad Crashing to a Whole New Level," *TechCrunch*, August 11, 2008, http://techcrunch.com/2008/08/11/airbed-and-breakfast-takes-pad-crashing-to-a-whole-new-level/.

11 Fred Wilson, "Airbnb," *AVC*, March 16, 2011, http://avc.com/2011/03/airbnb/.

12 Paige Craig, "Airbnb, My $1 Billion Lesson," *Arena Ventures*, July 22, 2015. 克雷格在這篇部落格文章中指出，Airbnb 入選 Y Combinator 的育成計畫，摧毀了他投資入股 Airbnb 的交易，但 Airbnb 是在當年 12 月進入育成計畫的，時間點和克雷格所言不太吻合。
參見 https://arenavc.com/2015/07/airbnb-my-1- billion- lesson/.

13 Matthew Bandyk, "Republican and Democratic Conventions Still Have Room," *U.S. News and World Report*, August 20, 2008.

14 Lori Rackl, "Airbed & Breakfast, Anyone? New Web Site an Alternative to Pricey, Scarce Hotel Rooms," *Chicago Sun-Times*, August 27, 2008.

15 "Obama O's," Drunkily's Channel, YouTube video, January 12, 2012, https://youtu.be/OQTWimfGfV8.

16 Mott, "Watch Our *PandoMonthly* Interview."

第 2 章

1 "Uber Happy Hour," Vimeo, February 2, 2011, https://vimeo.com/19508742.

2 M. G. Siegler, "StumbleUpon Beats Skype in Escaping eBay's Clutches," *TechCrunch*, April 13, 2009, http://techcrunch.com/2009/04/13/ebay-unacquires-stumbleupon/.

3 "Travis Kalanick, Uber and Loic Le Meur, Co-Founder, LeWeb," YouTube video, December 13, 2013, https://youtu.be/vnkvNQ2V6Og.

4 Siegler, "StumbleUpon Beats Skype."

5 Erin Biba, "Inside the GPS Revolution: 10 Applications That Make the Most of Location," Wired.com, January 19, 2009, http://www.wired.com/2009/01/lp-10coolapps/.

6 "Fireside Chat with Travis Kalanick and Marc Benioff," September 17, 2015, https://www.youtube.com/watch?v=Zt8L8WSSr1g.

7 David Cohen, "The Pony's Lucky Horseshoe," *Hi, I'm David G. Cohen*, July 14, 2014, http://davidgcohen.com/2014/07/14/the-ponys-lucky- horseshoe/.

8 Leena Rao, "UberCab Takes the Hassle Out of Booking a Car Service," *TechCrunch*, July 5, 2010, http://techcrunch.com/2010/07/05/ubercab-takes-the-hassle-out-of-booking-a-car-service/.

第 3 章

1 Jason Kincaid, "Taxi Magic: Hail a Cab from Your iPhone at the Push of a Button," *TechCrunch*, December 16, 2008.

2 Carolyn Said, "DeSoto, S.F.'s Oldest Taxi Firm, Rebrands Itself as Flywheel," *SFGate*, February 19, 2015, http://www.sfgate.com/business/article/DeSoto-S-F-s-oldest-taxi-firm-rebrands-6087480.php.

3 "Why Couchsurfing Founder Casey Fenton Is Unfazed by Competitors like Airbnb," *Mixergy*, March 30, 2015, https://mixergy.com/interviews/casey-fenton-couchsurfing/.

4 Ryan Lawler, " Lyft- Off: Zimride's Long Road to Overnight Success," *TechCrunch*, August 29, 2014, http://techcrunch.com/2014/08/29/6000-words-about-a-pink-mustache/.

5 " Cross- Country Carpool," *ABC News*, July 29, 2008, http://abcnews.go.com/video/embed?id=5456748.

第 4 章

1 Nathaniel Mott, "Watch Our *PandoMonthly* Interview with Airbnb's Brian Chesky," *Pando*, January 11, 2013, https://pando.com/2013/01/11/watch-our-pandomonthly-interview-with-airbnbs-brian- chesky/.

2 "Reid Hoffman and Brian Chesky （11/2/11）," YouTube video, November 15, 2011, https://youtu.be/dPp9zc6SIHY.

3 同（註 2）。

4 同（註 2）。

5 "Data-Miners. net—Nathan Blecharczyk," Spamhaus, http://archive.org/web/20030512215519/http://www.spamhaus.org/rokso/spammers.lasso?- database=spammers.db&- layout=detail&- response=roksodetail.lasso&recno=2259&- clientusername=guest&- clientpassword=guest&- search.

6 Aaron Greenspan, "The Harvard People I Know Who Are Breaking the Law （Again）," October 26, 2011, https://thinkcomp.quora.com/ The-Harvard-People-I-Know-Who-Are-Breaking-The-Law-Again.

7 "ComScore Media Metrix Ranks Top 50 U.S. Web Properties for October 2009," ComScore, November 19, 2009.

8 Dave Gooden, "How Airbnb Became a Billion- Dollar Company," May 31, 2011, http://davegooden.com/2011/05/how-airbnb-became-a-billion-dollar-company/.

9 Ryan Tate, "Did Airbnb Scam Its Way to $1 Billion?," *Gawker*, May 31, 2011, http://gawker.com/5807189/did-airbnb-scam-its-way-to-1-billion.

10 Andrew Chen, "Growth Hacker Is the New VP Marketing," http://andrewchen.co/how-to-be-a-growth-hacker-an-airbnbcraigslist-case-study/.

11 "Airbnb Announces New Product Advancements and $7.2M in Series A Funding to Accelerate Global Growth," *Marketwired*, November 11, 2010, http://www.marketwired.com/ press- release/ Airbnb- Announces- New- Product-Advancements-72M-Series-A-Funding-Accelerate-Global-Growth-1351692.htm.

12 "Reid Hoffman and Brian Chesky," YouTube video.

13 Brad Stone, "The New Andreessen," Bloomberg.com, November 3, 2010, http://www.bloomberg.com/news/articles/2010-11-03/the-new-new-and-reessen.

第5章

1 Ilene Lelchuk, "Probe Clears 2 S.F. Elections Officials; Case Against 3rd Remains Unclear," *SFGate*, December 12, 2001, http://www.sfgate.com/politics/article/Probe-clears-2-S-F-elections-officials-Case-2841381.php.

2 Andy Kessler, "Travis Kalanick: The Transportation Trustbuster," *Wall Street Journal*, January 25, 2013, http://www.wsj.com/articles/SB1000142412788732 4235104578244231122376480.

3 "Disrupt Backstage: Travis Kalanick," YouTube video.

4 "Travis Kalanick Startup Lessons from the Jam Pad — Tech Cocktail Startup Mixology," YouTube video, May 5, 2011, https://youtu.be/VMvdvP02f-Y.

5 Max Chafkin, "What Makes Uber Run," *Fast Company*, September 8, 2015,http://www.fastcompany.com/3050250/what-makes-uber-run.

6 同（註5）。

7 "Travis Kalanick Startup Lessons from the Jam Pad."

8 "Travis Kalanick of Uber," *This Week in Startups*, YouTube video, August 16, 2011, https://youtu.be/550X5OZVk7Y.

9 "Power Tools," *Time*, April 24, 2014, http://time.com/72206/time-100-objects-that-inspire-influencers/.

10 Karen Kaplan, "Ovitz Team Invests in Multimedia Search Engine," *Los Angeles Times*, June 10, 1999, http://articles.latimes.com/1999/jun/10/business/fi-46036.

11 Bruce Orwall, "Ovitz, Yucaipa Buy Majority Stake in Entertainment Search Engine," *Wall Street Journal*, June 10, 1999, http://www.wsj.com/articles/SB928970934179363266.

12 同註11。

13 Marc Graser and Justin Oppelaar, "Scour Power Turns H'wood Dour," *Variety*, June 24, 2000.

14 "Travis Kalanick of Uber," *This Week in Startups*.

15 Karen Kaplan and P. J. Huffstutter, "Multimedia Firm Scour Lays Off 52 of Its 70 Workers," *Los Angeles Times*, September 2, 2000, http://articles.latimes.com/2000/sep/02/business/fi-14350.

16 Clare Saliba, "Scour Assets Sell for $9M," *E-Commerce Times*, December 13, 2000, http://www.ecommercetimes.com/story/6043.html.

17 "FailCon 2011 — Uber Case Study," YouTube video, November 3, 2011, https://youtu.be/2QrX5jsiico.

18 同註 17。

19 同註 17。

20 Travis Kalanick, interview by Ashlee Vance, September 30, 2011.

21 "FailCon 2011 — Uber Case Study," YouTube video.

22 同註 21。

23 Michael Arrington, "Payday for Red Swoosh: $15 Million from Akamai," *TechCrunch*, April 12, 2007, http://techcrunch.com/2007/04/12/payday-for-red-swoosh-15-million-from-akamai/.

24 本書作者訪談卡蘭尼克，以及http://fortune.com/2013/09/19/travis-kalanick-founder-of-uber-is-silicon-valleys-rebel-hero/.

25 "Travis Kalanick Startup Lessons from the Jam Pad," YouTube video.

26 同註 25。

27 "Travis Kalanick of Uber," *This Week in Startups*.

28 Ryan Graves, "1+1=3," Uber.com, December 22, 2010, https://newsroom.uber.com/1-1-3/.

第 6 章

1 Aileen Lee, "Welcome to the Unicorn Club: Learning from Billion-Dollar Startups," *TechCrunch*, November 2, 2013, https://techcrunch.com/2013/11/02/welcome-to-the-unicorn-club/.

2 Glenn Peoples, "Spotify Raises $100 Million, but Remains Stuck at $1 Billion Valuation," *Billboard*, June 17, 2011, http://www.billboard.com/biz/articles/news/1177428/spotify-raises-100-million-but-remains-stuck-at-1-billion-valuation; Geoffrey Fowler, "Airbnb Is Latest Start-Up to Secure $1 Billion Valuation," *Wall Street Journal*, July 26, 2011, http://www.wsj.com/ articles/SB10001424053111904772304576468183971793712.

3 Eric Mack, "Plane-in-a-Tree Is the Perfect Getaway for Airbnb," CNET.com,

August 1, 2011, http://www.cnet.com/news/plane- in- a- tree-is-the-perfect-getaway-for-airbnb/.

4 "How Airbnb and Uber Disrupt Offline Business," *TechCrunch*, December 28, 2011, http://techcrunch.com/video/ how-airbnb- and-uber- disrupt- offline-business/517158889/.

5 Sarah Lacy, "Airbnb Has Arrived: Raising Mega- Round at a $1 Billion+ Valuation," *TechCrunch*, May 30, 2011, http://techcrunch.com/2011/05/30/airbnb-has- arrived- raising- mega- round- at-a-1- billion-valuation/.

6 Steve O'Hear, "9flats, the European Airbnb, Secures 'Major Investment' from Silicon Valley's Redpoint," *TechCrunch*, May 17, 2011, http://techcrunch.com/2011/05/17/ 9flats-the-european-airbnb- secures- major- investment- from-silicon-valleys- redpoint-2/.

7 "Attack of the Clones," *Economist*, August 6, 2011, http://www.economist.com/node/21525394.

8 Mike Butcher, "In Confidential Email Samwer Describes Online Furniture Strategy as a 'Blitzkrieg,' " *TechCrunch*, December 22, 2011, http://techcrunch.com/2011/12/22/in-confidential-email-samwer-describes-online-furniture-strategy-as-a-blitzkrieg/.

9 Caroline Winter, "How Three Germans Are Cloning the Web," *Bloomberg*, February 29, 2012, http://www.bloomberg.com/news/articles/2012-02-29/how-three-germans-are-cloning-the-web.

10 Robin Wauters, "Investors Pump $90 Million into Airbnb Clone Wimdu," *TechCrunch*, June 14, 2011, http://techcrunch.com/2011/06/14/investors-pump-90-million-into-airbnb-clone-wimdu/.

11 EJ, "Violated: A Traveler's Lost Faith, a Difficult Lesson Learned," *Around the World and Back Again*, June 29, 2011, http://ejroundtheworld.blogspot.com/2011/06/ violated- travelers- lost- faith- difficult.html.

12 同註 11。

13 Foxit, "Violated: A Traveler's Lost Faith, a Difficult Lesson Learned," Hacker News, https://news.ycombinator.com/item?id=2811080.

14 Michael Arrington, "The Moment of Truth for Airbnb As User's Home Is Utterly Trashed," *TechCrunch*, July 27, 2011, http://techcrunch.com/2011/07/27/ the-moment-of-truth-for-airbnb-as-users-home-is-utterly-trashed/.

15 EJ, "Airbnb Nightmare: No End in Sight," *Around the World and Back Again*, July 28, 2011, http://ejroundtheworld.blogspot.com/2011/07/ airbnb-nightmare-

no-end-in-sight.html.

16 同註 15。

17 Drew Olanoff, "Airbnb Ups Its Host Guarantee to a Million Dollars," *Next Web*, May 22, 2012, http://thenextcom/insider/2012/05/22/ airbnb- partners- with-lloyds-of- london- for-the-new- million- dollar- host- guarantee/.

18 Brian Chesky, "Our Commitment to Trust & Safety," Airbnb, August 1, 2011, http://blog.airbnb.com/our-commitment-to-trust-and-safety/.

19 James Temple, "Airbnb Victim Describes Crime and Aftermath," *SFGate*, July 30, 2011, http://www.sfgate.com/business/article/Airbnb-victim-describes-crime-and-aftermath-2352693.php.

20 Claire Cain Miller, "In Silicon Valley, the Night Is Still Young," *New York Times*, August 20, 2011, http://www.nytimes.com/2011/08/21/technology/ silicon-valley-booms-but- worries- about-a- new- bust.html.

21 Jim Wilson, "Good Times in Silicon Valley, for Now," *New York Times*, August 13, 2011, http://www.nytimes.com/slideshow/2011/08/13/technology /20110821-VALLEY-5.html; Geoffrey Fowler, "The Perk Bubble Is Growing as Tech Booms Again," *Wall Street Journal*, July 6, 2011, http://www.wsj.com/articles/SB10001424052702303763404576419803997423690.

22 Robin Wauters, "Airbnb Buys German Clone Accoleo, Opens First European Office in Hamburg," *TechCrunch*, June 1, 2011, http://techcrunch.com/2011/06/01/airbnb-buys-german-clone-accoleo-opens-first-european-office-in-hamburg/.

23 Colleen Taylor, "Airbnb Hits Hockey Stick Growth: 10 Million Nights Booked, 200K Active Properties," *TechCrunch*, June 19, 2012, http://techcrunch.com/2012/06/19/airbnb-10-million-bookings-global/.

第 7 章

1 Erick Schonfeld, "I Just Rode in an Uber Car in New York City, and You Can Too," *TechCrunch*, April 6, 2011, http://techcrunch.com/2011/04/06/i-just-rode-in-an-uber-car-in-new-york-city-and-you-can-too/.

2 Andrew J. Hawkins, "Uber Doubles Number of Drivers — Just as De Blasio Feared," *Crain's New York Business*, October 6, 2015, http://www.crainsnewyork.com/article/20151006/BLOGS04/151009912/uber-doubles-number-of-drivers-just-as-de-blasio-feared.

3 Nitasha Tiku, "Exclusive: Shake Up and Resignations at Uber's New York Office,

CEO Travis Kalanick Explains," *Observer*, September 20, 2011, http://observer.com/2011/09/exclusive-shake-up-and-resignations-at-ubers-new-york-office-ceo-travis-kalanick-explains/.

4 Full disclosure: Bloomberg is my employer!

5 "Travis Kalanick of Uber," *This Week in Startups*, YouTube video, August 16, 2011, https://youtu.be/550X5OZVk7Y.

6 "Halloween Surge Pricing: Get an Uber at the Witching Hour," Uber, October 26, 2011, https://newsroom.uber.com/halloween-surge-pricing-get-an-uber-at-the-witching- hour/.

7 Aubrey Sabala, "While I'm Glad I'm Home Safely," Twitter, January 1, 2012, https://twitter.com/aubs/status/153532514122743808.

8 Travis Kalanick, "@kavla Price Is Right There Before You Request," Twitter, January 2, 2012, https://twitter.com/travisk/status/154069401488982017.

9 Travis Kalanick, "@dandarcy the Sticker Shock Is Rough," Twitter, January 1, 2012, https://twitter.com/travisk/status/153562288023023617.

10 Nick Bilton, "Disruptions: Taxi Supply and Demand, Priced by the Mile," *Bits Blog*, New York Times, January 8, 2012, http://bits.blogs.nytimes.com/2012/01/08/disruptions-taxi-supply-and-demand-priced-by-the- mile/?_r=0.

11 Bill Gurley, "A Deeper Look at Uber's Dynamic Pricing Model," *Above the Crowd*, March 11, 2014, http://abovethecrowd.com/2014/03/11/a-deeper-look-at-ubers-dynamic-pricing-model/.

12 Kara Swisher, "Man and Uber Man," *Vanity Fair*, December 2014, http://www.vanityfair.com/news/2014/12/uber-travis-kalanick-controversy.

13 Alex Konrad, "How Super Angel Chris Sacca Made Billions, Burned Bridges and Crafted the Best Seed Portfolio Ever," *Forbes*, March 25, 2015, http://www.forbes.com/sites/alexkonrad/2015/03/25/how-venture-cowboy-chris-sacca-made-billions/#5d29290bfa8c.

第8章

1 Benjamin R. Freed, "Uber Is Hacking into Washington's Taxi Industry, Linton Says," *DCist*, January 11, 2012, http://dcist.com/2012/01/uber_is_hacking_into_washingtons_ta.php.

2 "D.C. Regulations on Limousine Operators," Scribd, https://www.scribd.com/doc/77931261/D-C-Regulations-on-Limousine-Operators.

3 Mike DeBonis, "Uber Car Impounded, Driver Ticketed in City Sting,"

Washington Post, January 13, 2012, https://www.washingtonpost.com/blogs/mike-debonis/post/uber-car-impounded-driver-ticketed-in-city-sting/2012/01/13/gIQA4Py3vP_blog.html.

4 Ryan Graves, "An Uber Surprise in DC," Uber, January 13, 2012, https://newsroom.uber.com/us-dc/an-uber-surprise-in-dc/.

5 Benjamin R. Freed, "After Stinging Uber, Linton Says He Just Had to Regulate," *DCist*, January 16, 2012, http://dcist.com/2012/01/after_stinging_uber_linton_says_he.php.

6 Leena Rao, "Mobile Taxi Network Hailo Raises $17M From Accel and Atomico to Take On Uber in the U.S.," *TechCrunch*, March 29, 2012, http://techcrunch.com/2012/03/29/mobile-taxi-network-hailo-raises-17m-from-accel-and-atomico-to-take-on-uber-in-the-u-s/.

7 同註 6。

8 Laura June, "Uber Launches Lower- Priced Taxi Service in Chicago," *Verge*, April 18, 2012, http://www.theverge.com/2012/4/18/2957508/uber-taxi-service-chicago.

9 Daniel Cooper, "Hailo's HQ Trashed by Uber- Hating London Black Cab Drivers," *Engadget*, May 23, 2014, https://www.engadget.com/2014/05/23/hailo-london-hq-vandalized/.

10 "SF, You Now Have the Freedom to Choose," Uber, July 3, 2012, http://blog.uber.com/2012/07/03/sf-vehicle-choice/.

11 Brian X. Chen, "Uber, an App That Summons a Car, Plans a Cheaper Service Using Hybrids," *New York Times*, July 1, 2012, http://www.nytimes.com/2012/07/02/technology/uber-a-car-service-smartphone-app-plans-cheaper-service.html.

12 Mike DeBonis, "Uber CEO Travis Kalanick," *Washington Post*, July 27, 2012, https://www.washingtonpost.com/blogs/mike-debonis/post/uber-ceo-travis-kalanick-talks-big-growth-and-regulatory-roadblocks-in-dc/2012/07/27/gJQAAmS4DX_blog.html.

13 Del Quentin Wilber and Mike DeBonis, "Ted G. Loza, Former D.C. Council Aide, Pleads Guilty in Corruption Case," *Washington Post*, February 18, 2011, http://www.washingtonpost.com/wp-dyn/content/article/2011/02/18/AR2011021806843.html.

14 Travis Kalanick, "@mikedebonis We Felt That We Got Strung Out," Twitter, July 10, 2012, https://twitter.com/travisk/status/222633686770786305; Travis

Kalanick, "@mikedebonis the Bottom Line Is That @marycheh," Twitter, July 10, 2012, https://twitter.com/travisk/status/222635403910447104.

15 Travis Kalanick, "Strike Down the Minimum Fare Language in the DC Uber Amendment," Uber, July 9, 2012, https://newsroom.uber.com/us-dc/strike-down-the-minimum-fare/.

16 Christine Lagorio- Chafkin, "Resistance Is Futile," *Inc.*, July 2013, http://www.inc.com/magazine/201307/christine-lagorio/uber-the-car-service-explosive-growth.html.

17 Mike DeBonis, "Uber Triumphant," *Washington Post*, December 2012, https://www.washingtonpost.com/blogs/mike-debonis/wp/2012/12/03/uber-triumphant/.

18 "Patent US6356838 — System and Method for Determining an Efficient Transportation Route," March 12, 2002, http://www.google.com/patents/US6356838.

19 在 Sidecar 之前，還有其他的共乘服務公司。2010 年創立於舊金山的 Homobile 為異性裝扮表演者及男同性戀社群成員提供搭乘服務，並以募捐作為車資。Sidecar 執行長蘇尼爾．保羅說，他在 2011 年某次前往機場時曾試用過這服務。

20 "Travis Kalanick of Uber," *This Week in Startups*, YouTube video, August 16, 2011, https://youtu.be/550X5OZVk7Y.

21 Tomio Geron, " Ride- Sharing Startups Get California Cease and Desist Letters," *Forbes*, October 8, 2012, http://www.forbes.com/sites/tomiogeron/2012/10/08/ride-sharing-startups-get-california-cease-and-desist-letters/#767d66027e81.

22 Jeff McDonald and Ricky Young, "State Investigator Lays Out Developing Criminal Case Against Former PUC President," *Los Angeles Times*, December 29, 2015, http://www.latimes.com/business/la-fi-watchdog-peevey-20151230-story.html.

23 Sfcda.com/CPUC, January 11, 2013, http://sfcda.com/CPUC/Lyft_CPUC_SED_IntAGR.pdf.

24 Brian X. Chen, "Uber to Roll Out Ride Sharing in California," *Bits Blog, New York Times*, January 31, 2013, http://bits.blogs.nytimes.com/2013/01/31/ uber-rideshare/.

25 Travis Kalanick, "@johnzimmer You've Got a Lot of Catching Up," Twitter, March 19, 2013, https://twitter.com/travisk/status/314079323478962176.

26 David Pierson, "Uber Fined $7.6 Million by California Utilities Commission," *Los Angeles Times*, January 14, 2016, http://www.latimes.com/business/la-fi-tn-

uber-puc-20160114-story.html.

27 "Order Instituting Rulemaking on Regulations Relating to Passenger Carriers, Ridesharing, and New Online- Enabled Transportation Services," Cpuc.ca.gov, September 19, 2013, http://docs.cpuc.ca.gov/PublishedDocs/Published/ G000/M077/K112/77112285.PDF.

28 Liz Gannes, "Despite Controversy in Austin and Philly, Ride- Sharing Service SideCar Expands to Boston, Brooklyn and Chicago," *AllThingsD*, March 15, 2013, http://allthingsd.com/20130315/despite-controversy-in-austin-and-philly-ride-sharing-service-sidecar-expands-to-boston-brooklyn-and-chicago/.

第 9 章

1 Sarah Kessler, "How Snow White Helped Airbnb's Mobile Mission," *Fast Company*, November 8, 2012, http://www.fastcompany.com/3002813/how-snow-white-helped-airbnbs-mobile-mission.

2 Kristen Bellstrom, "Exclusive: Meet Airbnb's Highest- Ranking Female Exec Ever," *Fortune*, July 13, 2015, http://fortune.com/2015/07/13/airbnb-belinda-johnson-promotion/.

3 Nicole Neroulias, "Fan 'Gridderati' Get Super Soiree — Sexy Treat at Top-of-Line Bash," *New York Post*, February 4, 2007.

4 Justin Rocket Silverman, "He's King of the City That Never Sleeps," *AM New York*, June 24, 2004.

5 Ben Chapman, "Website AirBnB.com Lets Users Sublet Couches, Roofs and Other Odd Spaces," *New York Daily News*, July 21, 2009, http://www.nydailynews.com/life-style/real-estate/website-airbnb-lets-users-sublet-couches-roofs-odd-spaces-article-1.429969.

6 同註 5。

7 Joe Gebbia, "I'll Be in NYC Tomorrow," Twitter, July 20, 2010, https://twitter.com/jgebbia/status/19046704645.

8 "Statements of Mayor Michael R. Bloomberg and Governor David A. Paterson on Governor Paterson's Signing Into Law Housing Preservation Legislation That Enables Enforcement Against Illegal Hotels," City of New York, July 23, 2010, http://www1.nyc.gov/office-of- the- mayor/news/324-10/statements-mayor-michael-bloomberg-governor-david-a-paterson-governorpatersons.

9 Andrew J. Hawkins, "City Sues Departed Actor for Running Illegal Hotels," *Crain's New York Business*, October 23, 2012, http://www.crainsnewyork.com/

article/20121023/BLOGS04/310239983/city-sues-departed-actor-for-running-illegal-hotels.

10 Drew Grant, "Infamous Airbnb Hotelier Toshi to Pay $1 Million to NYC," *Observer*, November 20, 2013, http://observer.com/2013/11/infamous-airbnb-hotelier-toshi-to-pay-1-million-to-nyc/.

11 Adam Pincus, "Illegal Hotel Fines Could Skyrocket," *Real Deal*, September 12, 2012, http://therealdeal.com/2012/09/12/city-council-to-dramatically-increase-illegal-hotel-fines/.

12 Ron Lieber, "A Warning for Hosts of Airbnb Travelers," *New York Times*, November 30, 2012, http://www.nytimes.com/2012/12/01/your-money/a-warning-for-airbnb-hosts-who- may-be-breaking-the-law.html?_r=1.

13 *NYC v. Abe Carrey Appeal Nos. 1300602 & 1300736*, CityLaw.org, September 26, 2013, http://archive.citylaw.org/ecb/Long%20Form%20Orders/2013/1300602 — 1300736.pdf.

14 "Huge Victory in New York for Nigel Warren and Our Host Community," Airbnb, September 27, 2013, https://www.airbnbaction.com/huge-victory-new-york-nigel-warren-host-community/.

15 Brian Chesky, "Who We Are, What We Stand For," Airbnb, October 3, 2013, http://blog.airbnb.com/who-we-are/.

16 http://valleywag.gawker.com/airbnb-hides-warning-that-users-are-breaking-the-law-in-1561938121.

17 Matt Chaban, "Attorney General Eric Schneiderman Hits AirBnB with Subpoena for User Data," *New York Daily News*, October 7, 2013, http://www.nydailynews.com/news/national/state-airbnb-article-1.1477934.

18 "Airbnb Memorandum in Support of Petition to Quash Subpoena," Electronic Frontier Foundation, https://www.eff.org/document/airbnb-v-schneider man-memo-law.

19 "Airbnb Introduces Instant Bookings for Hosts," ProBnB, October 12, 2013, http://www.probnb.com/airbnb-introduces-instant-bookings-for-hosts.

20 Daniel P. Tucker, "Airbnb Won't Comply with Subpoena from New York Attorney General," WNYC, October 7, 2013, http://www.wnyc.org/story/airbnb-wont-comply-subpoena-new-york-attorney-general/.

21 "Airbnb's Economic Impact on the NYC Community," Airbnb, http://blog.airbnb.com/airbnbs-economic-impact-nyc-community/.

22 "Ruling in Airbnb's Case in New York," *New York Times*, May 13, 2014, http://

www.nytimes.com/interactive/2014/05/13/technology/ruling-airbnb-new-york.html.

23 "New York Update," Airbnb, August 22, 2014, https://www.airbnbaction.com/new-york-community-update/.

24 http://www.ag.ny.gov/press-release/ag-schneiderman-releases-report-documenting-widespread-illegality-across-airbnbs-nyc.

25 Jessica Wohl, "Airbnb CMO Knocks Uber's Growth Tactics," *Advertising Age*, October 16, 2015, http://adage.com/article/special-report-ana-annual-meeting-2015/airbnb-cmo-knocks-uber-growth-tactics/300948/.

第 10 章

1 Jeanie Riess, "Why New Orleans Doesn't Have Uber," *Gambit*, February 4, 2014, http://www.bestofneworleans.com/gambit/ why- new- orleans- doesnt- have-uber/Content?oid=2307943.

2 Tim Elfrink, "UberX Will Launch in Miami Today, Defying Miami- Dade's Taxi Laws," *Miami New Times*, June 4, 2014, http://www.miaminewtimes.com/news/uberx- will- launch-in- miami- today- defying- miami- dades- taxi- laws-6533024.

3 "Mayor Gimenez: Uber, Lyft Will Be Legal in Miami- Dade by End of Year," *Miami Herald*, September 28, 2015, http://www.miamiherald.com/news/local/community/ miami- dade/article36831345.html.

4 Leena Rao, "Uber Now Offers Its Own Car Leases to UberX Drivers," *Forbes*, July 29, 2015, http://fortune.com/2015/07/29/ uber- car- leases/.

5 馬克・米利安（Mark Milian）訪談卡蘭尼克內容，2013 年 11 月 22 日。

6 Eric Newcomer and Olivia Zaleski, "Inside Uber's Auto- Lease Machine, Where Almost Anyone Can Get a Car," Bloomberg.com, May 31, 2016, http://www.bloomberg.com/news/articles/2016-05-31/ inside- uber-s- auto- lease- machine-where- almost- anyone- can- get-a-car.

7 Ryan Lawler, "Uber Slashes UberX Fares in 16 Markets to Make It the Cheapest Car Service Available Anywhere," *TechCrunch*, January 9, 2014, http://techcrunch.com/2014/01/09/ big- uberx- price- cuts/.

8 Ellen Huet, "How Uber and Lyft Are Trying to Kill Each Other," *Forbes*, May 30, 2014, http://www.forbes.com/sites/ellenhuet/2014/05/30/ how- uber- and-lyft-are-trying-to- kill- each- other/#4a7e6b063ba8.

9 Carolyn Tyler, "Mother of Girl Fatally Struck by Uber Driver Speaks Out," *ABC7*

News, December 9, 2014, http://abc7news.com/business/mother-of- girl- fatally-struck-by- uber- driver- speaks- out/429535/.

10 Travis Kalanick, "@connieezywe Can Confirm," Twitter, January 1, 2014,https://twitter.com/travisk/status/418518282824458241.

11 "Statement on New Year's Eve Accident," Uber, January 1, 2014, https://newsroom.uber.com/statement-on- new- years- eve- accident/.

12 Elyce Kirchner, David Paredes, and Scott Pham, "UberX Driver in Fatal Crash Had Record," *NBC Bay Area*, February 12, 2015, http://www.nbcbayarea.com/news/local/ UberX- Driver- Involved-in- New- Years- Eve- Manslaughter- Had-A-Record-of- Reckless- Driving- 240344931.html.

13 "Fact Sheet 16a: Employment Background Checks in California: A Focus on Accuracy," Privacy Rights Clearinghouse, 2003– 2016, https://www.privacyrights.org/ employment- background- checks- california- focus- accuracy.

14 Don Jergler, "Uber Announces New Policy to Cover Gap," *Insurance Journal*, March 14, 2014, http://www.insurancejournal.com/news/national/2014/03/14/323329.htm.

15 Harrison Weber, "Uber & Lyft Agree to Insure Drivers in Between Rides in California," *VentureBeat*, August 27, 2014, http://venturebeat.com/2014/08/27/uber- lyft- agree-to- insure- drivers-in- between- rides-in-california/.

16 Bob Egelko, "Uber May Be Liable for Accidents, Even If Drivers Are Contractors," *San Francisco Chronicle*, April 27, 2016, http://www.sfchronicle.com/bayarea/art icle/ Uber- may-be- liable- for- accidents- even-if- drivers-7377364.php.

17 "Family of 6- Year- Old Girl Killed by Uber Driver Settles Lawsuit," *ABC7 News*, July 14, 2015, http://abc7news.com/business/family-of-6- year- old- girl-killed-by- uber- driver- settles- lawsuit/852108/.

18 "Uber's Marketing Program to Recruit Drivers: Operation SLOG," Uber, August 26, 2014, https://newsroom.uber.com/ ubers- marketing- program-to- recruit-drivers-operation- slog/.

19 Laurie Segall, "Uber Rival Accuses Car Service of Dirty Tactics," *CNN Money*, January 24, 2014, http://money.cnn.com/2014/01/24/technology/social/uber-gett/.

20 Mickey Rapkin, "Uber Cab Confessions," *GQ*, February 27, 2014, http:// www.gq.com/story/ uber- cab- confessions.

21 Ryan Lawler, "Lyft Launches in 24 New Markets, Cuts Fares by Another 10%,"

TechCrunch, April 24, 2014, https://techcrunch.com/2014/04/24/lyft-24- new-cities/.

22 Kara Swisher, "Man and Uber Man," *Vanity Fair*, December 2014, http://www.vanityfair.com/news/2014/12/ uber- travis- kalanick- controversy.

23 Sara Ashley O'Brien, "15 Questions with... John Zimmer," CNN, http://money.cnn.com/interactive/technology/15- questions- with- john- zimmer/.

24 Yuliya Chernova, "N.Y. Shutdowns for SideCar, RelayRides Highlight Hurdles for Car- and Ride- Sharing Startups," *Wall Street Journal*, May 15, 2013, http://blogs.wsj.com/venturecapital/2013/05/15/n-y- shutdowns- for- sidecar-relayrides- highlight- hurdles- for- car- and- ride- sharing- startups/.

25 "Lyft Will Launch in Brooklyn & Queens," *Lyft Blog*, July 8, 2014, https://blog.lyft.com/posts/2014/7/8/ lyft- launches-in- new- yorks- outer- boroughs.

26 Brady Dale, "Lyft Launch Party with Q-Tip, Without Actually Launching," *Technical.ly Brooklyn*, July 14, 2014, http://technical.ly/brooklyn/2014/07/14/lyft- brooklyn- launches/.

27 "Lyft Launches in NYC," *Lyft Blog*, July 25, 2014, https://blog.lyft.com/posts/2014/7/25/ lyft- launches-in-nyc.

28 Casey Newton, "This Is Uber's Playbook for Sabotaging Lyft," *Verge*, August 26, 2014, http://www.theverge.com/2014/8/26/6067663/this-is- ubers- playbook-for- sabotaging- lyft.

29 曾經在 Cherry 平台承接洗車工作的布萊德・史東（Brad Stone）寫道：「2012 年 9 月，我在舊金山的 Cherry 平台承接洗車工作，由一位更年長的洗車工 Kenny Chen 指導與考評，他在考評上寫道：『布萊德必須注意交通』。」Brad Stone, "My Life as a TaskRabbit," Bloomberg.com, September 13, 2012, http://www.bloomberg.com/news/articles/2012-09-13/my-life-as-a-taskrabbit.

30 Dan Levine, "Exclusive: Lyft Board Members Discussed Replacing CEO, Court Documents Reveal," Reuters, November 7, 2014, http://www.reuters.com/article/us- lyft- ceo- lawsuit- exclusive- idUSKBN0IR2HA20141108.

31 Douglas Macmillan, "Lyft Alleges Former Executive Took Secret Documents with Him to Uber," *Wall Street Journal*, November 5, 2014, http://blogs.wsj.com/digits/2014/11/05/ lyft- alleges- former- executive- took- secret- documents-with- him-to -uber/.

32 Travis VanderZanden, "All the Facts Will Come Out," Twitter, November 6, 2014, https://twitter.com/travisv/status/530398592968585217.

33 Joseph Menn and Dan Levine, " Exclusive — U.S. Justice Dept. Probes Data Breach at Uber: Sources," Reuters, December 18, 2015, http://www.reuters.com/article/ uber- tech- lyft- probe- exclusive- idUSKBN0U12FH20151219.

34 Dan Levine, "Uber, Lyft Settle Litigation Involving Top Executives," Reuters, June 28, 2016, http://www.reuters.com/article/us- uber- lyft- idUSKCN0ZE0FP.

35 Kristen V. Brown, "Uber Shifts into Mid- Market Headquarters," *San Francisco Chronicle*, June 2, 2014, http://www.sfgate.com/technology/article/ Uber- shifts-into- Mid- Market- headquarters- 5521166.php.

36 Mike Isaac, "Uber Picks David Plouffe to Wage Regulatory Fight," *New York Times*, August 19, 2014, http://www.nytimes.com/2014/08/20/technology/uber-picks-a- political- insider-to- wage- its- regulatory- battles.html.

37 Kim Lyons, "In Clash of Cultures, PUC Grapples with Brave New Tech World," *Pittsburgh Post- Gazette*, August 24, 2014, http://www. post- gazette.com/business/2014/08/24/In-clash-of- cultures- PUC- grapples- with- brave- new-tech- world/stories/201408240002.

38 Sarah Lacy, "The Horrific Trickle- Down of Asshole Culture: Why I've Just Deleted Uber from My Phone," *Pando*, October 22, 2014, https://pando.com/2014/10/22/ the- horrific- trickle- down-of- asshole- culture-at-a- company-like- uber/.

39 Charlie Warzel, "Sexist French Uber Promotion Pairs Riders with 'Hot Chick' Drivers," *BuzzFeed*, October 21, 2014, https://www.buzzfeed.com/charliewarzel/french- uber- bird- hunting- promotion- pairs- lyon- riders- with-a?utm_term=.smxR9a9Q8#.miaNnpnDJ.

40 Lacy, "The Horrific Trickle- Down of Asshole Culture."

41 Ben Smith, "Uber Executive Suggests Digging Up Dirt on Journalists," *BuzzFeed*, November 17, 2014, https://www.buzzfeed.com/bensmith/ uber-executive- suggests- digging-up-dirt-on-journalists?utm_term=.dqX1DyDkz#.epX2XQXbO.

42 Nicole Campbell, "What Was Said at the Uber Dinner," *Huffington Post*, November 21, 2014, http://www.huffingtonpost.com/ nicole- campbell/ what-was- said-at- the-uber_b_6198250.html.

第 11 章

1 Brian Chesky, speech at iHub, Nairobi, July 26, 2015, https://www.youtube.com//watch?v=UFhwh3Ex6Zg.

2 Harrison Weber, "Top Designers React to Airbnb's Controversial New Logo," *VentureBeat*, July 18, 2014, http://venturebeat.com/2014/07/18/ top- designers-react-to- airbnbs- controversial- new- logo/.

3 "State of the Airbnb Union: A Keynote with Brian Chesky," YouTube video, November 24, 2014, https://youtu.be/EKX5W8r0Pgc?list= PLe_YVMnS1oXYMnclJtn2- anpH7PDUFip_.

4 Alex Konrad, "Airbnb Cofounders to Become First Sharing Economy Billionaires As Company Nears $10 Billion Valuation," *Forbes*, March 20, 2014, http://www.forbes.com/sites/alexkonrad/2014/03/20/ airbnb- cofounders- are-billionaires/#2a6b41b641ab.

5 James Lo Chi- hao, "Backpacker Dies from Carbon Monoxide Poisoning," *China Post*, December 31, 2013, http://www.chinapost.com.tw/taiwan/national/national-news/2013/12/31/397194/ Backpacker- dies.htm.

6 Hope Well, "@bchesky Our Daughter Elizabeth Passed Away," Twitter, January 21, 2014, https://twitter.com/hopewell828/status/425777540624424960.

7 William B. Smith, "Taming the Digital Wild West," Abramson Smith Waldsmith, http://www.aswllp.com/content/images/ Taming- The- Digital- Wild- West.pdf.

8 Ryan Lawler, "To Ensure Guest Safety, Airbnb Is Giving Away Safety Cards, First Aid Kits, and Smoke & CO Detectors," *TechCrunch*, February 21, 2014, https://techcrunch.com/2014/02/21/ airbnb- safety- giveaway/.

9 "A Huge Step Forward for Home Sharing in Portland," Airbnb Action, July 30, 2014, https://www.airbnbaction.com/ home- sharing-in-portland/.

10 Elliot Njus, "Airbnb, Acting as Portland's Lodging Tax Collector, Won't Hand Over Users' Names or Addresses," *Oregonian*, July 21, 2014, http://www.oregonlive.com/ front- porch/index.ssf/2014/07/airbnb_acting_as_portlands_lod.html.

11 Brian Chesky, "Shared City," *Medium*, March 26, 2014, https://medium.com/@bchesky/ shared- city- db9746750a3a.

12 John Cote, "Airbnb, Other Sites Owe City Hotel Tax, S.F. Says," *SFGate*, April 4, 2012, http://www.sfgate.com/bayarea/article/ Airbnb- other- sites- owe- city-hotel- tax-S-F- says- 3457290.php.

13 Chesky, "Shared City."

14 "San Francisco, Taxes and the Airbnb Community," Airbnb Action, March 31, 2014, https://www.airbnbaction.com/ san- francisco- taxes- airbnb- community/.

15 Philip Matier and Andrew Ross, "Airbnb Pays Tax Bill of 'Tens of Millions' to S.F,"

SFGate, February 18, 2015, http://www.sfgate.com/bayarea/ matier- ross/article/ M-R- Airbnb- pays- tens-of-millions-in- back- 6087802.php.

16 Amina Elahi, "Airbnb to Begin Collecting Chicago Hotel Tax Feb. 15," *Chicago Tribune*, January 30, 2015, http://www.chicagotribune.com/bluesky/ originals/ chi-airbnb- chicago- taxes- bsi- 20150130- story.html.

17 Emily Badger, "Airbnb Is About to Start Collecting Hotel Taxes in More Major Cities, Including Washington," *Washington Post*, January 29, 2015, https: //www. washingtonpost .com/news /wonk/wp/2015/01/29/ airbnb-is-about-to- start-collecting- hotel- taxes-in- more- major- cities- including- washington/.

18 Dustin Gardiner, "Airbnb to Charge Sales Tax on Phoenix Rentals," *Arizona Republic*, June 26, 2015, http://www.azcentral.com/story/news/local/ phoenix/2015/06/25/ airbnb- charge- sales- tax- phoenix- rentals/29283651/.

19 Vince Lattanzio, "You'll No Longer Be Breaking the Law Renting on Airbnb," NBC 10, June 19, 2015, http://www.nbcphiladelphia.com/news/local/Youll-No-Longer-Be- Breaking- the- Law-by-Renting-on- Airbnb- 308272641.html.

20 "Amsterdam and Airbnb Sign Agreement on Home Sharing and Tourist Tax," *I Amsterdam*, December 18, 2014, http://www.iamsterdam.com/en/ media- centre/ city- hall/ press- releases/ 2014- press- room/ amsterdam- airbnb- agreement.

21 "A Major Step Forward in Paris and France — Une Avancée Majeure En France," Airbnb Action, March 26, 2014, https://www.airbnbaction.com/ major- step-forward- paris- france/.

22 Sean O'Neill, "American Hotel Association to Fight Airbnb and Short- Term Rentals," *Tnooz*, April 30, 2014, https://www.tnooz.com/article/ american- hotel-association- launches- fightback- airbnb- short- term- rentals/.

23 Josh Dawsey, "Union Financed Fight to Block Airbnb in New York City," *Wall Street Journal*, May 9, 2016, http://www.wsj.com/articles/ union- financed- fight-to- block- airbnb-in- new- york- city- 1462842763.

24 Jessica Pressler, "The Dumbest Person in Your Building Is Passing Out Keys to Your Front Door!," NYMag.com, September 23, 2014, http://nymag.com/ news/ features/airbnb-in- new- york- debate- 2014-9/.

25 "A.G. Schneiderman Releases Report Documenting Widespread Illegality Across Airbnb's NYC Listings; Site Dominated by Commercial Users," New York State Attorney General, October 1, 2014, http://www.ag.ny.gov/ press - release/ag-schneiderman- releases- report- documenting- widespread- illegality- across-airbnbs- nyc.

26 Carolyn Said, "S.F. Airbnb Law Off to Slow Start; Hosts Say It's Cumbersome," *SFGate*, March 3, 2015, http://www.sfgate.com/business/article/S-F- Airbnb-law-off-to- slow- start- hosts- say- 6110902.php.

27 Philip Matier and Andrew Ross, "Airbnb Backers Invest Big on Chiu's Campaign Against Campos," *SFGate*, October 15, 2014, http://www.sfgate.com/bayarea/article/ Airbnb- backers- invest- big-on-Chiu-s- campaign- 5822784.php.

28 Dara Kerr, "San Francisco Mayor Signs Landmark Law Making Airbnb Legal," CNET.com, October 28, 2014, http://www.cnet.com/news/ san- francisco-mayor- makes- airbnb- law- official/.

29 "Historic Day for Home Sharing in San Francisco," Airbnb Action, October 27, 2014, https://www.airbnbaction.com/ historic- day- home- sharing- san-francisco/.

30 Peter Shih, http://susie-c.tumblr.com/post/58375244538/ peter- shih- wrote- this-yesterday- when- everyone.

31 Carolyn Said, "Would SF Prop. F Spur Airbnb Suits, with Neighbor Suing Neighbor?," *SFGate*, August 31, 2015, http://www.sfgate.com/business/article/Would-SF-Prop-F- spur- Airbnb- suits- with- neighbor- 6472468.php.

32 Daniel Hirsch, "Report: Airbnb Cuts into Housing, Should Share Data," MissionLocal, May 14, 2015, http://missionlocal.org/2015/05/ report- airbnb-cuts- into- housing- should- give-up-data/.

33 Booth Kwan, "Protesters Occupy Airbnb HQ Ahead of Housing Affordability Vote," *Guardian*, November 2, 2015, https://www.theguardian.com/us-news/2015/nov/02/ airbnb- san- francisco- headquarters- occupied- housing-protesters.

34 Eric Johnson, " 'Re/Code Decode': Airbnb CEO Brian Chesky Talks Paris Terror Attacks, San Francisco Politics," *Recode*, November 30, 2015, http:// www.recode.net/2015/11/30/11621000/ recode- decode- airbnb- ceo- brian- chesky-talks- paris- terror- attacks- san.

35 Carolyn Said, "Prop. F: S.F. Voters Reject Measure to Restrict Airbnb Rentals," *SFGate*, November 4, 2015, http://www.sfgate.com/bayarea/article/Prop-F-Measure-to- restrict- Airbnb- rentals- 6609176.php.

36 "Berlin Authorities Crack Down on Airbnb Rental Boom," *Guardian*, May 1, 2016, https://www.theguardian.com/technology/2016/may/01/ berlin-authorities- taking-stand- against- airbnb- rental- boom.

37 Yuji Nakamura, "Airbnb Faces Major Threat in Japan, Its Fastest- Growing

Market," Bloomberg.com, February 18, 2016, http://www.bloomberg.com/ news/ articles/2016-02-18/ fastest- growing- airbnb- market- under- threat-as- japan- cracks- down.

38 Murray Cox and Tom Slee, "How Airbnb's Data Hid the Facts in New York City," InsideAirbnb.com, February 10, 2016, http://insideairbnb.com/reports/ how- airbnbs- data- hid- the- facts-in- new- york- city.pdf.

39 Erik Larson and Andrew M. Harris, "Airbnb Sued, Accused of Ignoring Hosts' Race Discrimination," Bloomberg.com, May 18, 2016, http://www. bloomberg.com/news/articles/2016-05-18/ airbnb- sued- over- host-s- alleged- discrimination- against-black- man.

40 Benjamin Edelman, "Preventing Discrimination at Airbnb," BenEdelman.org, June 23, 2016, http://www.benedelman.org/news/062316-1.html.

41 Kristen Clarke, "Does Airbnb Enable Racism?," *New York Times*, August 23, 2016, http://www.nytimes.com/2016/08/23/opinion/ how- airbnb- can- fight- racial- discrimination.html.

42 Melissa Mittelman, "Airbnb Hires Eric Holder to Develop Anti-Discrimination Plan," Bloomberg.com, July 20, 2016, http://www.bloomberg.com/news/ articles/2016-07-20/ airbnb- hires- eric- holder-to- develop- anti- discrimination- plan.

43 "Airbnb CEO on Discrimination: 'I Think We Were Late to This Issue,' " *Fortune*, July 13, 2016, http://fortune.com/2016/07/13/ airbnb- chesky- discrimination/.

44 Max Chafkin and Eric Newcomer, "Airbnb Faces Growing Pains as It Passes 100 Million Guests," July 11, 2016, Bloomberg.com, http://www.bloomberg. com/news/articles/2016-07-11/ airbnb- faces- growing- pains-as-it- passes- 100- million-users.

45 Dennis Schaal, "Expedia Buys HomeAway for $3.9 Billion," *Skift*, November 4, 2015, https://skift.com/2015/11/04/ expedia- acquires- homeaway- for-3-9- billion/.

46 Amy Plitt, "NYC Hotel Rates May Be Dropping Thanks to Airbnb," *Curbed NY*, April 19, 2016, http://ny.curbed.com/2016/4/19/11458984/ airbnb- new- york- hotel- rates- dropping.

第 12 章

1 Rhiannon Williams and Matt Warman, "London at a Standstill but Uber Claims

Taxi Strike Victory,¡" Telegraph, June 11, 2014, http://www.telegraph.co.uk/technology/news/10892224/London-at-a- standstill- but- Uber- claims- taxi-strike- victory.html.

2 James Titcomb, "What Is Uber and Why Does TFL Want to Crack Down on It?," Telegraph, September 30, 2015, http://www.telegraph.co.uk/technology/uber/11902093/What-is- Uber- and- why- does- TfL- want-to- crack- down-on-it.html.

3 Oscar Williams- Grut, "Taxi Drivers Caused Chaos at London's City Hall after Boris Johnson Called Them 'Luddites,' " *Business Insider*, September 16, 2015, http://www.businessinsider.com/ london- mayor- boris- johnsons- question- time-disrupted-by- uber- protest- 2015-9.

4 James Titcomb, "Uber Wins Victory in London as TFL Drops Proposals to Crack Down on App," *Telegraph*, January 20, 2016, http://www.telegraph.co.uk/technology/uber/12109810/ Uber- wins- victory-in-London-as- TfL- drops-proposals-to- crack- down-on-app.html.

5 Sam Schechner, "Uber Meets Its Match in France," *Wall Street Journal*, September 18, 2015, http://www.wsj.com/articles/ uber- meets- its- match-in-france-1442592333.

6 "Perquisitions Au Siège D'Uber France," LeMonde.fr, March 17, 2015, http://www.lemonde.fr/societe/article/2015/03/17/perquisitions-au-siege-d- uber-france_4595591_3224.html.

7 Romain Dillet, "Uber France Leaders Arrested for Running Illegal Taxi Company," *TechCrunch*, June 29, 2015, https://techcrunch.com/2015/06/29/uber- france- leaders- arrested- for- running- illegal- taxi- company/.

8 Anne- Sylvaine Chassany and Leslie Hook, "Uber Found Guilty of Starting 'Illegal' Car Service by French Court," *Financial Times*, http://www.ft.com/ cms/s/0/3d65be7a- 2e22- 11e6- bf8d- 26294ad519fc.html.

9 Philip Willan, "Italian Court Bans UberPop, Threatens Fine," *PCWorld*, May 26, 2015, http://www.pcworld.com/article/2926752/ italian- court- bans- uberpop-threatens- fine.html.

10 "Why UberPop Is Being Scrapped in Sweden," Local SE, May 11, 2016, http://www.thelocal.se/20160511/ heres- why- uberpop-is- being- scrapped-in-sweden.

11 Lisa Fleisher, "Uber Shuts Down in Spain After Telcos Block Access to App," Wall Street Journal, December 21, 2014, http://blogs.wsj.com/digits/2014/12/31/uber-shuts- down-in- spain- after- telcos- block- access-to- its- app/; Maria

Vega Paul, "Uber Returns to Spanish Streets in Search of Regulatory U-Turn," Reuters, March 30, 2016, http://www.reuters.com/article/us-spain- uber- tech-idUSKCN0WW0AO.

12 Mark Scott, "Uber's No- Holds- Barred Expansion Strategy Fizzles in Germany," New York Times, January 3, 2016, http://www.nytimes.com/2016/01/04/technology/ubers-no- holds- barred- expansion- strategy- fizzles-in-germany.html?_r=0.

13 Brad Stone and Lulu Yilun Chen, "Uber Slayer: How China's Didi Beat the Ride-Hailing Superpower," Bloomberg Businessweek, October 6, 2016, https://www.bloomberg.com/features/ 2016- didi- cheng- wei/.

14 "Hangzhou Kuaizhi Technology （Kuaidi Dache） closes venture funding," Financial Deals Tracker, *MarketLine*, April 10, 2013.

15 Zheng Wu and Vanessa Piao, "Didi Dache, a Chinese Ride- Hailing App, Raises $700 Million," *New York Times*, December 10, 2014, http://dealbook.nytimes.com/2014/12/10/ didi- dache-a- chinese- ride- hailing- app- raises- 700- million/.

16 "Baidu to Buy Uber Stake in Challenge to Alibaba in China," Bloomberg.com, December 17, 2014, http://www.bloomberg.com/news/articles/2014-12-17/baidu-to- buy- uber- stake-in-challenge-to- alibaba- for- car- booking.

17 Rose Yu, "For Cabs in China, Traffic Isn't Only Woe," *Wall Street Journal*, January 14, 2015, http://www.wsj.com/articles/ china- taxi- drivers- continue-striking- over- growing- ride- hailing- services- 1421239127.

18 Gillian Wong, "Uber Office Raided in Southern Chinese City," *Wall Street Journal*, May 1, 2015, http://www.wsj.com/articles/ uber- office- raided-in-southern- chinese- city- 1430483542.

19 Charles Clover, "Uber in Taxi War of Attrition with Chinese Rival Didi Dache," *Financial Times*, http://www.ft.com/cms/s/0/ 7de53f7a- 5088- 11e5- b029-b9d50a74fd14.html#axzz4FHeEnQUa.

20 同註 19。

21 同註 19。

22 Tatiana Schlossberg, "New York City Council Discusses Cap on Prices Charged by Car- Service Apps During Peak Times," *New York Times*, January 12, 2015, http://www.nytimes.com/2015/01/13/nyregion/ new- york- city- council- discusses-cap-on- prices- charged-by- car- service- apps- during- peak- times.html.

23 Annie Karni, "Uber Loses TLC Appeal to Turn over Trip Data," *New York Daily News*, January 22, 2015, http://www.nydailynews.com/news/politics/ uber- loses-

tlc- deal- turn- trip- data- article-1.2087718.

24 Michael M. Grynbaum, "Taxi Industry Opens Wallet for De Blasio, a Chief Ally," *New York Times*, July 17, 2012, http://www.nytimes.com/2012/07/18/nyregion/de-blasio- reaps- big- donations- from- taxi- industry-he-aided.html.

25 Tim Fernholz, "The Latest Round in Uber's Battle for New York City, Explained," *Quartz*, June 30, 2015, http://qz.com/441608/ the- latest- round-in- ubers- battle-for- new- york- city- explained/.

26 Andrew J. Hawkins, "City Yields to Uber on App Rules," *Crain's New York Business*, June 18, 2015, http://www.crainsnewyork.com/article/20150618/BLOGS04/150619866/ city- yields-to-uber-on- app- rules.

27 Colleen Wright, "Uber Says Proposed Freeze on Licenses in New York City Would Limit Competition," *New York Times*, June 30, 2015, http://www.nytimes.com/2015/07/01/nyregion/ uber- says- proposed- freeze-on- licenses- would-limit-competition.html.

28 Kirstan Conley and Carl Campanile, "Cuomo Drops Bombshell on De Blasio over Uber," *New York Post*, July 22, 2015, http://nypost.com/2015/07/22/cuomo- drops-bombshell-on-de- blasio- over- uber/.

29 Dan Rivoli, "De Blasio's Multimillion- Dollar Study Blames Deliveries, Construction and Tourism for Traffic Congestion — Not Uber," *New York Daily News*, January 15, 2016, http://www.nydailynews.com/ new- york/de- blasio-study- blames- construction- tourism- traffic- article-1.2498253.

30 Ryan Parry, "Exclusive: Luxury Hotels, All- Night Partying at Posh Clubs, Endless Freebies," *Daily Mail Online*, October 1, 2015, http://www.daily mail.co.uk/news/article- 3256259/ Luxury- hotels- night- partying- posh- clubs-endless- freebies-Uber- hosts- SECRET- Sin- City- team- building- junket-4-800- employees-world-no- drivers- please.html.

31 "An Uber Impact: 20,000 Jobs Created on the Uber Platform Every Month," Uber, May 27, 2014, https://newsroom.uber.com/an- uber- impact- 20000- jobs-created-on- the- uber- platform- every- month-2/.

32 Justin Singer, "Beautiful Illusions: The Economics of UberX," *Valleywag*, June 11, 2014, http://valleywag.gawker.com/ beautiful- illusions- the- economics-of-uberx-1589509520; Felix Salmon, "How Well UberX Pays, Part 2," *Medium*, June 8, 2014, https://medium.com/@felixsalmon/ how- well- uberx- pays- part-2- cbc948eaeeaf#.wc3njxtdz.

33 Alex Barinka, Eric Newcomer, and Lulu Chen, "Uber Backers Said to Push for

Didi Truce in Costly China War," Bloomberg.com, July 20, 2016, https://www.bloomberg.com/news/articles/2016-07-20/ uber- investors- said-to- push- for-didi-truce-in- costly- china- fight.

結語

1 Max Chafkin, "Uber's First Self- Driving Fleet Arrives in Pittsburgh This Month," Bloomberg.com, August 18, 2016, http://www.bloomberg.com/ news/features/2016-08-18/uber-s- first- self- driving- fleet- arrives-in- pittsburgh- this-month- is06r7on.

財經企管 BCB620A

Uber與Airbnb憑什麼翻轉世界
The Upstarts

作者 — 布萊德・史東 Brad Stone
譯者 — 李芳齡

事業群發行人／CEO／總編輯 — 王力行
副總編輯 — 周思芸
研發總監暨責編 — 張奕芬
特約編校 — 鄭秀娟、傅叔貞
封面設計 — 張議文
內頁設計 — 連紫吟、曹任華

出版者 — 遠見天下文化出版股份有限公司
創辦人 — 高希均、王力行
遠見・天下文化・事業群 董事長 — 高希均
事業群發行人／CEO — 王力行
天下文化社長／總經理 — 林天來
國際事務開發部兼版權中心總監 — 潘欣
法律顧問 — 理律法律事務所陳長文律師
著作權顧問 — 魏啟翔律師
地址 — 台北市104松江路93巷1號2樓

讀者服務專線 — 02-2662-0012 ｜ 傳真 — 02-2662-0007, 02-2662-0009
電子郵件信箱 — cwpc@cwgv.com.tw
直接郵撥帳號 — 1326703-6號　遠見天下文化出版股份有限公司

製版廠 — 東豪印刷事業有限公司
印刷廠 — 祥峰印刷事業有限公司
裝訂廠 — 聿成裝訂股份有限公司
登記證 — 局版台業字第2517號
總經銷 — 大和書報圖書股份有限公司　電話／(02)8990-2588
出版日期 — 2017/06/29 第一版
2018/06/07 第二版
2019/11/28 第二版第3次印行

定價 — NT 500元
EAN — 4713510945438
書號 — BCB620A
天下文化官網 — bookzone.cwgv.com.tw

國家圖書館出版品預行編目(CIP)資料

Uber與Airbnb憑什麼翻轉世界 / 布萊德・史東(Brad Stone)著；李芳齡譯. -- 第一版. -- 臺北市：遠見天下文化, 2017.06
面； 公分. -- (財經企管；BCB620)
譯自：The Upstarts
ISBN 978-986-479-244-3(精裝)

1.民宿 2.旅館業管理 3.電子商務 4.美國

489.2　　106009207

天下文化
BELIEVE IN READING